高等职业教育云计算系列教材

用微课学

MySQL 数据库应用

危光辉　李　腾　主　编

陈杏环　邱　珂　母泽平　李　力　副主编

電子工業出版社

Publishing House of Electronics Industry

北京 · BEIJING

内 容 简 介

本书以培养学生数据库的设计、开发、管理能力为主线，以基于工作过程的教学为原则，采用任务驱动项目的方式编写。全书围绕切合学生身份的“学生成绩管理系统”项目开发贯穿始末，包括部署数据库开发环境、数据库设计、数据查询、创建数据库对象、数据库安全管理和数据库综合应用6个项目，通过大量前后衔接的数据库任务来完整介绍MySQL数据库应用技术，每个任务都有相应的工作情景导入，分析要完成该任务需要掌握的相关知识和工作能力，并在完成每个任务后设置了任务拓展，以进一步提升读者能力水平。

本书为新形态一体化教材，配有56个微课视频、授课PPT、电子教案、课程标准、源代码、课后习题及答案、多套完整测试题及答案等数字化资源，与本教材配套的在线开放课程已在重庆高校在线开放课程平台上线，现已开课6期，学生可以登录学习。

本书可以作为高职高专、职教本科计算机类专业学生的教学用书，也可供所有希望学习MySQL数据库技术的读者使用。

图书在版编目（CIP）数据

用微课学MySQL数据库应用 / 危光辉，李腾主编 . —北京：电子工业出版社，2022.6
ISBN 978-7-121-43491-4

Ⅰ. ①用… Ⅱ. ①危… ②李… Ⅲ. ①SQL语言－数据库管理系统－高等学校－教材 Ⅳ. ①TP311.132.3

中国版本图书馆CIP数据核字（2022）第085512号

责任编辑：徐建军　　文字编辑：康　霞
印　　刷：三河市华成印务有限公司
装　　订：三河市华成印务有限公司
出版发行：电子工业出版社
　　　　　北京市海淀区万寿路173信箱　邮编　100036
开　　本：787×1 092　1/16　印张：13.75　字数：352千字
版　　次：2022年6月第1版
印　　次：2022年6月第1次印刷
印　　数：1 500册　　定价：55.00元

凡所购买电子工业出版社图书有缺损问题，请向购买书店调换。若书店售缺，请与本社发行部联系，联系及邮购电话：（010）88254888，88258888。

质量投诉请发邮件至zlts@phei.com.cn，盗版侵权举报请发邮件至dbqq@phei.com.cn。

本书咨询联系方式：（010）88254570，xujj@phei.com.cn。

前言
Preface

MySQL是全球流行的开源关系数据库，具有良好的跨平台能力，在Web应用方面MySQL是最好的关系数据库管理系统应用软件之一，并且从MySQL5.6版开始支持云计算技术。MySQL体积小、速度快、总体拥有成本低，尤其是开放源代码这一特点，使得MySQL被广泛应用在Internet中作为网站数据库，Facebook、Google、新浪、网易、百度等大型网站都在使用MySQL作为网站数据库，因此在本套高等职业教育云计算系列教材中，数据库管理系统的教学选用MySQL8。

为了能够让初学者快速掌握MySQL的应用，配合高职学生所处的学习环境，本书以“学生成绩管理系统”项目开发为主线，构建起“真实项目、真实环境”进行数据库系统的设计，并贯穿于整本书的始终，这使得高职学生在学习和掌握MySQL数据库时前后关联，脉络清晰，易于理解。

全书围绕“学生成绩管理系统”展开教学，包括6个项目，各个项目分别完成数据库系统开发的每个任务环节。

项目1为部署数据库开发环境，本项目完成了数据模型的规划与设计，以及MySQL的安装与配置两个任务。

项目2为数据库设计，本项目完成了创建与管理数据库，以及创建和管理数据表两个任务。

项目3为数据查询，本项目完成了数据的简单查询和统计汇总数据查询两个任务。

项目4为创建数据库对象，本项目完成了创建索引与视图、创建存储过程和存储函数，以及创建和管理触发器3个任务。

项目5为数据库安全管理，本项目完成了用户与权限管理，以及数据备份与还原两个任务。

项目6是数据库综合应用，本项目完成了采用PHP结合MySQL设计留言板数据库综合应用的任务。

本书特色：

✧ 脉络清晰：全书围绕切合学生身份的“学生成绩管理系统”项目开发贯穿始末，易学易懂。

✧ 项目引领，任务驱动：全书内容按项目划分，以任务驱动的形式完成学习。

✧ 配套资源丰富：配有微课视频、授课PPT、电子教案、课程标准、源代码、课后习题及答案、多套完整测试题及答案等。

✧ 在线平台资源：在重庆高校在线开放课程平台上多期开课，资源日趋完善。

✧ 校企合作开发：由两位企业高工参与本书开发的全过程，真正实现教学一体，实现职业技能学习与职业一线的零距离对接。

本书由重庆电子工程职业学院的危光辉、李腾任主编，陈杏环、邱珂、母泽平、李力任副主编，张明刚、郎登何、李萍、廖先琴、刘葭、孙小娟参编。其中，邱珂来自重庆金保宝信息技术服务有限公司，张明刚来自重庆千变科技有限公司，在此衷心感谢两位来自企业的高工参与本书的编写。

本书配有大量教学资源，请有此需要的教师登录华信教育资源网注册后免费下载，如有问题可在网站留言板留言或与电子工业出版社联系（E-mail：hxedu@phei.com.cn）。

虽然我们精心组织，认真编写，但错误之处在所难免；同时，由于编者水平有限，书中也存在诸多不足之处，恳请广大读者给予批评和指正，以便在今后的修订中不断改进。

编　者

目录
Contents

项目 1

部署数据库开发环境

项目介绍

东华软件公司接到某职业学校开发“学生成绩管理系统”数据库项目。为此，东华软件公司组建了专门的开发团队，并与该职业学校项目技术负责人进行沟通，调研了该校负责成绩管理的相关人员，以充分了解用户方的实际需求，然后安装了 MySQL 数据库管理系统，为正式开发做好准备工作。

任务安排

任务 1　数据模型的规划与设计

任务 2　MySQL 的安装与配置

学习目标

- ✧ 了解数据库相关知识
- ✧ 掌握利用 E-R 图进行数据库设计的相关知识
- ✧ 掌握将 E-R 图转换为关系模型的相关知识
- ✧ 能运用关系数据库范式理论对关系进行规范化
- ✧ 下载、安装和配置 MySQL
- ✧ 使用图形工具软件登录 MySQL 服务器
- ✧ 使用命令行方式登录 MySQL 服务器

任务 1　数据模型的规划与设计

任务描述

在数据库系统开发之前，开发团队需要对数据库开发环境进行部署、对数据库系统功能进行分析，以及对数据表关系模式进行设计与优化等。

任务分析

本任务是后续开发任务的基础。在数据库系统开发之前，应该对数据库概念模型进行规划设计。开发团队需要完成以下工作：

✧ 设计概念模型，绘制 E-R 图。

✧ 将 E-R 图转化为关系模式。

✧ 优化关系模式。

1.1.1　数据库概念模型设计

任务储备

1. 数据库系统的基本概念

数据库系统主要涉及以下几个基本概念，了解和掌握这些概念有助于对数据库应用的深入学习。

（一）信息（Information）

美国信息管理专家霍顿（F.W.Horton）给信息下的定义是："信息是为了满足用户决策的需要而经过加工处理的数据。"根据对信息的研究，人们普遍认同的概念是：信息是对客观世界中各种事物的运动状态和变化的反映，是客观事物之间相互联系和相互作用的表征，表现的是客观事物运动状态和变化的实质内容。简单地说，信息是经过加工的数据，或者说，信息是数据处理的结果。

（二）数据（Data）

数据是指对客观事件进行记录并可以鉴别的符号。在计算机科学中，数据是指所有能输入计算机并被计算机程序处理的符号介质的总称。

信息与数据既有联系又有区别。数据是信息的表现形式和载体，可以是符号、文字、数字、语音、图像、视频等；而信息是数据的内涵，是加载于数据之上对数据进行有含义的解释。数据和信息是不可分离的，信息依赖数据来表达，数据则可以生动、具体地表达出信息，并且数据只有在表达了某种信息之后才有实际意义。

例如，在表示学生信息时已知的信息：朱军是山东人，出生于 2002 年，性别为男，于 2020 年考入大学，在计算机学院的云计算专业学习。根据已知信息，可以在计算机中用数据表示为（朱军，男，山东省，2002，2020，云计算，计算机学院）。可见，数据所表示的内容是通过对信息进行提炼，然后按某种确定的格式表达出来的，这样的数据才具有实际意义。

（三）数据库（Data Base，DB）

数据库是长期储存在计算机内、有组织的、可共享的数据集合。数据库中的数据以一定的数据模型组织、描述和储存在一起，具有尽可能小的冗余度、较高的数据独立性和易扩展性的特点，并可在一定范围内为多个用户共享。

数据库的特点：数据尽可能不重复，以最优方式为某个特定组织的多种应用服务，其数据结构独立于使用它的应用程序，对数据的添加、删除、修改、查询由统一软件进行管理和控制。从发展的历史看，数据库是数据管理的高级阶段，它是由文件管理系统发展起来的。

（四）数据库管理系统（Data Base Management System，DBMS）

数据库管理系统是位于用户与操作系统之间的管理数据库的软件。其主要功能是数据定义功能、数据操纵功能、数据库的运行管理、数据库的建立和维护功能。常见的 DBMS 有 MySQL、SQL Server、Oracle、DB2 等。

（五）数据库系统（Data Base System，DBS）

数据库系统一般由 3 部分组成。

（1）硬件。硬件是指构成计算机系统的各种物理设备，包括存储所需的外部设备。硬件的配置应满足整个数据库系统的需要。

（2）软件。软件包括操作系统、数据库管理系统及数据库和应用程序。数据库管理系统是在操作系统的支持下，在其中建立数据库，并通过应用程序对数据库进行查询调用，从而完成所需要的数据管理任务。

（3）人员。人员主要包括系统分析员、数据库设计人员、编程人员、数据库管理员和用户。其中，系统分析员负责应用系统的需求分析和规范说明，同用户及数据库管理员一起确定系统的硬件配置，并参与数据库系统的概要设计；数据库设计人员负责数据库中数据的确定、数据库各级模式的设计；编程人员负责编写使用数据库的应用程序，对数据进行检索、建立、删除或修改；数据库管理员负责数据库的总体信息控制；用户是利用系统的接口或查询语言访问数据库的。

（六）数据模型

数据模型是数据库中数据的存储结构，是对现实世界数据特征的抽象和对客观事物及其联系的数据描述。在数据库中用它来抽象、表示和处理现实世界中的数据和信息。

数据模型按不同的应用层次分成三种类型：概念模型、逻辑模型和物理模型。其中，物理模型是对数据底层的抽象过程，主要用于描述数据在磁盘上的存储方式和存取方法。在本书中主要讲的是概念模型的设计和逻辑模型的实现。

2. 数据库系统的特点

采用数据库系统实现对数据的管理，与人工管理和文件系统管理相比具有如下特点。

（一）实现数据共享

数据共享就是数据可以被多个用户、多个应用程序共享使用，从而可以大大减少数据冗余，节约存储空间，避免数据之间的不相容性与不一致性。

（二）减小数据冗余度

与文件管理系统相比，由于数据库实现了数据共享，从而避免了用户各自建立应用文件，可减少大量的重复和冗余数据。

（三）数据的独立性

数据的独立性包括逻辑独立性（逻辑结构和应用程序相互独立）和物理独立性（数据物理结构的变化不影响数据的逻辑结构）。

（四）数据的集中控制

在文件管理方式中，数据处于一种分散的状态，不同用户或同一用户在不同处理中其文件之间毫无关系。利用数据库可对数据进行集中控制和管理，并通过数据模型表示各种数据的组织及数据间的联系。

（五）数据的一致性

数据的一致性是指采用数据库系统对数据进行管理之后，可以避免以往采用人工管理和文件系统管理时可能存在的数据被重复存储、分别修改而导致数据的不一致性。

（六）数据的安全性

数据的安全性是指对数据的保护，使所有用户按照规定对数据进行使用和访问，从而避免不合法的使用造成的数据泄密和破坏。

（七）故障恢复保障

由数据库管理系统提供一套方法，可及时发现故障并修复，从而防止数据被破坏。数据库系统能尽快修复其运行时出现的故障，可能是物理上或逻辑上的错误，如对系统的误操作造成的数据错误等。

3. 概念模型

要将现实世界转变为机器能够识别的形式，必须经过两次抽象：第一次抽象将现实世界抽象为信息世界，这一过程简单理解就是将人们的感知转变为语言描述的信息，第一次抽象完成了概念模型的设计；第二次抽象将信息世界转变为机器世界，实现的是概念模型向逻辑模型的转换，这一过程简单理解就是将语言描述的信息转变为计算机能识别的数据形式。

概念模型是指按用户的观点来对数据和信息进行建模，主要用于数据库设计。概念模型用于信息世界的建模，是数据库设计人员进行数据库设计的有力工具，也是数据库设计人员和用户之间进行交流的语言。

概念模型的表示方法有很多，其中，最著名且最常用的是 P.P.S.Chen 于 1976 年提出的实体－联系方法（Entity-Relationship Approach），该方法是描述现实世界概念结构模型的有效方法，简称为 E-R 方法，也称为 E-R 概念模型。E-R 概念模型采用实体－联系图（E-R 图）来描述现实世界。E-R 图是表示概念模型的方法，是用于抽象现实世界的有力工具，通过画 E-R 图将实体及实体间的联系刻画出来。

构成 E-R 图的 3 个基本要素是实体、属性和联系。

（一）实体（Entity）

一般认为，从客观上可以相互区分的事物就是实体，实体可以是具体的人和物，也可以是抽象的概念与联系。在 E-R 图中，采用实体名及其属性名集合来抽象和刻画同类实体，如学生张三是一个实体，一门课程也是一个实体。

（二）属性（Attribute）

实体所具有的某种特性，一个实体可由若干属性来刻画。属性不能脱离实体，是相对实体而言的，例如，学生的姓名、学号、性别都是属性。

（三）联系（Relationship）

联系也称为关系，在信息世界中反映实体内部或实体之间的关联关系。实体内部的联系通常是指组成实体的各属性之间的联系；实体之间的联系通常是指不同实体之间的关联关系。联系的类型主要有3种，一对一联系（1∶1）、一对多联系（1∶n）和多对多联系（m∶n）。

（1）一对一联系（1∶1）

假设有两个实体集A和B，如果A中最多有一个实体与B中的一个实体有联系，同样B中也最多有一个实体与A中的一个实体有联系，则称A和B具有一对一的联系。

例如，一所学校只有一个正校长，而一个正校长只在一所学校任职，那么学校与正校长之间具有一对一联系；观看电影时，观众和座位就是一对一联系，因为一个人只能坐一个座位，一个座位也只能由一个人来坐。

（2）一对多联系（1∶n）

假设有两个实体集A和B，若A中的每一个实体在B中有多个实体与之对应，反之B中的每一个实体在A中至多有一个实体与之对应，则称A和B具有一对多的联系。

如某学校系部和教师，一个系部可以有多个教师，但一个教师只能属于一个系部，则系部和教师就是一对多的联系。一个专业中有若干个学生，而每个学生只在一个专业中学习，则专业与学生之间具有一对多联系。

（3）多对多联系（m∶n）

对于两个实体集A和B，若A中每一个实体在B中有多个实体与之对应，反之亦然，则称A与B具有多对多联系。

例如，表示学生与课程间的联系。“选修”是多对多的，即一个学生可以选多门课程，而每门课程可以由多个学生来选。

任务实施

数据库设计人员为了能真正把握学生成绩管理数据库系统的应用环境和业务流程，掌握在学生成绩管理流程中所涉及的各个客观对象和它们之间发生的活动，需要把这些客观对象抽象为E-R图，以便做出准确、深入的用户需求分析。

【实施1】绘制E-R图的实体。

分析 在“学生选修课程”中，实体有两个：学生和课程。

实体在E-R图中通常用矩形框来表示，并在框内写上实体名，如图1-1所示。

学生　　课程

图1-1 实体

【实施2】绘制E-R图的实体属性。

分析 学生的实体属性包括学号、姓名、性别、出生日期、专业名、所在学院、联系电话、总学分。

课程的实体属性包括课程号、课程名、授课教师、开课学期、学时和学分。

属性在E-R图中通常用椭圆来表示，并在椭圆内写上属性名，然后用下画线标注主键（“主键”在1.1.2节的“知识储备”中介绍），最后用无向边把实体和属性联系起来，如图1-2

和图 1-3 所示。

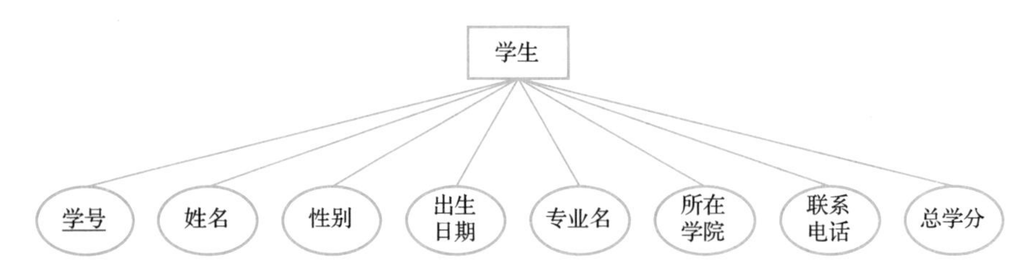

图 1-2　学生实体的属性

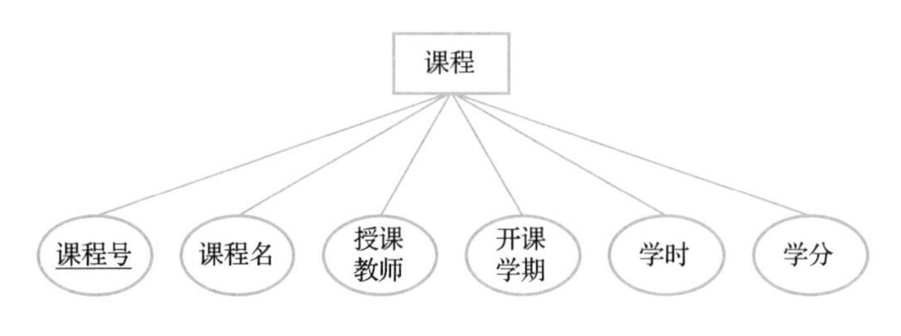

图 1-3　课程实体的属性

【实施 3】绘制 E-R 图实体间的联系，并确定联系的属性。

分析　一般通过某个动作来实现两个实体间的联系，所以对联系命名时，通常应用动词来命名。

在“学生选修课程”中，“学生”“课程”两个实体间的联系是“选修”，根据实际情况：一个学生可以选修多门课程，同时，一门课程也可以由多个学生选修，因此“学生”“课程”两个实体的联系类型是多对多联系（$m:n$）。

用菱形表示实体间的联系，在菱形内写上联系名，再用无向边与相关实现连接起来，并在无向边上注明联系的类型，如图 1-4 所示。

联系也可能有属性。在“学生选修课程”中，学习了这门课程之后参加考试取得成绩，由于“成绩”既依赖于某个特定的学生，又依赖于某门特定的课程，所以“成绩”既不是学生的属性也不是课程的属性，而是学生与课程之间联系“选修”的属性，如图 1-5 所示。

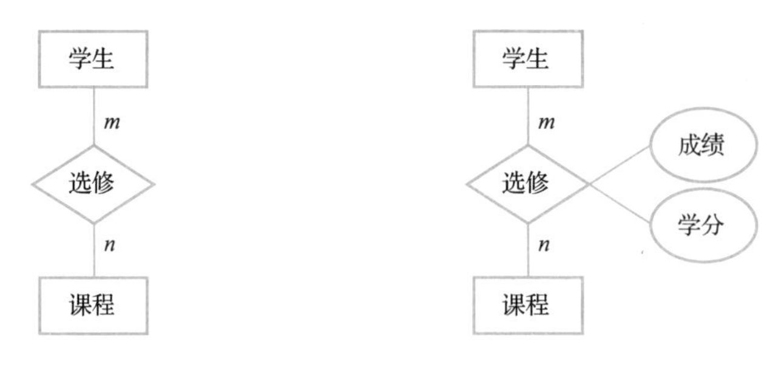

图 1-4　实体间的联系　　图 1-5　联系的属性

【实施 4】绘制完整的 E-R 图。

分析　将实体、属性和联系组合起来形成完整的 E-R 图，如图 1-6 所示。

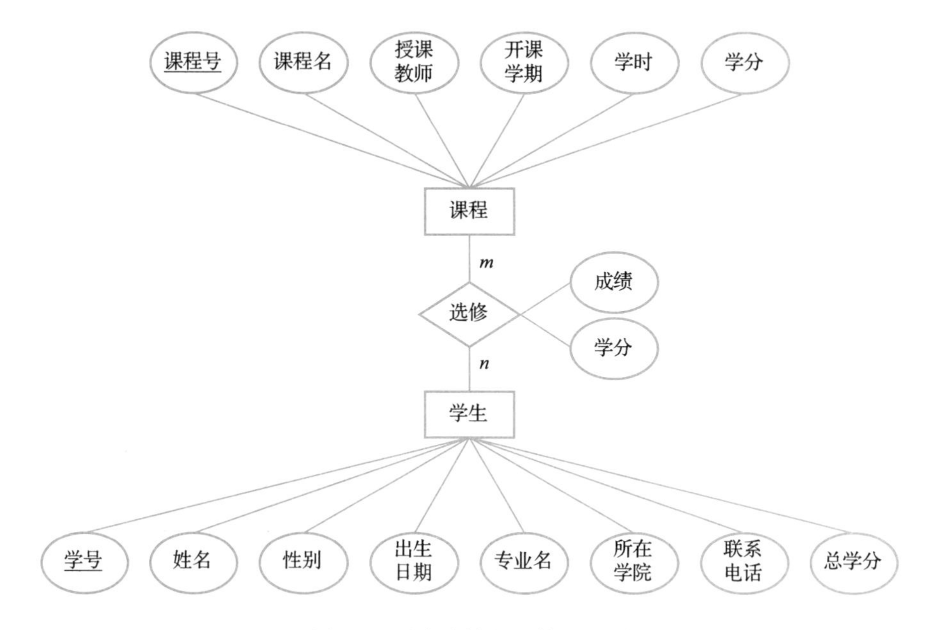

图 1-6 学生选修课程的 E-R 图

任务拓展

【拓展 1】绘制班级与正班长的 E-R 图。

分析 一个班级只有一个正班长，而一个正班长属于一个班级，班级与正班长之间具有（1∶1）联系。班级的属性包括编号、学院、年级、专业名；正班长的属性包括姓名、学号。它们之间的联系是一个“属于”关系。

班级与正班长的 E-R 图如图 1-7 所示。

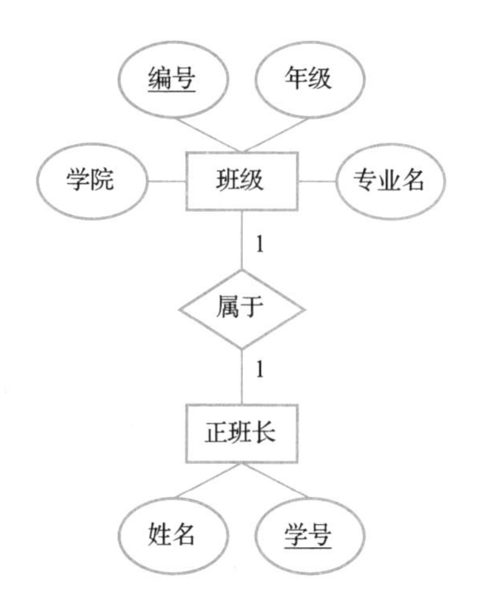

图 1-7 班级与正班长的 E-R 图

【拓展 2】绘制班级与学生的 E-R 图。

分析 一个班级有多个学生，但一个学生只能属于一个班级，班级和学生是（1∶*n*）的联系。学生的属性有学号、姓名、性别、专业名、所在学院、出生日期、联系电话和总学分等。

班级与学生的 E-R 图如图 1-8 所示。

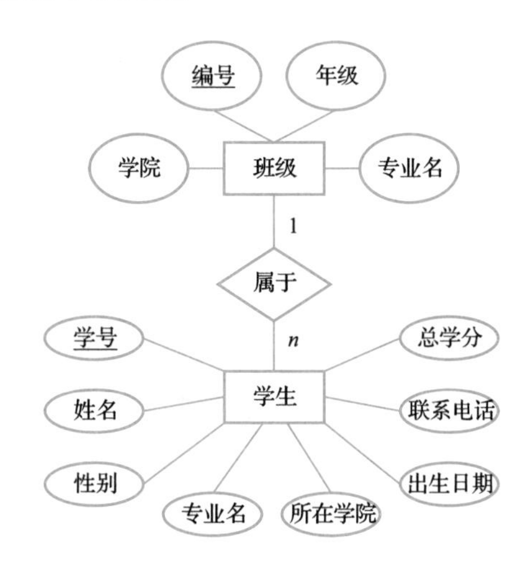

图 1-8　班级与学生的 E-R 图

【拓展 3】绘制学生学习管理系统的 E-R 图。

分析　在学生学习管理系统中，每个学生选修若干门课程，且每个学生每选一门课程只有一个成绩，学生选修课程就是（$m:n$）的联系，该联系名为“选修”，有一个成绩属性；每个教师只担任一门课程的教学，一门课程由若干教师任教，教师讲授课程就是（$1:n$）的联系，该联系名为“讲授”；一个教师可以指导多个学生，一个学生在某个时间和地点只能被一个教师指导，教师指导学生就是（$1:n$）的联系，该联系名为“指导”，有两个属性：时间和地点。

整个系统有 3 个实体：学生、课程、教师。学生属性有学号、姓名、性别、专业名；教师属性有教工号、教师姓名、职称；课程属性有课程号、课程名。

根据以上分析，画出的 E-R 图如图 1-9 所示。

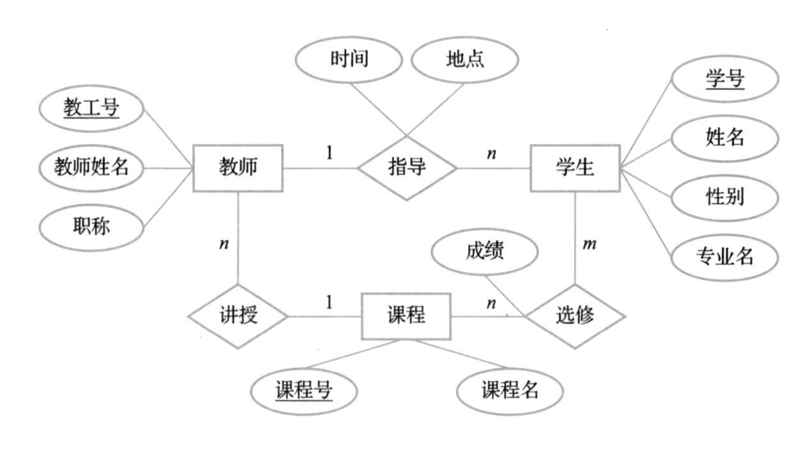

图 1-9　学生学习管理系统的 E-R 图

提示：在画 E-R 图的时候，如果实体的数量及每个实体的属性太多，则可以将 E-R 图拆分表示。例如，图 1-6 所示的 E-R 图，可以先只画出实体之间联系的 E-R 图，如图 1-5 所示。而将实体及其属性用另外的 E-R 图表示出来（见图 1-2 和图 1-3），这样会使 E-R 图更加简洁明了。

1.1.2 数据库逻辑模型设计

任务储备

逻辑模型是指按计算机系统的观点对数据进行建模，主要用于DBMS的实现。主要的逻辑模型可分为关系模型、层次模型、网状模型及面向对象模型4种。关系模型是使用最为广泛的逻辑模型，它采用二维表结构的形式表示实体和实体间的联系。关系模型以关系数学为基础，操作对象和操作结果都是二维表。关系模型是由数据库技术的奠基人之一——美国IBM公司的E.F.Codd于1970年提出的（E.F.Codd于1981年获得ACM图灵奖）。自20世纪80年代以来所推出的数据库管理系统几乎都支持关系模型。

我们学习的MySQL数据库就属于关系模型数据库。

1. 关系模型的基本概念

关系模型中数据的逻辑结构是一个二维表，这个二维表由行和列组成。下面以表1-1为例说明关系模型的基本概念。

表1-1 学生表

学号	姓名	性别	出生日期	专业名	所在学院	联系电话	总学分
2020110101	朱博	男	2002-10-15	云计算	计算机学院	1384512××××	NULL
2020110102	龙婷婷	女	2002-11-05	云计算	计算机学院	1351245××××	NULL
2020110201	曹科梅	女	2002-06-09	信息安全	计算机学院	1346521××××	NULL
2020110301	李娟	女	2002-08-24	网络工程	计算机学院	1330504××××	NULL

（一）关系（Relation）

一个关系就是一个二维表，每个关系都有一个关系名，如表1-1所示的关系，其名称为学生表。

（二）元组（Tuple）

元组也称为记录，关系中的每一行对应一个元组，表1-1就是由4个元组组成的。

（三）属性（Attribute）

二维表的一列为一个属性，每个属性的名称为属性名，一个二维表的属性名不能重复。表1-1有8个属性名，分别是学号、姓名、性别、出生日期、专业名、所在学院、联系电话和总学分；表1-1中属性名的下面各行内容，如2020110101、朱博、男、2002-10-15、云计算、计算机学院、1384512××××、NULL是属性值，这些属性值组成一个元组。

（四）域（Domain）

属性的取值范围称为域，如“性别”这个属性，其取值范围只能是男或女。

（五）关系模式（Relation Mode）

对关系信息结构和语义的描述称为关系模式。关系模式用关系名、属性名及其主键来表示，如学生表的关系模式可表示为学生表（学号、姓名、性别、出生日期、专业名、所在学院、联系电话、总学分），其中，学号为主键。

关系和关系模式的联系与区别：关系模式是对关系结构的描述，由所有属性组成，是静态的、稳定的。关系是二维表格，既包含关系模式中的结构，即属性，又包含属性值。由于属性值在关系操作中可能会不断更新，所以关系是动态的。例如，在学生情况表中，学生的入学、退出、毕业等，都会更新二维表中的数据，但是二维表的结构不会随数据的更新而发生变化。

（六）候选键（Candidate Key）

在一个关系中，如果某一个属性或属性的组合能唯一标识一个元组，则称该属性或属性的组合为候选键，候选键又称为候选码，可简称为键或码。例如，在学生情况表中，如果姓名没有重名，则学号和姓名都可以作为候选键。

（七）主键（Primary Key）

用户选定的用于标识元组的候选键称为主键，主键又称为主码。例如，在学生情况表中，从学号和姓名两个候选键中选择学号为元组的标识，则学号称为主键。主键的属性值不能有空值（NULL）和重复值。

（八）主属性（Prime Attribute）和非主属性（Non–Prime Attribute）

构成候选键的属性称为主属性，如学号和姓名是主属性；非候选键的属性称为非主属性，如性别、出生日期、专业名、所在学院、联系电话和总学分。

（九）外键（Foreign Key）

如果一个关系的某个属性不是该关系的主键，或者只是该关系主键的组成部分，却是另一个关系的主键，则这样的属性称为该关系的外键。外键用于实现表与表之间的联系。例如，在表 1-1 中，学号是主键，在表 1-2 中，学号和课程号是主键（由两个属性组成），这里的学号就是表 1-2 的外键，通过学号可以使学生表和成绩表建立关联关系。

表 1–2　成绩表

学　号	课 程 号	成　绩	学　分
2020110101	101	83	2
2020110101	102	64	5
2020110102	102	67	5

（十）主表和从表

在通过外键相关联的两个表中，主表是指以另一个表的外键作为主键的表；从表是指外键所在的表。例如，在表 1-1 和表 1-2 中，表 1-2 是外键（学号）所在的表，是从表；表 1-1 以表 1-2 的外键（学号）作为主键，是主表。

2. 关系的性质

关系可以用二维表来表示，在关系数据库中，关系必须是规范化的。关系具有如下性质。

- 每个关系只有一种关系模式。
- 同一属性的属性值具有同质性，即取值具有相同的意义，如性别这个属性，取值为男或女，其意义都用于表示性别。
- 同一个关系中属性名不能重复。
- 同一个关系中不能有相同的元组，即二维表的不同行之间不能出现属性值都相同的情况。
- 关系中行的顺序无关性，即行的次序可以任意交换，并不影响数据的意义。
- 关系中列的顺序无关性，即列的次序可以任意交换，并不影响数据的意义。

➢ 关系中的每个属性必须是不可分割的。如表 1-3 所示，成绩属性可以分割为云操作系统和数据库两个成绩，这个表是复合表，不是二维表，这样的关系在数据库中不允许存在。将表 1-3 进行重新设计，形成表 1-4 所示的形式就可以了。

表 1-3 复合表

姓　名	所在学院	成　绩	
		云操作系统	数 据 库
朱博	计算机学院	86	83
龙婷秀	计算机学院	61	69

表 1-4 二维表

姓　名	所在学院	云操作系统	数 据 库
朱博	计算机学院	86	83
龙婷秀	计算机学院	61	69

3. 关系的完整性规则

关系的完整性规则是对关系的约束条件，通过这些约束条件可以保证数据库中数据的合理性、正确性和一致性。

关系模型中包括 3 类完整性约束：实体完整性、参照完整性和域完整性。其中，实体完整性和参照完整性是关系模型中必须满足的完整性约束条件，由数据库系统自动支持，域完整性是用户在应用数据库时对具体领域中所定义的约束条件。

（一）实体完整性

实体完整性要求组成关系的任意一个元组，其主键的值不能取空值或重复值。

在现实世界中的实体是可确定、可区分的，它们具有某种唯一性标识，这个标识在关系模型中就是主键，用主键可以唯一地标识该实体，如果主键取空值或重复值，就表示存在不可确定的或不可区分的实体，这是不允许的。

如关系模式“学生表（学号、姓名、性别、出生日期、专业名、所在学院、联系电话、总学分）”中，主键是学号，则学号的属性值不能取空值，也不能取重复值。每个学生都应该有一个学号，所以学号不能取空值；同时也不能把一个学号分配给不同的学生，因此学号不能取重复值。

（二）参照完整性

参照完整性规则也称为引用完整性规则，这条规则要求“不引用不存在的实体”，要求被从表中外键所参照的主表中的主键必须是客观存在的。

由于实体之间往往存在某种联系，这种实体间的联系在关系模式中表现为属性的参照关系。

如在学生表、课程表、成绩表的关系模式中：

学生表（学号、姓名、性别、出生日期、专业名、所在学院、联系电话、总学分）

课程表（课程号、课程名、授课教师、开课学期、学时、学分）

成绩表（学号、课程号、成绩、学分）

存在着属性的参照，成绩表的学号和课程号是外键，其参照的主键是学生表的“学号”和课程表的“课程号”，根据参照完整性规则，要求成绩表的“学号”必须在学生表中已经存在，“课程号”必须在课程表中已经存在；另外，从表中外键的取值也可以取空值（在本例中不适用，因为本例中的外键是该关系主键的组成部分）。

（三）域完整性

域完整性也称用户自定义完整性，用于对属性值内容的规定。域完整性要求该属性只能取符合条件要求的值，从而保证数据库数据的合理性。

如成绩属性，用户可根据实际需要，规定其取值范围为 0 ～ 100 分，不在此范围的取值被认为是不合法的数据；同样，性别属性，规定其取值只能是男或女。

4. E-R 图转化为关系模型

在概念模型的设计中得到的 E-R 图是由实体、属性和联系三部分组成的，而关系模型设计的结果是一组关系模式的集合，所以要将 E-R 图转化为关系模型，实际上就是将实体、属性和联系转换为关系模式。转换遵循的原则如下。

原则一：每个实体转换为一个关系

实体的属性就是关系的属性，属性在二维表中用列名来表示，实体的主键就是关系的主键。

原则二：每个联系转换为一个关系

关系的属性由与该联系相连的实体的主键和该联系自身的属性组成。关系的主键的确定方法：

（1）对于 1 : 1 的联系，每个实体的主键均是关系的候选键。

（2）对于 1 : n 的联系，关系的主键是 n 端实体的主键。

（3）对于 m : n 的联系，关系的主键是两端实体主键的组合。

原则三：有相同主键的关系可以合并为一个关系

对于 1 : 1 的联系构成的关系，可以和与该联系相连的任一个实体合并成一个关系；对于 1 : n 的联系构成的关系，可以和 n 端实体合并成一个关系。

任务实施

【实施 1】将图 1-6 所示的“学生选修课程 E-R 图”转换成关系模式。

分析　根据 E-R 图转化为关系模型的原则，在图 1-6 所示的 E-R 图中，有两个实体和一个联系，在转换为关系模型时，可以转换为三个关系模式：学生表、课程表和成绩表。

（1）学生表（学号、姓名、性别、出生日期、专业名、所在学院、联系电话、总学分）主键：学号。

（2）课程表（课程号、课程名、授课教师、开课学期、学时、学分）主键：课程号。

（3）成绩表（学号、课程号、成绩、学分）主键：学号 + 课程号。外键：学号、课程号。

注意：*在将 E-R 图转换为关系模型时，如果没有具体数据，则可以用关系模式来代替关系。*

【实施 2】将关系模式转换为关系。

分析　当关系模式已有具体数据时，就可以转化为关系。

（1）学生表如表 1-1 所示。

（2）课程表如表 1-5 所示。

表 1-5　课程表

课程号	课程名	授课教师	开课学期	学时	学分
101	计算机文化基础	李平	1	32	2
102	计算机硬件基础	童华	1	80	5
103	程序设计基础	王印	2	64	4

（3）成绩表如表 1-2 所示。

根据 E-R 图转换为关系模型的原则，选修是 $m:n$ 的联系类型，其主键是两端实体主键的组合，这两端实体分别是学生和课程，所以成绩表的主键为（学号、课程号），外键是学号（学生表的主键）和课程号（课程表的主键）。

1.1.3　关系模式规范化

在关系数据库中，对同一个问题，数据库的逻辑设计结果不是唯一的。为进一步提高数据库应用系统的性能，有必要对关系模式进一步修改，调整数据模型的结构，这需要以规范化理论为指导，对关系模式进行规范化。

下面通过一个实例来说明一个关系在规范化前可能会出现的问题。

设计一个学生管理数据库，需要该数据库中包括的信息有学号、姓名、性别、出生日期、系名、系主任、课程号和成绩。如果将这些信息包含在一个关系中，则学生关系模式 *S* 为：

S（学号、姓名、性别、出生日期、系名、系主任、课程号、成绩）

在学生关系模式 *S* 中，关系模式的主键为（学号、课程号）。各属性之间的关系为：一个系有若干个学生，但一个学生只属于一个系且只有一个系主任，但一个系主任可以兼任几个系的主任；一个学生可以选修多门课程，每门课程可以被多个学生选修；每个学生的每门课程只有一个成绩。学生关系模式 *S* 的实例如表 1-6 所示。

表 1-6　学生关系模式 *S* 的实例

学号	姓名	性别	出生日期	系名	系主任	课程号	成绩
2020110101	朱军	男	2002-10-15	计算机系	武春岭	101	77
2020110101	朱军	男	2002-10-15	计算机系	武春岭	102	83
2020110101	朱军	男	2002-10-15	计算机系	武春岭	103	82
2020110101	朱军	男	2002-10-15	计算机系	武春岭	105	69
2020110102	龙婷秀	女	2002-11-05	计算机系	武春岭	101	64
2020110102	龙婷秀	女	2002-11-05	计算机系	武春岭	102	58
2020110102	龙婷秀	女	2002-11-05	计算机系	武春岭	104	68
2020110103	张庆国	男	2003-01-09	计算机系	武春岭	101	69
2020110103	张庆国	男	2003-01-09	计算机系	武春岭	103	88
2020110103	张庆国	男	2003-01-09	计算机系	武春岭	105	77
2020120101	李成	男	2002-07-09	机电系	王春强	201	78
2020120101	李成	男	2002-07-09	机电系	王春强	203	63

从表 1-6 存放的数据可以看出，该关系具有以下缺陷。

（1）数据冗余。系名和系主任的存储次数等于该系学生选修课程的人次。

（2）插入异常。这个关系模式的主键是（学号、课程号），当一个系里的学生没有选修课程时，则课程号无值，导致该学生的所有信息将无法插入数据库中。

（3）删除异常。在某个系的学生全部毕业又没招新生的情况下，删除已毕业学生的信息，将会使系名和系主任的信息也随之删除，但由于这个系仍然存在，却又找不到该系的信息，即会出现删除异常。

（4）更新异常。当要更改某个学生的姓名时，则必须搜索出包含该姓名的每条记录，并对其姓名逐一修改，修改量很大，如果某条记录漏改了，则会造成数据不一致，即出现更新异常。

知识储备

针对表 1-6 所示关系具有的上述缺陷应该如何解决呢？要利用规范化理论对关系模式进行规范化。

满足特定要求的关系模式称为范式，按其规范化程度从低到高可分为 5 级范式（Normal Form），分别为 1NF、2NF、3NF（BCNF）、4NF 和 5NF。

规范化程度较高的范式是较低范式的子集，一个低一级范式的关系模式，通过分解可以转换为若干个高一级范式的关系模式，这个过程称为关系规范化。

关系规范化的基本方法是逐步消除关系模式中不恰当的数据依赖，使关系模式达到某种程度的分离，用一个关系来表达一事或一物。

1. 第一范式（1NF）

如果关系模式 R 中不包含多值属性，则 R 满足第一范式，记为 $R \in 1NF$。

第一范式要求不能在表中嵌套表，是关系模式要遵循的基本要求，数据库中所在的关系模式必须满足第一范式。

例如，表 1-3 所对应的关系模式不满足第一范式，因为其成绩属性中包含多门课程的成绩，属于表中嵌套表的情况，只有将表 1-3 中的成绩属性拆开，形成表 1-4 所示的形式，这样就不存在表中嵌套表的情况了，其对应的关系模式就满足第一范式。

2. 第二范式（2NF）

关系模式仅满足第一范式是不够的，尽管学生关系模式满足第一范式，但是根据前面的分析，这个关系模式存在数据冗余、插入异常、删除异常和更新异常的缺陷，所以需要对该关系模式进一步规范化，使之达到更高级别的范式。

如果关系模式 R 满足第一范式，且每个非键属性完全函数依赖于 R 的键属性，则 R 满足第二范式，记为 $R \in 2NF$。在第二范式中解决了插入异常问题。

例如，表 1-6 对应的学生关系模式 S（学号、姓名、性别、出生日期、系名、系主任、课程号、成绩）不是第二范式。因为该关系模式的主键为（学号、课程号），对于非键属性姓名和系名来说，它们只依赖于学号，而与课程号无关，因此关系模式 S 存在部分函数依赖。

解决的办法是将关系模式进行分解，使每个非键属性完全函数依赖于键属性。分解的方法是采用投影分解法。

（1）把关系模式中对键完全函数依赖的非键属性与决定它们的键放在一个关系模式中。

（2）把对键部分函数依赖的非键属性和决定它们的键放在一个关系模式中。

（3）检查分解结果，如果仍有不满足第二范式的，则按前两个步骤继续分解。

3. 第三范式（3NF）

如果关系模式 *R* 满足第二范式，且没有一个非键属性传递依赖于键，则称 *R* 满足第三范式，记为 $R \in$ 3NF。在第三范式中解决了删除异常问题。

例如，学生和系关系模式 *S-D*（学号、姓名、性别、出生日期、系名、系主任）满足第二范式，由于系名由学号决定，系主任由系名决定，即存在系主任传递依赖于学号，因此 *S-D* 不满足第三范式，其存在删除异常问题。解决的方法同样是对 *S-D* 进行投影分解。

（1）把直接对键函数依赖的非主键属性与决定它们的键放在一个关系模式中。

（2）把造成传递依赖的属性和被该属性决定的其他属性放在一个关系模式中。

（3）检查分解结果，如果仍有不满足第三范式的，则按前两个步骤继续分解。

第三范式是一个可用关系模式应满足的最低范式，如果一个关系模式不满足第三范式，那么事实上它是不可用的。

4. 增强第三范式（Boyce-Codd Normal Form，BCNF）

关系模式 *R* 的所有非主属性依赖于整个主属性，则称 *R* 满足 BCNF。BCNF 是比第三范式更高级别的范式。

根据 BCNF 的定义，可以知道满足 BCNF 的关系模式具有以下特点。

（1）所有非键属性对每一个键属性都是完全函数依赖。

（2）所有的键属性对每一个不包含它的键也是完全函数依赖。

（3）没有任何属性完全函数依赖于非键的任何一组属性。

例如，学生关系模式 *S*（学号、姓名、性别、出生日期、系名）中，如果姓名有重名的情况，则主键学号是该模型的唯一决定因素，所以 *S* 是 BCNF 范式；如果姓名没有重名，则学号和姓名都是候选键，且除候选键外，该模型没有其他决定因素，所以 *S* 仍是 BCNF 范式。

将第三范式分解为 BCNF 关系模式的方法如下。

（1）在第三范式关系模式中去掉一些主属性，只保留主键，使该关系模式只有唯一候选键。

（2）把去掉的主属性分别同各自的非主属性组成新的关系模式。

（3）检查分解结果，如果仍有不满足 BCNF 的，则按前两个步骤继续分解。

任务实施

【实施1】将学生关系模式 *S*（学号、姓名、性别、出生日期、系名、系主任、课程号、成绩）规范化为第二范式。

分析 对于学生关系模式 *S* 来说，姓名、系名、系主任只依赖于学号，与学生所选课程号无关，因此可将它们放到一个关系模式中；成绩属性完全依赖于学号和课程号，可将它们放到另一个关系模式中。因此，将学生关系模式 *S* 进行分解，形成两个新的关系模式，结果如下：

选修关系模式：*S-C*（学号、课程号、成绩）

学生和系关系模式：*S-D*（学号、姓名、性别、出生日期、系名、系主任）

经过上述模式分解，两个关系模式中的非键属性对键都是完全函数依赖，所以它们都满足第二范式。

【实施 2】将学生和系关系模式 *S-D*（学号、姓名、性别、出生日期、系名、系主任）规范化为第三范式。

分析　对于学生和系关系模式 *S-D* 来说，姓名、性别、出生日期和系名直接依赖于学号，可将它们放在一个关系模式中，而把系名和系主任放到另一个关系模式中。因此，学生和系关系模式分解的结果如下：

学生关系模式：*S*（学号、姓名、性别、出生日期、系名）

系关系模式：*D*（系名、系主任）

分解后的关系模式 *S* 和 *D* 都不存在传递依赖关系，都满足第三范式。

【实施 3】在关系模式 *S-T-J*（学生、教师、课程）中，假设条件：每个教师只教一门课程，每门课程有若干教师，某一个学生选定某门课后就只有一个固定教师授课。

基于上述假设，分析关系模式 *S-T-J* 是否满足第三范式和 BCNF。

分析　根据上述假设可知，该关系模式具有如下函数依赖。

（学生、课程）→教师，（学生、教师）→课程，教师→课程。

该关系模式的候选键为（学生、课程），（学生、教师）。因为该关系模式所有属性都是主属性，所以 *S-T-J* 满足第三范式，但不满足 BCNF，因为教师属性是课程决定因素，但教师属性不是候选键（它只是候选键的组成部分）。

按第三范式分解为 BCNF 的方法，将 *S-T-J* 关系模式分解为满足 BCNF 的两个关系模式：

S-T（学生、教师）

T-J（教师、课程）

说明：不属于 BCNF 的关系模式存在数据冗余，比如，有 40 个学生选定某一门课程，则教师与该课程的关系就会重复存储 40 次，把第三范式分解为 BCNF 的关系模式后，就可以消除数据冗余了。

任务小结

在本任务中，主要学习了以下几个方面的内容。

- 数据库概念模型设计。
- 绘制 E-R 图：用矩形框表示实体，用椭圆表示属性，用菱形表示联系。
- 将 E-R 图转化为关系模型。
- 关系模式规范化，使其至少要满足第三范式。

课堂实训

【实训目的】

- 掌握绘制 E-R 图的方法
- 掌握关系模式规范化的方法

【实训内容】

1. 设有商店和顾客两个实体，商店属性：商店编号、商店名、地址、电话；顾客属性：顾客编号、姓名、地址、年龄、性别。假设一个商店有多个顾客购物，一个顾客可以到多个商店购物，顾客每次去商店购物有一个消费金额和日期。要求画出 E-R 图，并注明属性和联系类型。

分析：

首先确定画 E-R 图的三要素：实体、属性和联系，然后分别放到矩形框、椭圆和菱形中，再用无向边进行连接，得到的结果如图 1-10 所示。

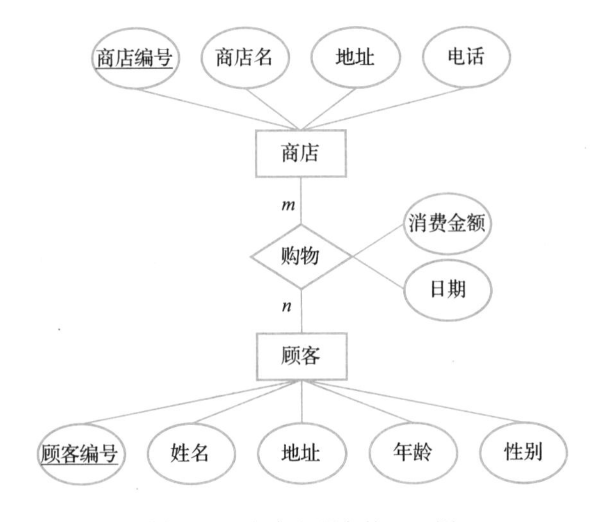

图 1-10 商店和顾客的 E-R 图

2. 关系模式规范化。根据已知表 1-7、表 1-8 和表 1-9 所示的情况，回答下列关于关系模式规范化的问题。

表 1-7 成绩表

姓名	所在学院	成绩	
		计算机文化基础	MySQL 数据库
朱博	计算机学院	86	83
龙婷秀	计算机学院	61	69

表 1-8 学生表 1

学号	姓名	性别	出生日期	系名	系主任	课程号	成绩
2020110101	朱军	男	2002-10-15	计算机系	武春岭	101	77
2020110101	朱军	男	2002-10-15	计算机系	武春岭	102	83
2020110101	朱军	男	2002-10-15	计算机系	武春岭	105	69
2020110102	龙婷秀	女	2002-11-05	计算机系	武春岭	101	64
2020110102	龙婷秀	女	2002-11-05	计算机系	武春岭	102	58
2020120101	李成	男	2002-07-09	机电系	王春强	201	78

表 1-9　学生表 2

学　　号	姓　　名	性　　别	出生日期	系　　名	系　主　任
2020110101	朱军	男	2002-10-15	计算机系	武春岭
2020110102	龙婷秀	女	2002-11-05	计算机系	武春岭
2020120101	李成	男	2002-07-09	机电系	王春强

（1）表 1-7 是否满足第一范式，为什么？
（2）表 1-8 是否满足第二范式，为什么？
（3）表 1-9 是否满足第三范式，为什么？
（4）将表 1-7 转换成满足第一范式的表。
（5）将表 1-8 转换成满足第二范式的表。
（6）将表 1-9 转换成满足第三范式的表。

分析：

（1）表 1-7 不满足第一范式，因为该表为复合表。
（2）表 1-8 不满足第二范式，因为该表对应的关系模式存在部分函数依赖。
（3）表 1-9 不满足第三范式，因为该表对应的关系模式存在传递依赖。
（4）将表 1-7 改成二维表：

姓　　名	所在学院	计算机文化基础	MySQL 数据库
朱博	计算机学院	86	83
龙婷秀	计算机学院	61	69

（5）将表 1-8 拆分成两个表：

学　　号	姓　　名	性　　别	出生日期	系　　名	系　主　任
2020110101	朱军	男	2002-10-15	计算机系	武春岭
2020110102	龙婷秀	女	2002-11-05	计算机系	武春岭
2020120101	李成	男	2002-07-09	机电系	王春强

学　　号	课　程　号	成　　绩
2016110101	101	77
2016110101	102	83
2016110101	105	69
2016110102	101	64
2016110102	102	58
2016120101	201	78

（6）将表 1-9 拆分成两个表：

学　　号	姓　　名	性　　别	出生日期	系　　名
2020110101	朱军	男	2002-10-15	计算机系
2020110102	龙婷秀	女	2002-11-05	计算机系
2020120101	李成	男	2002-07-09	机电系

系　名	系 主 任
计算机系	武春岭
机电系	王春强

思考与练习

一、填空题

1．在概念模型中，通常用E-R图表示数据的结构，其三个主要元素分别是________、________和________。

2．学校有若干个学院和教师，每个教师只能属于一个学院，一个学院可以有多个教师，学院与教师的联系类型是________。

3．数据库系统中所支持的主要逻辑数据模型有层次模型、关系模型、________和面向对象的模型。

4．关系中主键的取值必须唯一且非空，这条规则是________完整性规则。

5．对于1∶1的联系，________均是该联系关系的候选键。

6．对于1∶*n*的联系，关系的键是________。

7．对于*m*∶*n*的联系，关系的键是________。

8．关系完整性约束包括________完整性、参照完整性和用户自定义完整性。

9．关系模型中的关系至少满足________NF。

10．学生关系模式*S*(学号、姓名、性别、出生日期、系名)，系关系模式*X*(系名、系主任)，在这两个关系模式中，*S*的主键是学号，*X*的主键是系名，那么系名在*S*中被称为________。

二、选择题

1．下列哪项不是数据库系统的组成部分？（　　）

A．数据库　　B．硬件　　C．网络　　D．数据库管理员

2．下列关于数据库的叙述中，正确的是（　　）。

A．数据库减少了数据冗余

B．数据库避免了数据冗余

C．数据库中的数据一致性是指数据类型一致

D．数据库系统比文件系统能够管理更多数据

3．在现实世界中，事物的一般特性在信息世界中称为（　　）。

A．实体　　B．实体键　　C．属性　　D．关系键

4．概念模型是现实世界的第一层抽象，这一类模型中最著名的是（　　）。

A．层次模型　　B．关系模型　　C．网状模型　　D．实体－关系模型

5．关系模型的数据结构是（　　）。

A．树　　B．图　　C．表　　D．二维表

6．设属性*A*是关系*R*的主属性，则属性*A*不能取空值，这是（　　）。

A．实体完整性规则　　B．参照完整性规则

C．用户自定义完整性规则　　　　D．域完整性规则

7．下列哪项不是主键的特性？（　　）

A．每个表只能有一个主键　　　　B．主键只能由一个字段组成

C．主键的取值不能为空　　　　D．主键列的取值不能重复

8．MySQL 数据库属于（　　）数据库。

A. 层次模型　　　　B. 面向对象模型

C. 关系模型　　　　D. 网关模型

9．在关系模型中，满足 2NF 的关系模式（　　）。

A. 必定满足 1NF　　　　B. 必定是 3NF

C. 可能满足 1NF　　　　D. 必定是 BCNF

10．在关系数据库中，（　　）用于唯一确定一个元组，它是某个或某几个属性的组合。

A. 外键　　B. 主键　　C. 候选键　　D. 唯一键

三、思考题

1．什么是数据、数据库、数据库管理系统、数据库系统？

2．数据库系统有哪些特点？

3．关系模型的完整性规则包括哪些？其含义分别是什么？

4．什么是关系规范化？关系规范化的目的是什么？

任务2　MySQL 的安装与配置

任务描述

在选用 MySQL 作为数据库管理系统后，开发团队需要为学生成绩管理系统的开发搭建软件环境。

任务分析

采用 MySQL 作为数据库管理系统，对于软件开发团队来说，需要完成以下工作任务：

✧ 下载、安装和配置 MySQL。

✧ 使用图形工具软件登录 MySQL 服务器。

✧ 使用命令行方式登录 MySQL 服务器。

1.2.1　下载、安装和配置 MySQL

知识储备

1. 了解 MySQL

MySQL 是一个关系数据库管理系统，由瑞典 MySQL AB 公司开发，目前属于 Oracle 旗下产品。MySQL 是一个真正的多用户、多线程 SQL 数据库服务器。SQL（结构化查询语言）是世界上最流行的标准化数据库语言之一，它使得存储、更新和存取信息更加容易。MySQL 是一个客户机 / 服务器结构的实现，其由一个服务器守护程序 Mysqld 和许多不同的客户程序及库组成。在 Web 应用方面，MySQL 是最好的 RDBMS（Relational Database Management System，关系数据库管理系统）应用软件之一。MySQL 是一种关系数据库管理系统，关系数据库将数据保存在不同的表中，而不是将所有数据放在一个大仓库内，从而增加了速度并提高了灵活性。MySQL 所使用的 SQL 语言是用于访问数据库的最常用标准化语言之一。MySQL 软件采用双授权政策，分为社区版和商业版，由于其体积小、速度快、总体拥有成本低，尤其是开放源代码这一特点，使得 MySQL 被广泛地应用在互联网上作为数据库，如 Facebook、Google、新浪、网易、百度等大型网站也在使用 MySQL 作为网站数据库。MySQL 主要有以下特点。

（一）可移植性

MySQL 用 C 和 C++ 编写，并用大量不同的编译器测试，保证了源代码的可移植性。

（二）丰富的 API 接口

MySQL 为多种语言提供了 API，这些编程语言包括 C、C++、Java、PHP、Python、Perl、Eiffel 和 Ruby 等。

（三）多平台支持

MySQL 支持如 Linux、Mac OS、OS/2、FreeBSD、Novell Netware、Windows 等二十多种操作系统，在一个操作系统中实现的应用可以很方便地移植到其他操作系统，而不需要对程序做任何修改。

（四）强大的查询功能

MySQL 支持常见的 SQL 语句规范，可以在同一查询中实现对不同表的查询，支持子查询、视图、存储过程、触发器、事务、外键约束等功能。

（五）支持大型的数据处理

MySQL 是可以处理上千万条记录的大型数据库，国内外很多大型网站都在使用 MySQL 作为网站数据库。

（六）完全免费

在网上可以任意下载 MySQL，并且可以查看到它的源文件，进行修改。

（七）稳定性

MySQL 的功能齐全，运行速度很快，十分可靠，有很好的安全感。

2. MySQL 的版本

（一）按操作系统分类

MySQL 可分为 Windows 版、UNIX 版、Linux 版、Mac OS 等。同时，针对这些操作系统的不同版本，也有相应的 MySQL 版本。因此需要根据不同的操作系统及版本选择下载相应的 MySQL。

（二）按用户群分类

针对不同的用户群，MySQL 可分为以下 4 个不同版本。

（1）MySQL Community Edition 社区版：开源免费，但不提供官方技术支持。

（2）Oracle MySQL Cloud Service 企业版：需付费，提供安全、经济高效的企业级 MySQL 云服务。

（3）MySQL Enterprise Edition 企业版：需付费，提供完善的技术支持，可以试用 30 天。

（4）MySQL Cluster CGE 高级集群版：需付费。

（三）MySQL 的版本

以本书采用的 MySQL8.0.22 版本为例，在版本号 8.0.22 中：

（1）“8”表示主版本号，描述了文件格式。

（2）“0”表示发行级别，主版本号和发行级别构成发行序列号。

（3）“22”表示此发行序列内的版本号，序列内每发行一个新版本该版本号会增加 1。

在发行版本号中可能还会含有后缀，用该后缀表示发行版的稳定级别。

（1）没有后缀。这是一个稳定版（General Availability，GA)，说明已经通过早期发行阶段的测试，修复了重大 Bug，已经稳定并适合产品环境。只有一些关键的修复才会被该发行版应用。

（2）MN。这是一类里程碑式的版本号。每一个里程碑内的版本号可能只关注测试完善一部分特性，当这部分特性完善后则开始下一个里程碑。

（3）RC。这是一个候选发布版本，预示该版本已经经过内部测试，所有已知的致命 Bug 被修复，但该版本尚未被长时间广泛使用，是一个发行了一段时间的 Beta 版本。

（4）Alpha 和 Beta。Alpha 版本是发行包含大量未被完全测试的新代码；Beta 版本表明所有新代码已被测试，在一个月内没有出现致命错误，并且没有计划新增可能导致不稳定的功能。

任务实施

【实施 1】下载 MySQL 的安装包。

分析 MySQL 的下载页面如图 1-11 所示。

在图 1-11 中，选择安装平台“Microsoft Windows”，然后单击图 1-11 所示区域，进入如图 1-12 所示的下载页面。

图 1-11 下载页面 1

图 1-12 下载页面 2

在图 1-12 中单击“Download”按钮，进入图 1-13 所示的下载页面。在此可以注册一个免费的账户，通过此账户，可以快速访问 MySQL 软件并下载，以及进行下载白皮书和演示文稿、在 MySQL 的论坛发帖、接收 MySQL 的 Bug 报告及缺陷跟踪等操作。

直接单击“No thanks，just start my download”开始下载 MySQL 安装包，弹出如图 1-14 所示下载页面。

图 1-13 下载页面 3

图 1-14 下载页面 4

【实施 2】MySQL 的安装与配置。

安装过程：下载完成 MySQL 后开始安装，如图 1-15 所示。

在图 1-15 中，勾选“I accept the license terms”选项设置安装许可，然后单击“Next”按钮进入如图 1-16 所示的“Choosing a Setup Type”界面。

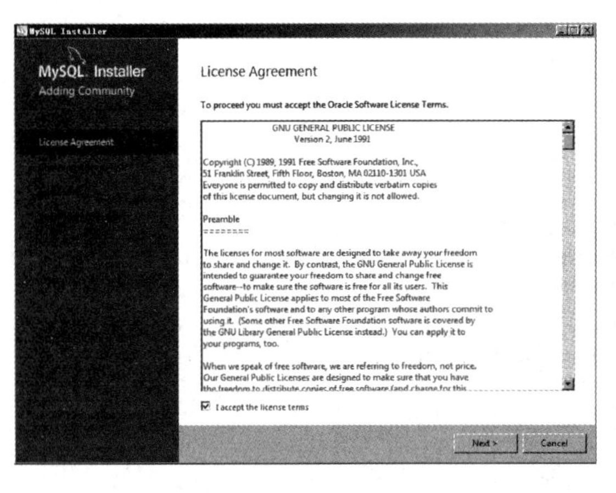

图 1-15　安装许可协议

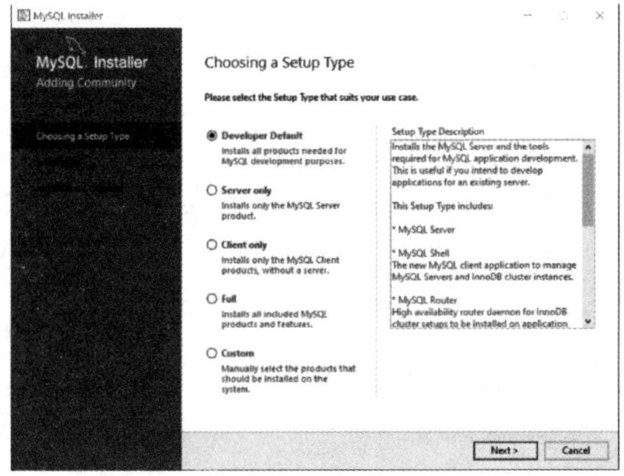

图 1-16　选择安装类型

在图 1-16 中选择安装类型：

① Developer Default，开发者默认。可以安装 MySQL 服务器和 MySQL 应用开发所需要的工具。

② Server Only，仅服务器。只安装 MySQL 服务器。

③ Client Only，仅客户机。安装 MySQL 应用开发所需要的工具，但不包括 MySQL 服务器本身。

④ Full，完全安装。安装所有可用的功能，包括 MySQL 服务器、MySQL 工作台、MySQL 连接器、文档、示例等。

⑤ Custom，自定义。定制安装想要的组件。

在此，选择“Developer Default（开发者默认）”选项，然后单击“Next”按钮，进入安装界面，如图 1-17 所示。

注意：在这里可能会出现“Path Conflicts”（路径冲突）的提示。其原因是本机以前安装过 MySQL，当再次安装 MySQL 时与以前安装的路径相同。在这种情况下，可以在原路径上覆盖安装，也可以修改路径重新安装。

提示安装 MySQL 需要 Microsoft Visual C++2019 的支持，所以在运行 MySQL 安装程序前需要先安装好 Microsoft Visual C++2019 的插件。单击“Execute”按钮，进入如图 1-18 所示的安装 Microsoft Visual C++2015-2019 界面。

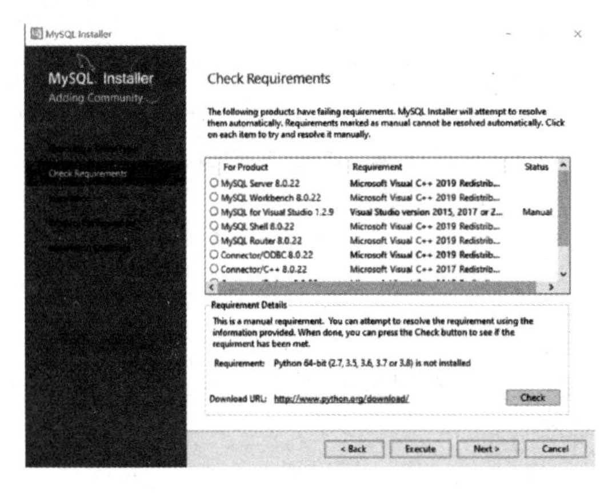

图 1-17　提示需要 VC++2019 的支持

图 1-18　安装 VC++2015-2019

安装完成 Microsoft Visual C++2015-2019 后，进入 MySQL 组件的安装，如图 1-19 所示。

在图 1-19 中单击“Execute”按钮后开始安装（会自动安装各组件），安装完成后如图 1-20 所示。

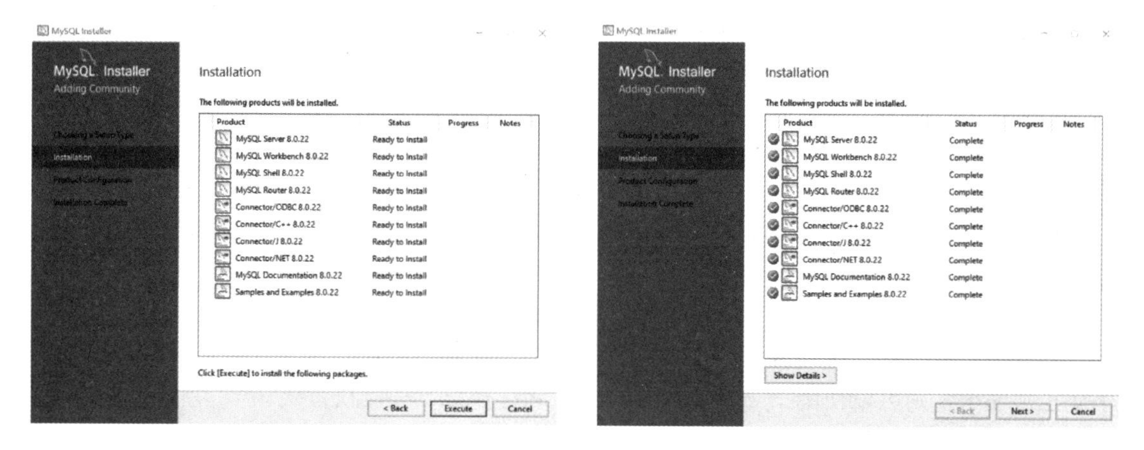

图 1-19 安装 MySQL 组件　　图 1-20 安装完成各组件

在图 1-20 中，单击“Next”按钮，进入 MySQL 产品配置界面，如图 1-21 所示。

在图 1-21 中保持默认值，再单击“Next”按钮，进入应用类型与网络配置界面，如图 1-22 所示。

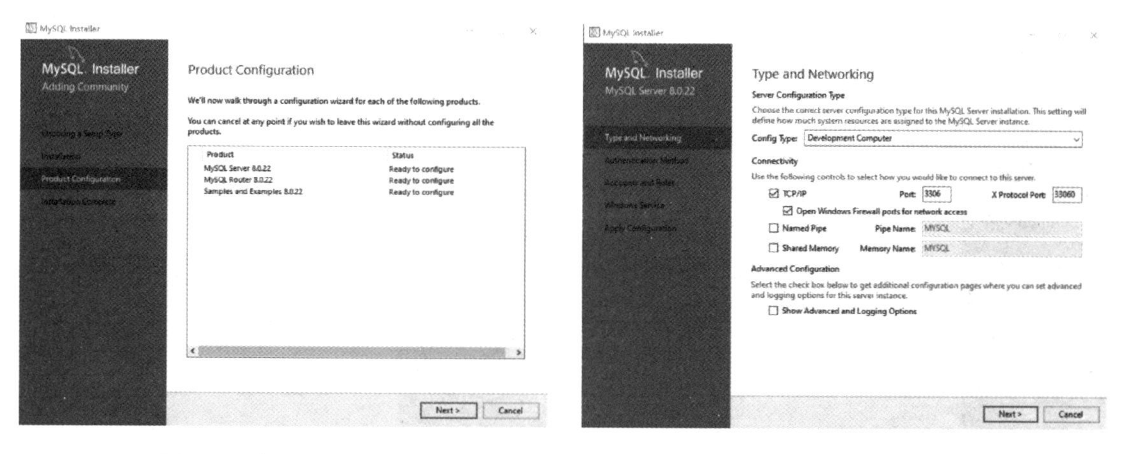

图 1-21 产品配置界面　　图 1-22 应用类型与网络配置

在图 1-22 的“Server Configuration Type”中，为 MySQL 服务器选择正确的配置类型，不同的配置类型确定系统将分配多少资源给 MySQL 服务器。MySQL 提供了三种类型。

- Development Machine：开发机。该类型将会使用最小数量的内存资源，用于个人桌面工作站。
- Server Machine：服务器。该类型将会使用中等大小的内存，选此项表示 MySQL 服务器可以同其他应用服务器一起运行，如 FTP、Web、E-mail 服务器等。
- Dedicated Machine：专用服务器。该类型将会使用尽可能多的内存资源，选此项表示只运行 MySQL 服务器，而没有其他应用服务器。

提示：作为初学者建议选“Development Machine”，这样占用的内存资源较少，机器上还可以运行其他多个桌面应用程序。

在图 1-22 的“Connectivity”中，选择要连接到服务器的方式。勾选“TCP/IP”选项，表示启动 TCP/IP 连接；端口号“Port”默认为“3306”端口；如果 MySQL 安装在服务器上，一定要勾选“Open Windows Firewall ports for network access”选项，使同一网络内的用户可访问该端口。

然后单击“Next”按钮进入如图 1-23 所示的授权方式界面。

第一种认证方式是使用强密码加密授权，这是 MySQL8.0 提供的一种新的身份认证方式，安全性更好。

第二种是采用传统授权方法（保留 5.x 版本兼容性）。只有在以下几种方法中考虑传统方法：①应用程序无法通过升级来使用 MySQL 8 的 Connectors 和 drivers；②重编译现存应用程序是不可行的；③新版的、特定语言的 connector 或 driver 不可用。

在选择授权方式时，需要考虑与现存应用软件的兼容性问题，如果选择第一种授权方式不能正常使用，则可以使用第二种授权方式。在此选择第二种授权方式。

注意：如果客户端和应用程序不能更新支持这种新授权方式，则可以选择使用传统方式。例如，能在 MySQL5.x 版本下正常使用的 SQLyog 客户端软件，如果采用第一种授权方式，则无法连接服务器。

然后在图 1-23 中单击“Next”按钮，进入账户与角色界面，如图 1-24 所示。

在图 1-24 中，输入系统默认用户 root 的密码（要求至少四位长度，如果是单一的字符密码，则会提示强度为“Weak”；如果是数字、大小写字母及符号相结合，并达到一定长度，将提示强度为“Strong”）。单击“Add User”按钮，即可创建新的 MySQL 账户。

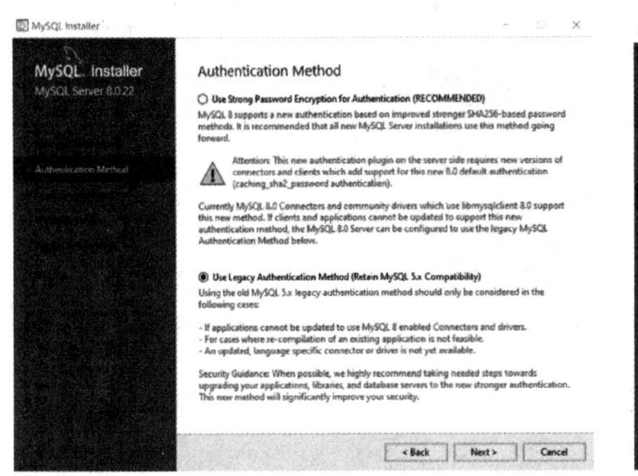

图 1-23 选择授权方式

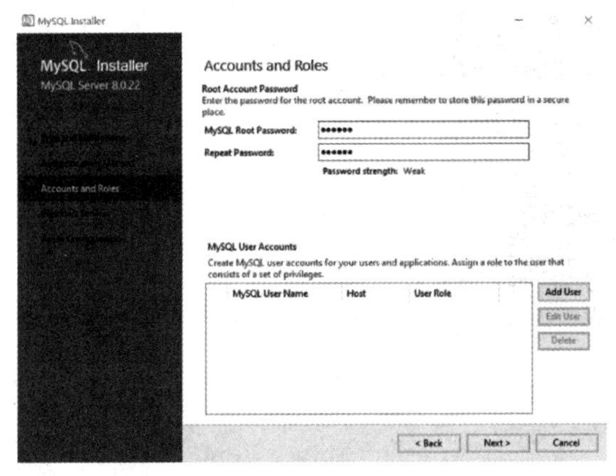

图 1-24 账户与角色

然后在图 1-24 中单击“Next”按钮，进入 Windows 服务配置界面，如图 1-25 所示。

在图 1-25 中的“Windows Service Name”后输入 Windows 的服务名，这里默认是“MySQL80”，其余项保持默认值。然后单击“Next”按钮进入 Apply Configuration 界面，如图 1-26 所示。

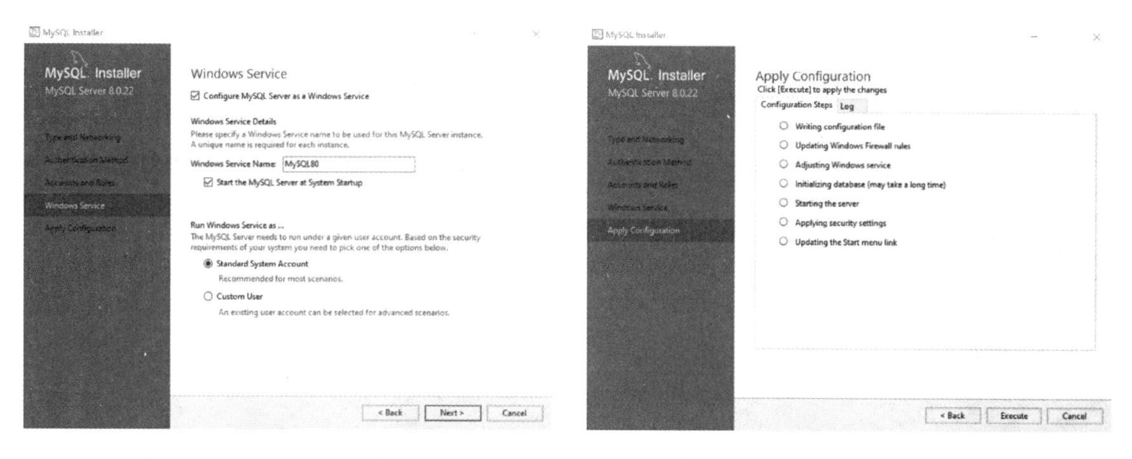

图 1-25 Windows 服务配置　　图 1-26 Apply Configuration 界面

在图 1-26 中，单击“Execute”按钮后，将前面所有配置全部一次性执行完成后，如图 1-27 所示，执行完成应用配置后，单击“Finish”按钮，进入 MySQL Router Configuration 界面，如图 1-28 所示。

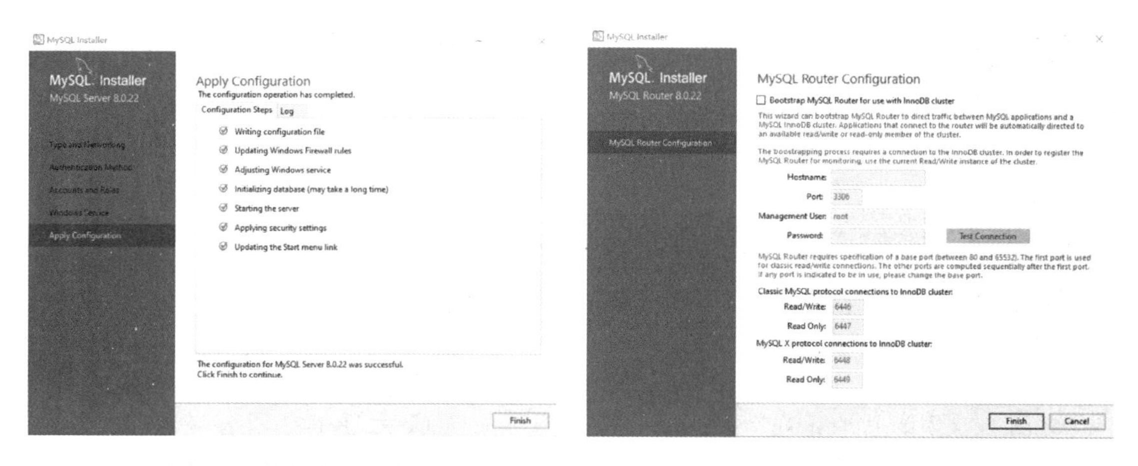

图 1-27 执行应用配置　　图 1-28 MySQL Router Configuration 界面

MySQL Router 是 MySQL 官方提供的一个轻量级中间件，可以在应用程序与 MySQL 服务器之间提供透明的路由方式，这个路由功能在生产环境下具有实用价值，在 Router 的下游有多个 MySQL 服务器，Router 可以对读写请求进行负载均衡，当下游某个 MySQL 服务器失效时，Router 可以将其从 Active 列表中移除。当前安装的是一个学习 MySQL 的实验环境，因此不对 MySQL Router 进行配置，直接单击“Finish”按钮进入 Product Configuration 界面，如图 1-29 所示，然后单击“Next”按钮，进入 Connect To Server 界面，如图 1-30 所示。

在图 1-30 中，输入用户名 root 和前面设置好的密码后，单击“Check”按钮测试是否能连接到服务器，提示连接成功后，再单击“Next”按钮进入 Apply Configuration 界面，如图 1-31 所示。

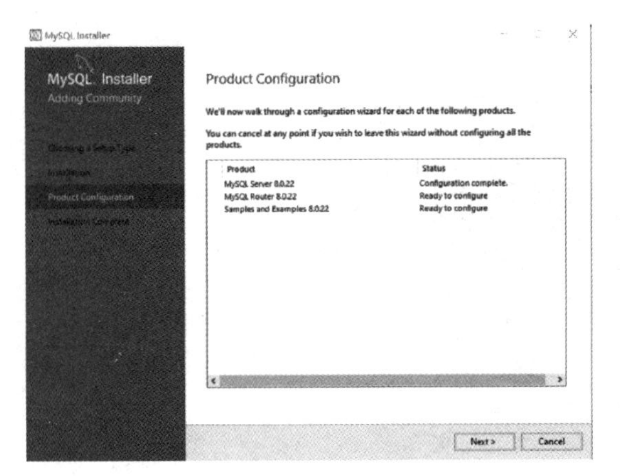

图 1-29　Product Configuration 界面

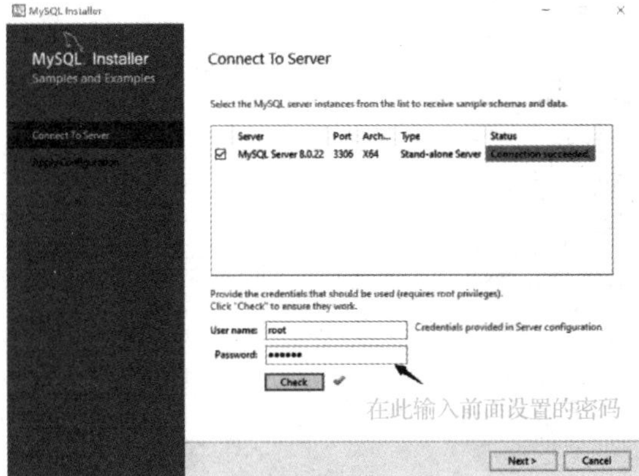

图 1-30　Connect To Server 界面

单击图 1-31 中的“Execute”按钮，执行完成后的界面如图 1-32 所示。

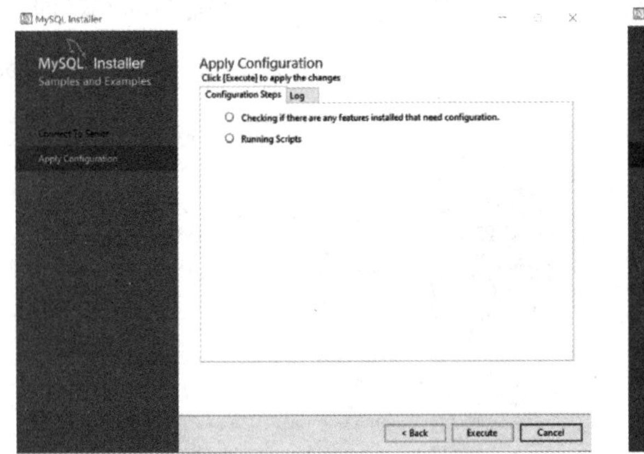

图 1-31　Apply Configuration 界面

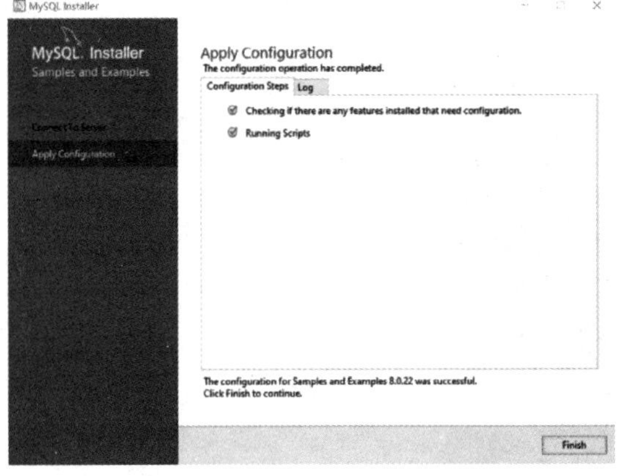

图 1-32　执行完成 Apply Configuration

在图 1-32 中单击“Finish”按钮后，进入安装完成界面，如图 1-33 所示。

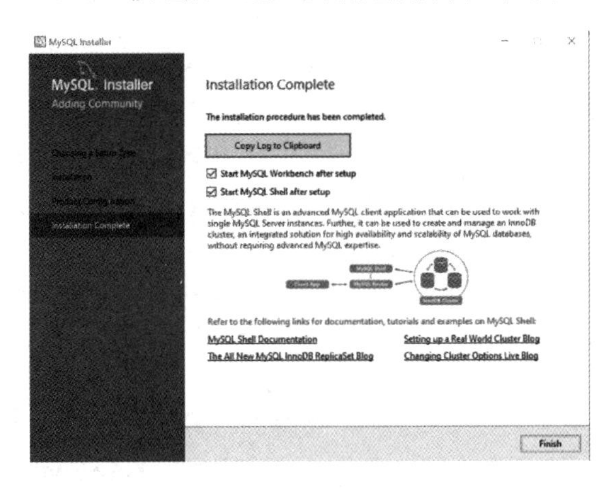

图 1-33　安装完成

在图 1-33 中，如果勾选“Start MySQL Shell after setup”选项，则会打开 MySQL 的命令

行工具；如果勾选“Start MySQL Workbench after setup”选项，（在可接入外网的条件下）则可进入 MySQL 的一个可视化工具软件的安装。至此，MySQL8.0 安装完成。

注：由于本书后面采用的工具软件是 SQLyog，所以这里就不再介绍 MySQL Workbench 的安装了。

1.2.2　MySQL 的启动与登录

在 MySQL 安装完成后，默认为已启动。但如果因故关闭或未启动，则需要启动服务进程，否则客户端无法连接数据库。

任务储备

在 MySQL 安装完成后，打开 Windows 任务管理器，可以看到 MySQL 服务进程“MySQLd.exe”已经启动，如图 1-34 所示。

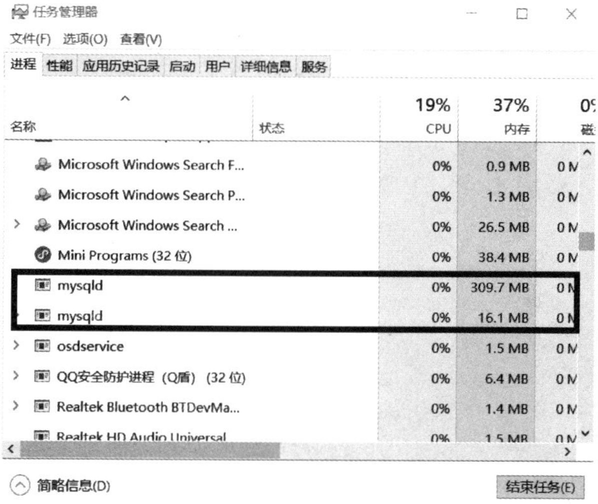

图 1-34　已启动 MySQL 服务进程

但是如果 MySQL 服务器因故关闭了，则有以下两种方式可以重新启动 MySQL 服务器。

（1）通过 Windows 任务管理器来启动 MySQL 服务器。

单击开始菜单下的“运行”命令，在“打开”文本框中输入“Services.msc”后单击“确定”按钮，打开 Windows 服务管理器，如图 1-35 所示。

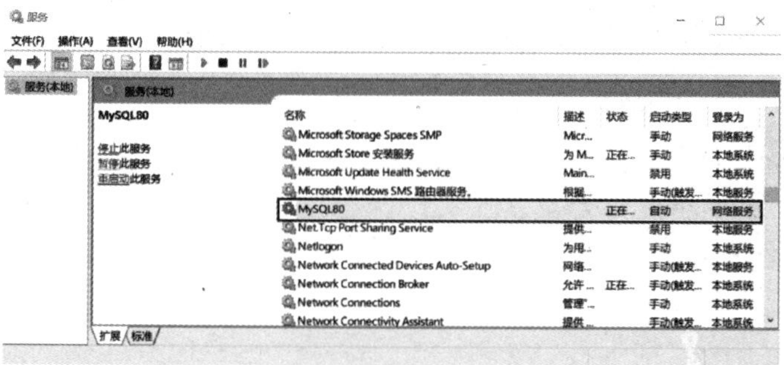

图 1-35　MySQL 服务已启动

从 Windows 服务管理器窗口中可见 MySQL 服务已启动，并且启动类型为“自动”。

在该服务上单击右键，从弹出的快捷菜单中可根据需要进行各种操作，包括启动、停止、暂停、恢复等，还可以在属性中选择启动类型。

（2）在 CMD 模式下启动 MySQL 服务器。

单击开始菜单下的“运行”命令，在“打开”文本框中输入“cmd”后单击“确定”按钮，打开命令行模式，如图 1-36 所示。

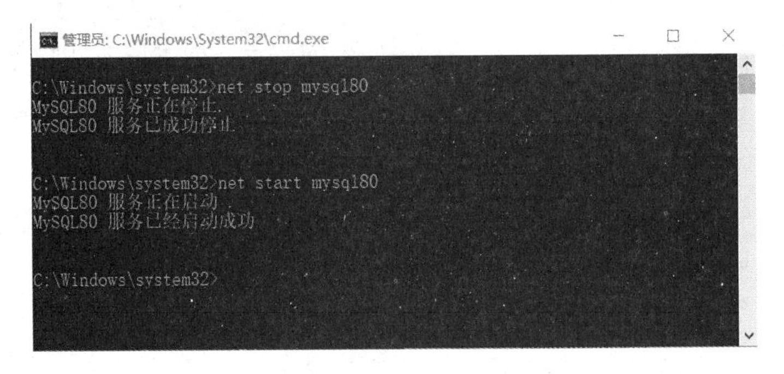

图 1-36　通过命令行模式启动和暂停 MySQL 服务器

注意：要以管理员身份进入命令行模式才能启动或停止 MySQL 服务器。

启动 MySQL 服务器的命令：net start mysql80。停止 MySQL 服务器的命令：net stop mysql80。

注意：这里的“mysql80”是安装 MySQL 服务器时，在进行 Windows 服务器配置时设置的 Windows 服务器名（图 1-36）。

知识实施

【实施 1】以 Windows 命令行模式登录 MySQL 服务器。

分析　MySQL 服务器启动后，可以通过客户端来登录 MySQL 服务器。

操作过程　单击开始菜单下的“运行”命令，在“打开”文本框中输入“cmd”后单击“确定”按钮，即打开命令行模式，输入命令，如图 1-37 所示。

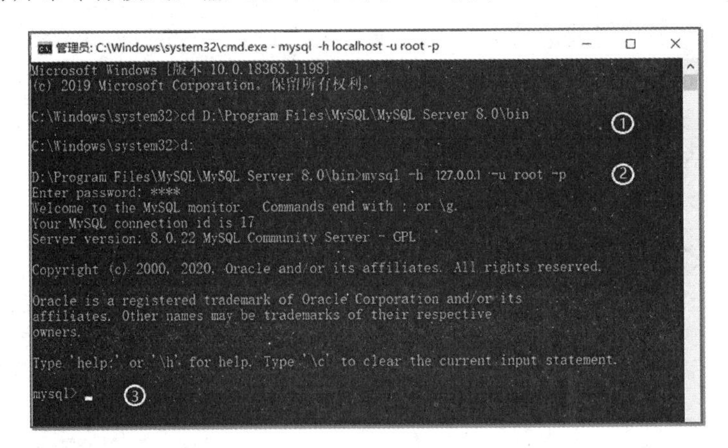

图 1-37　以 Windows 命令行模式登录

在图 1-37 的操作中，①处是指改变指向 MySQL 的安装路径“D:\Program Files\MySQL\

MySQL Server 8.0\bin”，由于此路径比较复杂，为了以后使用方便，可以将此路径复制到本机的环境变量中存放（在本段之后介绍此方法）；②处使用命令“mysql –h 127.0.0.1 –u root –p”登录到 MySQL，其中“127.0.0.1”是服务器的主机地址，在这里由于客户端和服务器在同一主机上，所以可以输入“localhost”或“127.0.0.1”，“-u”后的“root”是登录数据库的用户名，“-p”后是登录密码；③处的命令提示符变为“mysql>”，表示已经成功登录 MySQL 服务器。

【实施 2】配置环境变量，使采用 Windows 命令行模式登录服务器时更方便。

分析 从上面【实施 1】可见，直接通过 Windows 命令行模式登录服务器时登录 MySQL 服务器需要修改当前路径，比较麻烦。可通过配置环境变量，使采用 Windows 命令行模式登录服务器时只需输入登录 MySQL 的命令，而不用再输入改变路径的命令，这样在以后使用 Windows 命令行模式登录 MySQL 服务器时就更方便了，只需输入“mysql -h localhost -u root -p”后，再输入密码即可。

操作过程 复制安装路径“D:\Program Files\MySQL\MySQL Server 8.0\bin”，然后在桌面的“计算机”图标上右击选择“属性”命令，进入如图 1-38 所示的系统界面。

图 1-38 系统界面

在图 1-38 中，单击“更改设置”按钮，进入系统属性界面，在此界面中单击“高级”选项卡，进入如图 1-39 所示的界面。

在图 1-39 中，单击“环境变量”按钮，进入如图 1-40 所示的环境变量界面。

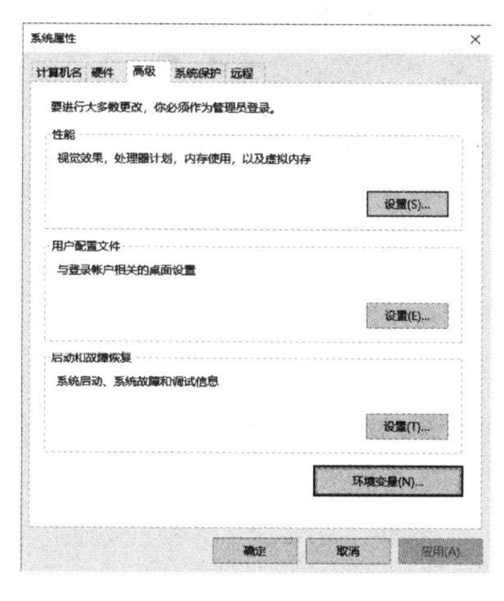

图 1-39 系统属性界面

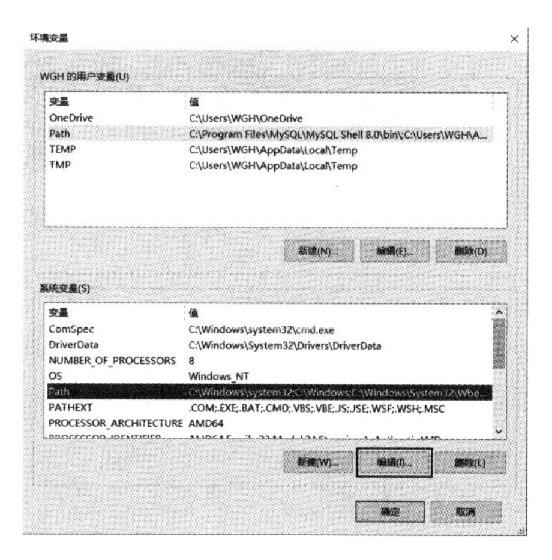

图 1-40 环境变量界面

在图 1-40 中，先选择 Path 变量，然后单击“编辑”按钮，进入如图 1-41 所示的编辑环境变量界面，将前面复制的安装路径粘贴到“变量值”后的对话框中。

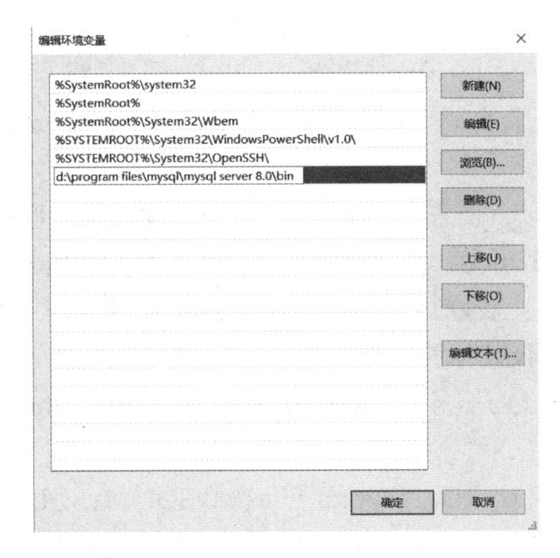

图 1-41　编辑环境变量界面

通过这样的设置后，在以后使用 Windows 命令行模式时，可以直接输入登录服务器命令（mysql -h localhost -u root -p）而不用再输入路径信息了。

【实施 3】使用 MySQL Command Line Client 登录。

分析　在 MySQL 安装完成后，会提供一个 MySQL Command Line Client，可通过它来登录 MySQL 服务器。

操作过程　打开“MySQL 8.0 Command Line Client”窗口的操作步骤：在开始菜单下，找到“MySQL→MySQL Server 8.0→MySQL 8.0 Command Line Client-Unicode”，在 MySQL 8.0 Command Line Client-Unicode 界面中输入口令，即可登录 MySQL 数据库，如图 1-42 所示。

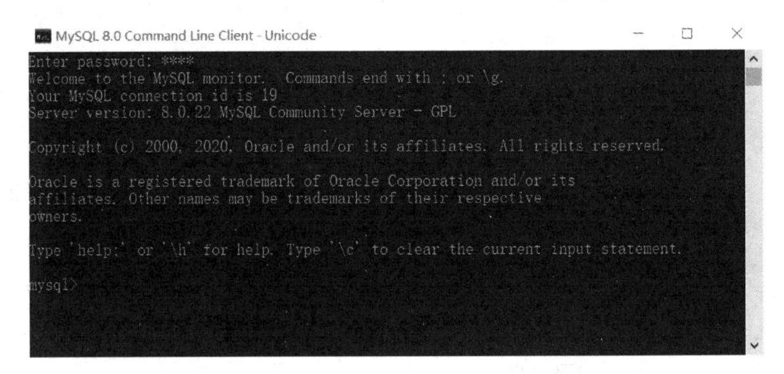

图 1-42　使用 MySQL Command Line Client 登录

命令提示符变为“mysql>”，表示已经成功登录 MySQL 服务器。

从上述两种命令行模式的登录过程可以看出，使用 MySQL Command Line Client 登录更为简洁方便，因此，在后面的学习中，将以 MySQL Command Line Client 模式作为命令行模式进行讲解。

在成功登录 MySQL 服务器后可以进行数据库的各种管理操作，如对库、表的各种操作，以及查询等。

任务拓展

通过命令行模式操作数据库是学习 MySQL 数据库必须具有的能力，但对于刚接触数据库的人来说使用命令行模式不直观，因此出现了众多 MySQL 图形化工具软件，图形化工具软件在很大程度上方便了数据库的操作与管理。

常用的图形化工具软件有以下几种。

（1）Navicat

Navicat 是一个强大的 MySQL 数据库管理和开发工具。它与微软 SQL Server 的管理器很像，使用图形化的用户界面，可以使用户的使用和管理更为轻松。有免费的中文版本供下载。

（2）phpMyAdmin

phpMyAdmin 是最常用的 MySQL 维护工具之一。它是一个用 PHP 开发的基于 Web 方式架构在网站主机上的 MySQL 管理工具，支持中文，管理数据库非常方便。不足之处在于对大数据库的备份和恢复不方便。

（3）MySQL GUI Tools

MySQL GUI Tools 是 MySQL 官方提供的图形化管理工具，功能很强大，没有中文界面。

（4）MySQL ODBC Connector

MySQL ODBC Connector 是 MySQL 官方提供的 ODBC 接口程序，在安装了该程序后，系统可以通过 ODBC 来访问 MySQL，从而可以实现 SQLServer、Access 和 MySQL 之间的数据转换，以及可以使用 ASP 访问 MySQL 数据库。

（5）SQLyog

在众多第三方图形化 MySQL 工具中，受到业界大量认可的就是 SQLyog。SQLyog 是一个易于使用的、快速而简洁的图形化管理 MySQL 数据库的工具，它能够在任何地点通过网络来维护和管理远端的 MySQL 数据库。有免费的中文版供下载。

【拓展】采用 SQLyog 登录 MySQL 服务器。

与采用命令行模式对 MySQL 数据库进行操作与管理相比，使用图形化管理工具更为方便直观，用户可根据不同图形化管理工具的特点，以及自身的习惯选择图形化管理工具来操作 MySQL 数据库。在本书的后续章节中，除使用 MySQL 自带的 MySQL Command Line Client 模式来学习外，还使用了图形化工具软件 SQLyog 来辅助学习 MySQL。

下载并安装 SQLyog 后，其登录 MySQL 的界面如图 1-43 所示。

图 1-43　用 SQLyog 登录 MySQL

在图 1-43 中，各项均保持系统默认值。

“保 / 存的连接”：输入一个连接名，这里采用默认名“新连接”。

“我的 SQL 主机地址”：这里输入的 localhost 是 MySQL 服务器的地址。由于 MySQL 服务器安装在本机，因此主机地址为 localhost，否则应输入 MySQL 服务器的地址；在输入安装时应设置“用户名”“密码”“端口”，这里采用默认用户名“root”，端口为默认端口“3306”。

单击“连接”按钮，进入 SQLyog 软件操作界面，如图 1-44 所示。

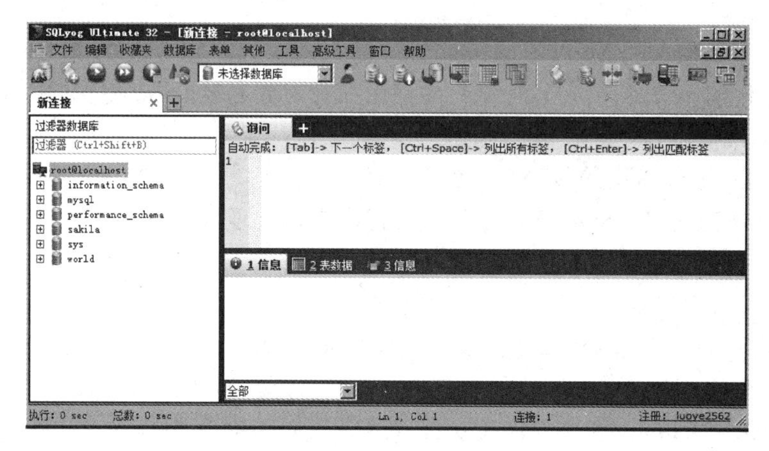

图 1-44　SQLyog 软件操作界面

注意，在使用 SQLyog 登录 MySQL 服务器时，必须先安装好 MySQL，否则无法连接到服务器。

任务小结

在本任务中，主要学习了以下几个方面的内容。

- MySQL 的特性简介。
- MySQL 的版本介绍。
- MySQL 的下载与安装。
- MySQL 的配置。
- 使用命令行模式登录 MySQL 服务器。
- 配置 Windows 的环境变量。
- 使用 SQLyog 图形工具软件登录 MySQL 服务器。

课堂实训

【实训目的】

- 掌握 MySQL 服务器的安装与配置。
- 掌握使用 Windows 的命令行模式和 MySQL Command Line Client 模式登录 MySQL

服务器。

➢ 掌握 MySQL 的图形管理工具 SQLyog 的安装与登录 MySQL 服务器。

【实训内容】

1．MySQL 服务器的安装与配置。

按前面介绍的下载地址，下载 MySQL 8.0（如果时间紧，也可由教师预先完成）。

按前面讲的安装和配置步骤，安装和配置 MySQL 服务器。

2．在 Windows 的命令行模式下登录 MySQL 服务器。

进入 Windows 的命令行模式，切换到 MySQL 的 bin 目录下：MySQL 安装盘符 :\program files\mysql\mysql server 8.0\bin（如 D: \program files\mysql\mysql server 8.0\bin）：

```
cd D: \program files\mysql\mysql server 8.0\bin
```

然后输入命令：

```
mysql -u root -p
```

再按提示输入 root、登录密码即可登录 MySQL 服务器。

3．通过 MySQL Command Line Client 模式登录 MySQL 服务器。

打开 MySQL Command Line Client 界面后，按提示输入 root、登录密码即可登录 MySQL 服务器，如图 1-45 所示。

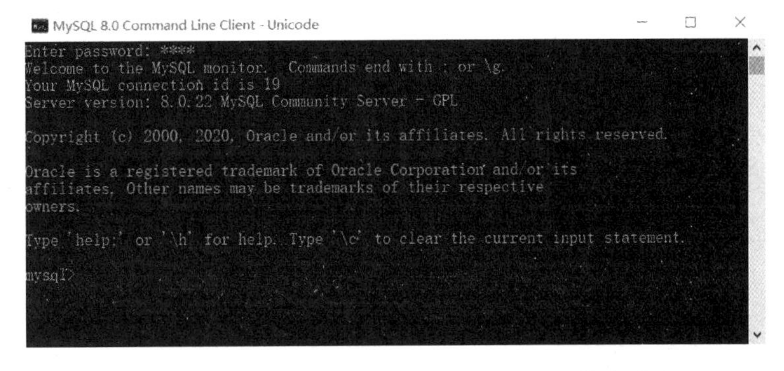

图 1-45　通过 MySQL Command Line Client 模式登录

当命令提示符为“mysql>”时，表示登录 MySQL 服务器成功。

4．MySQL 的图形管理工具 SQLyog 的安装与登录 MySQL 服务器。

下载 SQLyog，如图 1-46 和图 1-47 所示。

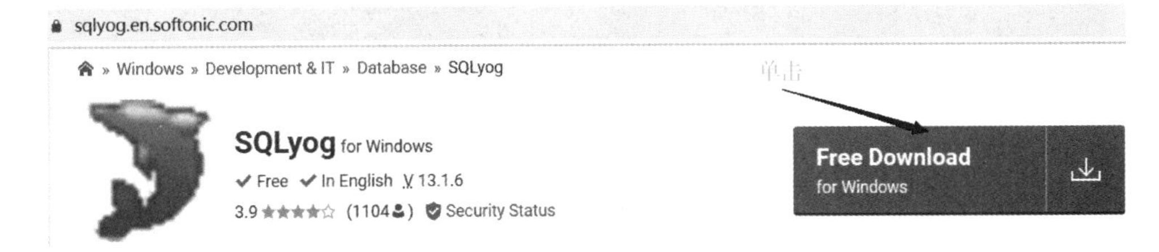

图 1-46　SQLyog 下载 1

图 1-47　SQLyog 下载 2

SQLyog 下载完成后，需要先安装（过程很简单），然后登录 MySQL 服务器，在连接服务器时，需要输入在图 1-24 中输入的用户名和密码（与图 1-30 验证时输入的相同），如图 1-43 所示。

思考与练习

一、填空题

1．在 Windows 中，MySQL 服务进程名是 ____________________。

2．安装 MySQL 服务器时系统默认创建的用户名是 ____________________；客户端连接到服务器默认使用的端口号是 ____________________。

3．命令提示符变为 ____________________，表示已经成功登录 MySQL 服务器。

4．假设在安装 MySQL 服务器时，Windows 服务名设置为 mysql80，那么在命令行模式下启动 MySQL 服务器的命令是 __________________；停止 MySQL 服务器的命令是 __________________。

5．要以 ________________ 身份进入命令行模式才能启动或停止 MySQL 服务器。

二、思考题

1．MySQL 的主要特点有哪些？

2．如何查看 MySQL 服务器是否已启动？

3．以 Windows 命令行模式登录 MySQL 服务器的步骤是什么？

项目 2

数据库设计

项目介绍

在本项目中，开发团队需要完成在数据库管理系统软件 MySQL 中建立数据库，并在该数据库下创建数据表，以及管理数据表的相关工作任务。

任务安排

任务 1　创建与管理数据库

任务 2　表的创建与管理

学习目标

- ✧ 能创建数据库
- ✧ 能管理数据库
- ✧ 能创建和修改数据表结构
- ✧ 能向表中插入数据
- ✧ 能修改表数据
- ✧ 能删除数据表

任务 1　创建与管理数据库

任务描述

开发团队需要在数据库管理系统软件 MySQL 中，建立学生成绩管理的数据库，并对该数据库进行管理。

任务分析

本任务的目的是在数据库管理系统软件 MySQL 中创建学生成绩管理系统——XSCJ 数据库，并对该数据库进行管理；同时，为了测试学生成绩管理系统的各项功能，开发团队还创建了一个测试数据库 XSCJ_db 供后续开发过程中测试使用。因此，开发团队需要完成以下主要工作：

✧ 创建数据库。

✧ 管理数据库。

2.1.1　创建数据库

数据库是存储数据和数据对象的容器，这些数据对象包括数据表、视图、触发器、存储过程、函数等，其中，数据表用于存放数据，是最基本的数据对象。

任务储备

1. 对象的命名规则

在 MySQL 中的所有对象都有一个对象名称，如数据库、数据表、视图、索引、存储过程、函数、触发器等，在创建时都需要用户为其命名，其命名规则如下。

➢ 名称由大小写形式的英文字母、中文、数字、下画线、$ 及其他语言的字母字符等组成。

➢ 对不加引号的标识符不允许完全由数字字符构成（与数字难以区分）。

➢ 名称长度不超过 64 个字符。

➢ 名称中不允许有空格和特殊字符。

➢ 名称不能使用 MySQL 的保留字。

2. 数据库分类

在 MySQL 中，数据库分为系统数据库和用户数据库两大类。

（一）系统数据库

在 MySQL 安装完成后，Data 目录下会自动创建几个必需的数据库，用户不能直接修改这些数据库，可以在 MySQL 8.0 Command Line Client 模式下，用 SHOW DATABASES 命令查看这些系统数据库，如图 2-1 所示。

各个系统数据库的作用如下。

➢ information_schema 数据库是一个信息数据库，用于存储系统中一些数据库对象信息，如用户表信息、列信息、权限信息、字符集和分区信息等。

- mysql 数据库是 MySQL 的核心数据库，用于存储系统的用户权限信息，这些信息不可以删除，用户也不要轻易去修改这个数据库中的信息。
- performance_schema 数据库用于存储数据库服务器的性能参数。
- sakila 数据库用于存放数据库样本，该库中的表都是一些样本表。
- sys 数据库是 MySQL5.7 版以后新增加的系统数据库，通过这个库可以快速了解系统的元数据信息，便于数据库管理员查看数据库的更多信息，使其更快地了解数据库的运行情况，从而为解决数据库的性能瓶颈提供帮助。
- world 数据库提供了关于城市、国家和语言的相关信息。

注意，用户不能随意删除系统自带的数据库，否则会使 MySQL 不能正常运行。

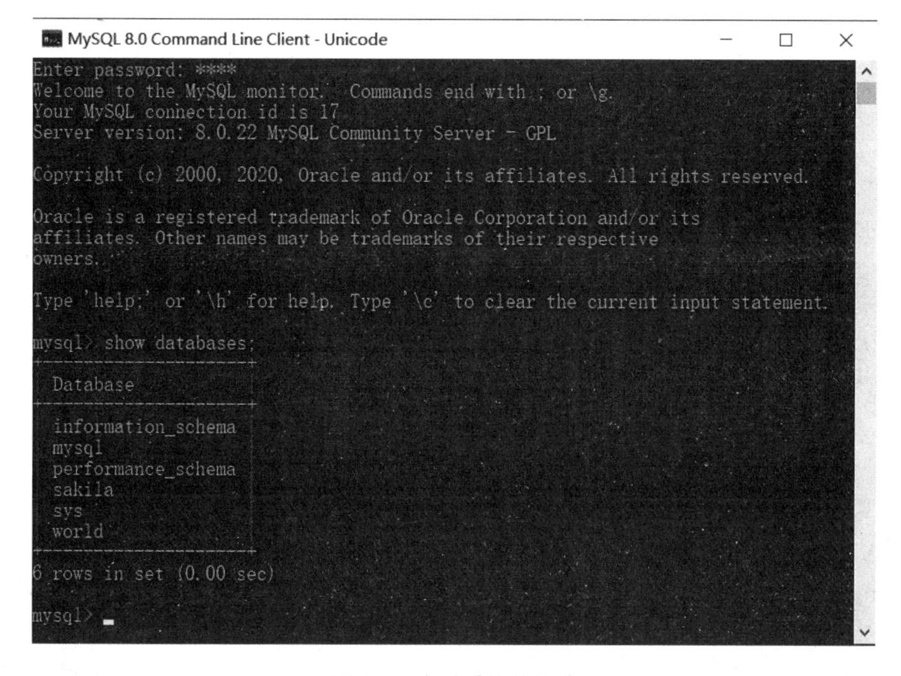

图 2-1　查看系统数据库

（二）用户数据库

用户数据库是用户根据开发和应用需求而建立的数据库。

使用 SQL 语句创建数据库的命令是 CREATE DATABASE 或 CREATE SCHEMA。创建用户数据库的语法格式为：

```
CREATE {DATABASE|SCHEMA} [IF NOT EXISTS] 数据库名
[[DEFAULT] CHARACTER SET 字符集名 ]
[[DEFAULT] COLLATE 校对规则名 ];
```

语法说明

{ | }：表示其中的内容是二选一。

[ ]：表示其中的内容是可选项。

CREATE DATABASE：创建数据库的关键字。

IF NOT EXISTS：此可选项用于在创建数据库之前进行判断，只有该数据库目前不存在时才能执行此创建操作，可以用来避免产生数据库已经存在而重复创建的错误。

数据库名：所创建的数据库名称，应按对象命名规则为其命名。

[DEFAULT] CHARACTER SET：用于指定数据库的字符集。如果在创建数据库时不指定字符集，那么就使用系统的默认字符集，如 gb2312、utf8（MySQL8 数据库默认字符集）等。

[DEFAULT] COLLATE：用于指定字符集的默认校对规则（又称排序规则），其后的校对规则要使用 MySQL 支持的校对规则名称，如 gb2312_chinese_ci、utf8_general_ci（MySQL8 数据库默认校对规则）等。

字符集与校对规则：字符集是一套符号和编码，校对规则是在字符集内用于比较字符的一套规则，即字符集的排序规则。MySQL 可以使用多种字符集和校对规则来组织字符。平时使用 MySQL 的过程中，如果数据出现乱码，则可能就是字符集设置的问题。指定字符集的目的是避免在数据库中存储的数据出现乱码的情况。

任务实施

【实施 1】使用 MySQL 命令行工具创建一个“学生成绩管理”数据库，命名为 XSCJ，指定字符集为 gb2312，默认校对规则为 gb2312_chinese_ci（简体中文，不区分大小写）。

输入的 SQL 语句与执行结果如下。

```
CREATE DATABASE IF NOT EXISTS XSCJ
    DEFAULT CHARACTER SET gb2312
    DEFAULT COLLATE gb2312_chinese_ci;
Query OK, 1 row affected, 1 warning (0.01 sec)
```

分析：

在【实施 1】中，由于 MySQL 不允许在同一服务器中使用相同的数据库名，加上 IF NOT EXISTS 后，如果以前已存在 XSCJ 数据库，即使本次创建失败，也不会显示错误信息。

在本任务中，指定的字符集是 gb2312，校对规则采用了该字符集对应的默认字符集 gb2312_chinese_ci。如果没有指定字符集和校对规则，则系统采用服务器默认的字符集和校对规则。

执行结果“Query OK, 1 row affected, 1 warning (0.01 sec)”中，“Query OK”表示上面的命令已经执行成功；“1 row affected”表示操作只影响了数据库中的一行记录；“0.01 sec”则记录了操作执行的时间。

说明：一般在创建数据库时，可以不采用像上面这种复杂的格式，仅用简单的语法格式来创建：

```
CREATE DATABASE 数据库名;
```

利用简单语法格式创建的数据库字符集与校对规则采用 MySQL8 默认的 utf8 和 utf8_general_ci。

【实施 2】在 MySQL 中创建一个名为 XSCJ_db 的用于测试的数据库。

在 MySQL 命令行客户端输入的 SQL 语句与执行结果如下。

```
CREATE DATABASE XSCJ_db;
Query OK, 1 row affected (0.01 sec)
```

分析：

根据提示可见，测试数据库 XSCJ_db 创建成功。

这里没有指定字符集和校对规则，系统采用服务器默认的字符集（utf8）和校对规则（utf8_general_ci）。

这里创建 XSCJ_db 数据库时，没有用 IF NOT EXISTS，如果以前已有 XSCJ_db 数据库，则会报错。再执行一次本例建库语句：

```
mysql> CREATE DATABASE XSCJ_db;
ERROR 1007 (HY000): Can't create database 'XSCJ_db'; database exists
```

系统提示，不能创建“XSCJ_db”数据库，该数据库已存在。

因此，在建库时最好加上 IF NOT EXISTS，就可以避免类似错误。

任务拓展

【拓展 1】使用 SQLyog 图形工具软件创建数据库。

步骤如下。

（1）启动 SQLyog。

按本章讲的方法连接到 MySQL 服务器。

（2）创建数据库

在连接名“root@localhost”上单击右键，再在弹出的快捷菜单中选择“创建数据库”命令，如图 2-2 所示。

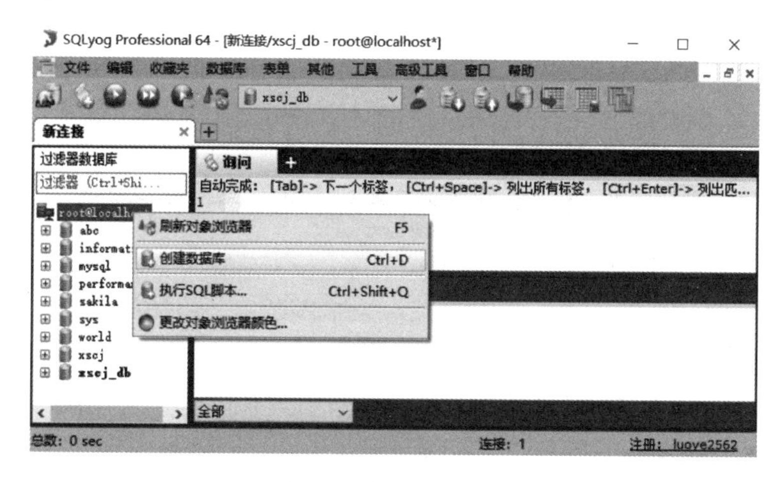

图 2-2　选择创建数据库

说明：也可以在一个已经存在的数据库上单击右键，并在弹出的快捷菜单中选择“创建数据库”命令来创建数据库。

在图 2-2 中选择“创建数据库”之后，弹出“创建数据库”对话框，如图 2-3 所示，在其中输入数据库名“XSCJ_db2”，指定数据库的字符集“utf8mb4”，指定数据库的排序规则 utf8mb4_0900_ai_ci，然后单击“创建”按钮，完成数据库 XSCJ_db2 的创建，如图 2-4 所示。

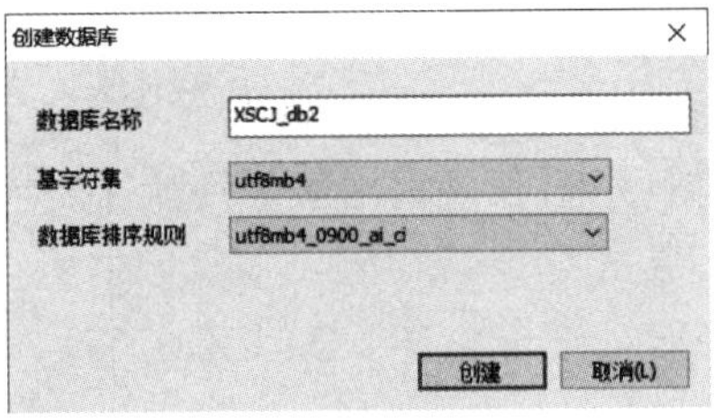

创建数据库

数据库名称 XSCJ_db2

基字符集 utf8mb4

数据库排序规则 utf8mb4_0900_ai_ci

创建 取消(L)

图 2-3　创建数据库

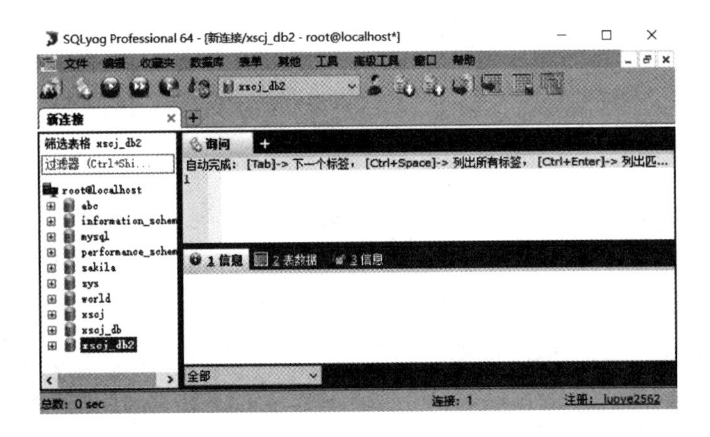

图 2-4　已完成数据库 XSCJ_db2 的创建

在 SQLyog 图形工具软件界面中，也可以通过命令方式来创建数据库，如图 2-5 所示。

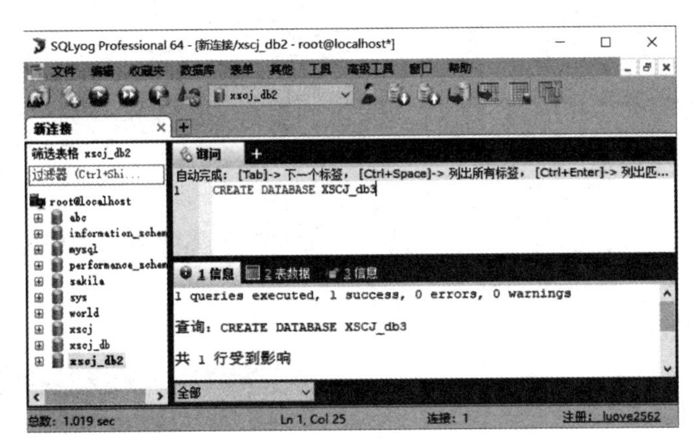

图 2-5　在 SQLyog 中使用命令方式创建数据库

在图 2-5 中，输入命令“CREATE DATABASE XSCJ_db3”后，单击界面左上方的图标（或按快捷键 F9）执行创建命令，然后在连接名“root@localhost”上单击右键，在弹出的快捷菜单中选择“刷新对象浏览器”命令（或按快捷键 F5），就可以看到数据库“XSCJ_db3”已创建好了。

提示：单击图标或按快捷键 F9 执行创建命令后，在 SQLyog 左边的对象浏览器窗口中并不能立即看到 XSCJ_db3 数据库，这是因为对象浏览器窗口没有刷新，利用上述方式刷新即可看到 XSCJ_db3 数据库。

2.1.2 管理数据库

对数据库的管理包括查看数据库、打开数据库、修改数据库和删除数据库。

任务储备

1. 查看数据库

要想了解服务器中已创建了哪些数据库，就需要使用查看数据库语句，其语法格式为：

```
SHOW DATABASES;
```

2. 打开数据库

在对某个数据库使用之前，需要先打开这个数据库，其语法格式为：

```
USE 数据库名;
```

例如，要查询数据库 XSCJ_db 中的数据表，需要先使用 USE XSCJ_db 打开这个数据库。打开数据库的操作就是指定当前数据库的操作。

3. 修改数据库

数据库创建以后，如果需要修改数据库的参数，则可以使用 ALTER DATABASE 命令，其语法格式为：

```
ALTER {DATABASE|SCHEMA} [IF NOT EXISTS] 数据库名
  [[DEFAULT] CHARACTER SET 字符集名 ]
  [[DEFAULT] COLLATE 校对规则名 ];
```

与使用 CREATE DATABASE 命令创建数据库相比，区别主要是命令的关键字不同，其余语法选项是一样的。

用户必须有对数据库修改的权限才能使用 ALTER DATABASE 命令。

4. 删除数据库

删除已有的数据库可使用 DROP DATABASE 命令，其语法格式为：

```
DROP DATABASE [IF EXISTS] 数据库名;
```

可选项 IF EXISTS 的作用是避免删除不存在的数据库而产生错误。

5. 查看当前服务器的字符集和校对规则

查看服务器的默认字符集：

```
show variables like 'character_set_server';
```

查看服务器的默认校对规则：

```
show variables like 'collation_server';
```

6. 查看当前数据库的默认字符集和校对规则

查看当前数据库的默认字符集：

```
show variables like 'character_set_database';
```

查看当前数据库的默认校对规则：

```
show variables like 'collation_database';
```

任务实施

【实施 1】查看当前服务器下有哪些数据库，查看结果如图 2-6 所示。

```
MySQL 8.0 Command Line Client - Unicode
mysql> show databases;
+--------------------+
| Database           |
+--------------------+
| abc                |
| information_schema |
| mysql              |
| performance_schema |
| sakila             |
| sys                |
| world              |
| xscj               |
| xscj_db            |
| xscj_db2           |
| xscj_db3           |
+--------------------+
11 rows in set (0.00 sec)

mysql>
```

图 2-6　查看当前服务器下的数据库

对比图 2-1 和图 2-6 可见，增加了前面举例时创建的 4 个用户数据库："xscj""xscj_db""xscj_db2""xscj_db3"，其余为系统数据库。

【实施 2】打开数据库 XSCJ_db3，操作结果如图 2-7 所示。

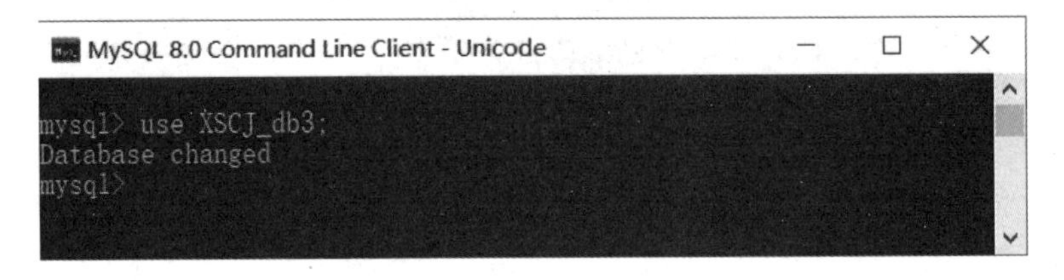

图 2-7　打开数据库

【实施 3】修改数据库 XSCJ，将其字符集和校对规则改为 utf8mb4 和 utf8mb4_0900_ai_ci，操作结果如图 2-8 所示。

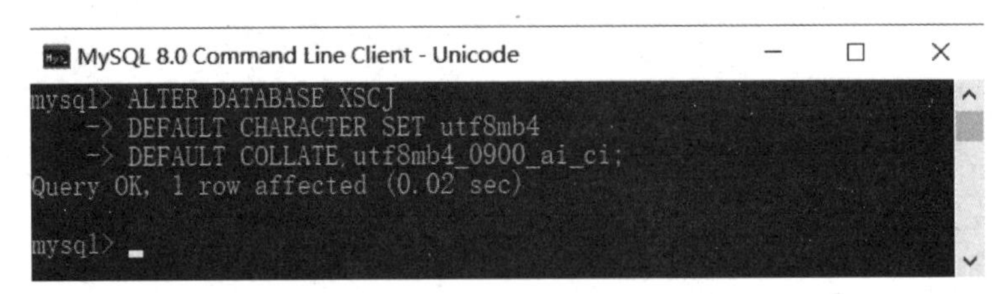

图 2-8　修改数据库

【实施 4】删除数据库 XSCJ_db2，操作结果如图 2-9 所示。

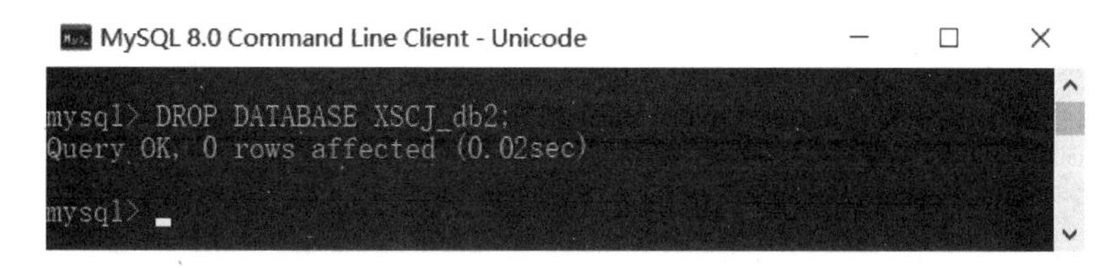

图 2-9 删除数据库

注意：对数据库的删除要很小心，因为某个数据库一旦被删除，这个数据库里面的数据表及各种数据库对象也会被删除。因此，对数据库进行删除时，如有必要，可以先对数据库进行备份，以便还原数据库。

任务拓展

【拓展 1】使用 SQLyog 图形工具软件管理数据库。

在 SQLyog 中的操作过程如下。

（1）查看当前服务器下有哪些数据库。

在图形工具软件 SQLyog 中查看数据库非常方便，只需要 SQLyog 连接到服务器后，在左边窗格的“对象浏览器”中就可以看到所有的系统数据库和用户数据库，如图 2-5 所示。

（2）打开数据库。

在选定数据库并对数据库进行操作之前，需要先打开数据库。在 SQLyog 中打开数据库的操作非常简单。SQLyog 连接到服务器后，单击需要打开的数据库即可。

单击 XSCJ 数据库与命令行模式下“USE XSCJ”命令的作用完全相同。

（3）修改数据库属性。

例如，需要将 XSCJ_db3 数据库的字符集和校对规则改为 gb2312 和 gb2312_chinese_ci。

SQLyog 连接到服务器后，在要修改的数据库 XSCJ_db3 上单击右键，在弹出的快捷菜单中选择“改变数据库”命令，如图 2-10 所示。然后弹出“改变数据库”对话框，在对话框中即可将 XSCJ_db3 数据库的字符集和校对规则改为 gb2312 和 gb2312_chinese_ci，如图 2-11 所示。

图 2-10 选择改变数据库命令

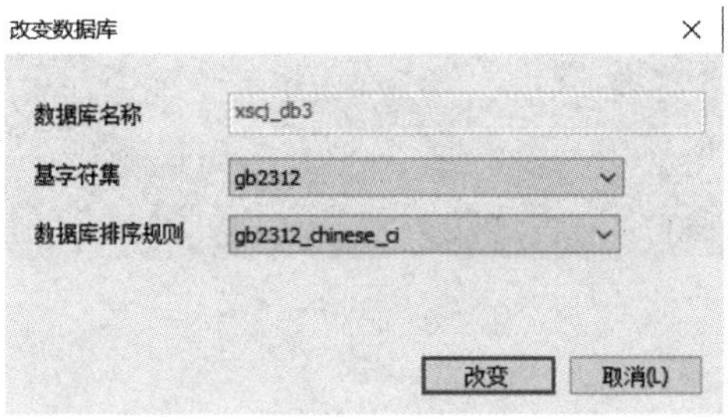

改变数据库

数据库名称 xscj_db3

基字符集 gb2312

数据库排序规则 gb2312_chinese_ci

改变 取消(L)

图 2-11 改变数据库属性

（4）删除数据库。

例如，需要将 XSCJ_db3 数据库从服务器中删除。

SQLyog 连接到服务器后，在要删除的数据库 XSCJ_db3 上单击右键，在弹出的快捷菜单中选择“更多数据库操作”→“删除数据库”命令，如图 2-12 所示。然后弹出确认删除数据库的对话框，如图 2-13 所示，单击“是（Y）”按钮即可完成 XSCJ_db3 数据库的删除操作。

图 2-12 删除数据库

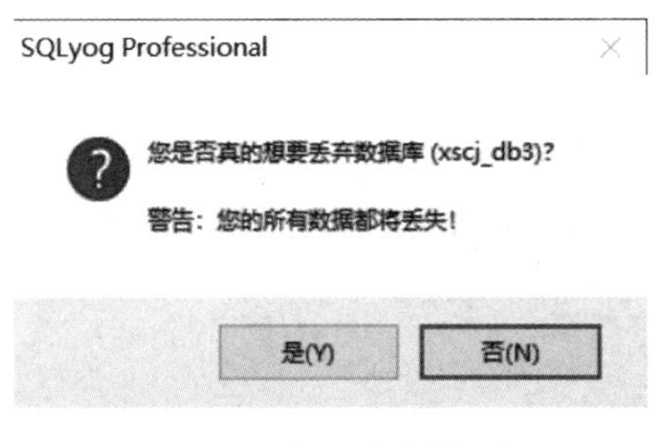

图 2-13 确认删除数据库

任务小结

在本任务中，主要学习了以下几个方面的操作。

- 使用 CREATE DATABASE 命令创建数据库。
- 使用 SHOW DATABASE 命令查看数据库。
- 使用 USE 命令打开数据库。
- 使用 ALTER DATABASE 命令修改数据库。
- 使用 DROP DATABASE 命令删除数据库。
- 使用 SQLyog 图形工具软件，完成数据库的创建、查看、打开、修改和删除操作。

课堂实训

【实训目的】

- 掌握使用 SQL 命令创建和管理数据库。
- 掌握使用 SQLyog 图形工具软件创建和管理数据库。

【实训内容】

1．以命令行方式创建一个名为 XSCJ1 的数据库，以 SQLyog 图形工具软件方式创建一个名为 XSCJ2 的数据库，字符集和校对规则均保持系统默认。

以命令行方式创建数据库 XSCJ1：

```
CREATE DATABASE XSCJ1;
```

以 SQLyog 图形工具软件方式创建数据库 XSCJ2：

参考图 2-2 和图 2-3 所示的操作步骤。

2．使用命令方式查看所有数据库。

```
SHOW DATABASES;
```

用 SQLyog 图形界面方式：

参见图 2-5 所示的“对象浏览器”窗格，可以看到所有的系统数据库和用户数据库。

3．以命令行方式修改 XSCJ1 数据库的属性，将其字符集和校对规则分别改为 gb2312 和 gb2312_chinese_ci；以 SQLyog 图形工具软件方式修改 XSCJ2 的字符集和校对规则为 utf8mb4 和 utf8mb4_0900_ai_ci。

以命令行方式修改数据库属性：

```
ALTRE DATABASE XSCJ1
    DEFAULT CHARACTER SET gb2312
    DEFAULT COLLATE gb2312_chinese_ci;
```

以 SQLyog 图形工具软件方式修改数据库属性：

参考图 2-10 和图 2-11 所示的操作步骤。

4. 以命令行方式删除 XSCJ1 数据库，以 SQLyog 图形工具软件方式删除 XSCJ2 数据库。

以命令行方式删除数据库：

```
DROP DATABASE XSCJ1;
```

以 SQLyog 图形工具软件方式删除 XSCJ2：

参考图 2-12 和图 2-13 所示的操作步骤。

思考与练习

一、填空题

1．选择 MySQL 数据库中的命令关键字是 ________ 和 _____。

2．在 MySQL 中删除一个名为 db1 的数据库的命令是 ______________________。

3．在 MySQL 中，用于修改数据库的关键字是_______________________。

二、选择题

1．创建数据库的命令是（　　）。

A．CREATE DATABASE　　B．DROP DATABASE

C．UPDATE DATABASE　　D．ALTER DATABASE

2．以下不可以作为有效数据库名的是（　　）。

A．$abc　　B．2abc

C．create　　D．xyz

3．在 SQLyog 图形工具软件中，按（　　）键可以刷新数据库的显示。

A．Ctrl+Shift　　B．Alt

C．F5　　D．F12

4．在 MySQL 中，用（　　）关键字来打开一个已有的数据库。

A．ALTER　　B．CREATE

C．USE　　D．SHOW

三、思考题

1．MySQL 中的系统数据库主要有哪些？

2．对象标识符的命名规则有哪些？

任务2 表的创建与管理

任务描述

在学生成绩管理数据库系统中，需要使用到的数据信息包括课程信息、学生基本信息及学生成绩信息。

任务分析

对于学生成绩管理数据库（XSCJ）中的数据，开发团队计划在XSCJ中建立三张数据表，其中，KC表存放课程信息，XSQK表存放学生的基本信息，CJ表存放成绩信息。为此，开发团队需要完成以下工作任务。

✧ 创建数据表结构。

✧ 管理数据表。

✧ 数据表操作。

2.2.1 创建数据表结构

任务储备

数据表是数据库中用于存放数据的容器。作为数据库开发人员，需要在用户数据库中创建系统所需要的数据表。创建数据表分为两个阶段，首先是创建表的结构，然后是向表中输入数据。

1. 数据类型

用户在创建表结构的时候，需要指定表中各种数据所属的类型。数据类型是指用于存储、检索及解释数据值类型而预先定义的命名方法，其决定了数据在计算机中的存储格式，代表不同的信息类型。在MySQL数据库管理系统中，提供了数值类型（整数类型、定点数和浮点数类型、二进制类型）、日期和时间类型，以及字符串类型。

（一）数值类型

MySQL支持所有标准SQL数值类型。表2-1列出了每个数值类型数据的相关特性。

说明 整数类型主要用于存放整数数值，是最常用的数值类型之一；定点数类型用于存放精确的小数值；浮点数类型用于存放近似的小数值。BLOB常用于存放图片、视频、音频等二进制数据。

从表2-1中可见，不同类型数据所需的字节数是不同的，占用字节数越多的数据类型，所能表示的数值越大，根据占用字节数可以知道每种数据类型的取值范围。如在表2-1中，Int型占4字节（32位），比Tinyint型占1字节（8位）所能表示的数据范围要大。

表 2-1　数值类型

类　型		存储长度(字节)	范围(有符号)	范围(无符号)	默认宽度
整数类型	Tinyint	1	-2^{7}，$2^{7}-1$	0，$2^{8}-1$	4 位
	Smallint	2	-2^{15}，$2^{15}-1$	0，$2^{16}-1$	6 位
	Mediumint	3	-2^{23}~$2^{23}-1$	0~$2^{24}-1$	9 位
	Int(Interger)	4	-2^{31}~$2^{31}-1$	0~2^{32}	11 位
	Bigint	8	-2^{63}~$2^{63}-1$	0~2^{64}	20 位
浮点与定点数类型	Float	4			单精度浮点数值，默认保留实际精度
	Double	8			双精度浮点数值，默认保留实际精度
	Dec(p,s)	p+2	依赖于 p 和 s 的值	依赖于 p 和 s 的值	存放精确的小数值
二进制类型	Bit(m)	m 位		64 位	m 位
	Varbinary(m)	可变长度		0~m 位	可变长度
	Binary(m)	m 位			m 位
	Tinyblob	可变长度		$2^{8}-1$	可变长度
	Blob	可变长度		$2^{16}-1$	可变长度
	Mediumblob	可变长度		$2^{24}-1$	可变长度
	Longblob	可变长度		$2^{32}-1$	可变长度

（二）日期和时间类型

MySQL 中表示日期和时间的类型有 Year、Date、Time、Datetime 和 Timestamp，如表 2-2 所示。

表 2-2　日期和时间类型

类　型	存储长度(字节)	范　围	格　式	用　途
Year	1	1901~2155	YYYY 或 'YYYY'	年份值
Date	3	1000-01-01~9999-12-31	'YYYY-MM-DD' 或 'YYYYMMDD'	日期值
Time	3	-838:59:59~838:59:59	HH:MM:SS	时间值或持续时间
Datetime	8	1000-01-01 00:00:00~9999-12-31 23:59:59	YYYY-MM-DD HH:MM:SS	混合日期和时间值
Timestamp	4	1970-01-01 00:00:00~2038-01-19 03:14:17	YYYY-MM-DD HH:MM:SS	混合日期和时间值，时间戳

说明　每个时间类型有一个有效值范围和一个“零”值，当指定不合法、在 MySQL 中有不能表示的值时使用“零”值。

当只需要显示年信息时，可以只使用 Year 类型，可以用 4 位数字格式或 4 位字符串格式，如输入 2021 或 '2021' 在表中均表示 2021 年。

Date 类型用于需要显示年、月、日的情况，在输入时，年、月、日中间的符号“-”加不加都可以。

Time 类型用于只需要时间值的情况，取值范围为 -838:59:59~838:59:59，其小时部分大的原因是 Time 类型不仅可以表示一天的时间，还可能是某个事件过去的时间或两个事件之间的时间间隔（可能大于 24 小时，甚至为负）。

Datetime 类型用于需要显示年、月、日和时间的情况，在年、月、日中的符号“-”和时、分、秒中的符号“:”加不加都可以。

Timestamp 类型的显示格式与 Datetime 类型一样，只是 Timestamp 类型的列值范围小于 Datetime 类型，另一个最大的不同是 Timestamp 类型的值与时区有关。

（三）字符串类型

MySQL 支持两类字符串类型：文本字符串类型，如 Char、Varchar、Tinytext、Text、Mediumtext、Longtext、Enum 和 Set 等；二进制字符串类型，如 Bit 和 BLOB 等。表 2-3 描述了这些字符串类型数据的相关特性。

表 2-3　字符串类型

类　型		大小（字节）	数值范围（字节）	用　途
文本字符串	Char(*n*)	*n*	0 ～ 255	定长字符串
	Varchar(*n*)	输入字符串长度 +1	0 ～ 65535	变长字符串，最大为 *n*+1
	Tinytext	值的长度 +2	0 ～ 255	短文本字符串
	Text	值的长度 +2	0 ～ 65535	长文本数据
	Mediumtext	值的长度 +3	0 ～ 16777215	中等长度文本数据
	Longtext	值的长度 +4	0 ～ 4294967295	二进制形式的极大文本数据
	Enum	1 或 2		枚举类型，在表创建时指定列值中选择一个
	Set	1~4 或 8		在表创建时指定列值中选择一个或多个
二进制字符串	Bit(*n*)		(*n*+7)/8	位字段类型
	Binary(*n*)		*n*	固定长度二进制字符串
	Varbinary(*n*)		*n*+1	可变长度二进制字符串
	Tinyblob(*n*)	值的长度 +1	0~256	非常小的 BLOB
	BLOB	值的长度 +2	0 ～ 65535	小的 BLOB
	Mediumblob(*n*)	值的长度 +3	0~2^{24}	中等大小的 BLOB
	Longblob(*n*)	值的长度 +4	0~2^{32}	非常大的 BLOB

说明　字符类型是最常用的数据类型之一，这种类型的数据一般需要放到单引号 (' ') 中。Char(*n*) 类型和 Varchar(*n*) 类型的区别是 Char(*n*) 用于存储定长字符串，即使存入的字符少于 *n* 个，也仍占 *n* 个字符的空间；而 Varchar(*n*) 用于存储长度可变的字符串，其占用的空间为实际长度加一个字符（字符串结束符）。

Text 类型（Tinytext、Mediumtext 和 Longtext）用于保存非二进制字符串，如文章内容、评论等。

Enum 类型是一种枚举类型，其值在创建时，在列上规定了一列值，语法格式是：字符名 num(值 1, 值 2,…, 值 *n*)。Enum 类型的字段在取值时，只能在指定的枚举列表中取其中一个。

Set 类型是一个字符串对象，可以有 0 ～ 64 个值，其定义方式与 Enum 类型类似。它与 Enum 类型的区别是：Enum 类型的字段只能从列值中选择一个值，而 Set 类型的字段可以从定义的列值中选择多个字符的组合。

Bit(*n*) 类型是位字段类型，其中，*n* 表示每个值的位数，范围为 1 ～ 64，默认为 1。如某个字段类型为 Bit(6)，表示该字段最多可存入 6 位二进制数，最大可存入的二进制数为 111111。

Binary 类型和 Varbinary 类型用于存放二进制字符串，它们之间的区别类似于 Char(*n*) 类型和 Varchar(*n*) 类型。

BLOB 指 Binary Large Object，即二进制大对象，是一个可以存储二进制文件的容器。在计算机中，BLOB 常常是数据库中用来存储二进制文件的字段类型，典型的 BLOB 是一张图片或一个声音文件。BLOB 分为四种类型：Tinyblob(*n*)、BLOB、Mediumblob(*n*) 和 Longblob(*n*)，它们的区别是存储的最大长度不同。

2. 创建数据表

在 MySQL 中，表是数据库中最重要、最基本的操作对象，也是数据存储的基本单位。数据在表中的组织方式与电子表格类似，也是按行和列形式组成的集合，每一行代表一条记录，一条记录用于存储一个对象的相关属性；每一列代表记录的一个字段，一个字段就是一个属性。

（一）表的命名

完整的数据表名由数据库名和表名两部分组成，形式是：

```
database_name.table_name
```

其中，database_name 说明该表是在哪个数据库中创建的；table_name 为表的名称，其命名规则遵守标识符命名规则。表名中使用的英文字母的大小写在 Windows 系统中并不区分，而在 UNIX 系统中要区分英文大小写，如果用户是在 Windows 中开发的服务器，那么在转移到 UNIX 时需要注意这一点。

（二）在 Command line client 方式下定义表结构

数据表在存放数据之前需要先定义其结构。定义结构就是设置表有哪些字段，以及这些字段的特性，如字段名称、数据类型、长度、精度、小数位数、是否唯一、是否定义为主键、是否允许为空值（NULL）、是否设置默认值等。

在 Command line client 方式下定义表结构的语法如下：

```
CREATE [TEMPORARY] TABLE [IF NOT EXISTS] table_name
(
    属性名 数据类型 [ 列约束条件 ],
    属性名 数据类型 [ 列约束条件 ],
    …,
  [ 表约束条件 ]
  )ENGINE= 存储引擎 ;
```

语法说明：

CREATE TABLE 是创建表使用的关键字。

[TEMPORARY] 是可选项，若使用，就表示创建的表是临时表，否则创建的是持久表。

[IF NOT EXISTS] 是可选项，在创建表前加上一个判断，如果新创建名不存在就创建，否则不创建，这样可以避免因重名而出错。

table_name 表示所要创建的表名。

圆括号内是表的属性名及相应的数据类型，属性名在数据表中被称为字段名（列名），每列间用“，”分隔。在数据类型后可能需要指定长度，[列约束条件] 包括主键约束、非空约束、默认值约束、唯一性约束、外键约束及检查约束等，[表约束条件] 是表级别的约束条件，可以约束表中任意一个或多个字段，其功能与列约束类似。

存储引擎在定义时可省略，在 MySQL8 中默认采用 InnoDB。

（三）表的约束

一个数据库往往是由多个表组成的，如何实现表与表之间的关联关系、如何减少表数据在输入时的错误、如何防止非法数据的输入等，都可以通过建立表约束来实现。

表约束包括主键约束、非空约束、默认值约束、唯一性约束、外键约束和检查约束。

（1）主键约束

主键是表中一列或多列的组合。主键用于唯一标识数据表中的一条记录。主键约束就是要求主键不能取空值，也不允许取重复值，主键约束对应的是实体的完整性。在一个数据表中，只能定义一个主键，并且系统会自动为主键创建索引。

由表的一列组成的主键称为单字段主键，由表的多列组成的主键称为多字段联合主键。

① 单字段主键

单字段主键的指定有两种方法：一种是在定义列的同时指定主键；另一种是在定义完所有列之后指定主键。

在定义列的同时指定主键的语法规则：

```
字段名 数据类型 primary key [ 默认值 ]
```

【单字段主键示例】在测试数据库 XSCJ_db 中，以表 2-4 所示的 XSQK1 表结构创建 XSQK1 表。

表 2–4　XSQK1 表结构

列　名	数据类型	长度（字节）	约　束
学号	char	10	主键
姓名	varchar	10	
性别	char	2	

```
mysql> use XSCJ_db;                          # 创建表前，需要先指定当前数据库
Database changed
mysql> create table XSQK1(
    -> 学号 char(10) primary key,             # 在定义列的同时指定主键
    -> 姓名 varchar(10),
    -> 性别 char(2));
Query OK, 0 rows affected (0.02 sec)
```

在定义完所有列之后指定主键的语法规则：

```
[CONSTRAINT < 约束名 > ] PRIMARY KEY [ 字段名 ]
mysql> drop table if exists XSQK1;           # 删除前面创建的 XSQK1 表
Query OK, 0 rows affected (0.27 sec)
mysql> create table XSQK1(
    -> 学号 char(10),
```

```
    -> 姓名 varchar(10),
    -> 性别 char(2),
    -> constraint primary key( 学号 ));                    # 在定义完所有列之后指定主键
Query OK, 0 rows affected (0.02 sec)
```

② 多字段联合主键

定义多字段联合主键的语法规则：

```
PRIMARY KEY [ 字段 1，字段 2，…，字段 n]
```

【多字段联合主键示例】参照表 2-5 所示的 CJ1 表结构创建 CJ1 表，将“学号”“课程号”两列组成联合主键。

表 2-5 CJ1 表结构

列 名	数据类型	长度（字节）	主 键
学号	Char	10	是
课程号	Char	3	是
成绩	Tinyint	1	
学分	Tinyint	1	

```
mysql> drop table if exists CJ1;
Query OK, 0 rows affected (0.01 sec)
mysql> create table CJ1(
    -> 学号 char(10),
    -> 课程号 char(3),
    -> 成绩 tinyint,
    -> 学分 tinyint,
    -> constraint primary key( 学号 , 课程号 ));
Query OK, 0 rows affected (0.03 sec)
```

注意：多字段联合主键是指在定义完所有列之后指定联合主键的一种方式。

（2）非空约束

非空约束是指字段的值不能为空。对于指定了非空约束的字段，如果用户在添加数据时没有指定值，则数据库会报错。

空属性是声明该列的值在表中输入数据时可以不填，用 NULL 表示，如果不允许为空，则需要声明为 NOT NULL。

空属性表示数值未知，不是零长度字符串，也不是数字 0，只表示没有输入其内容，适用于该列的值暂时未定，或者不需要输入值的情况。

如果某列被定义为 NOT NULL 属性，但在表中插入数据时没有输入任何数据，则会弹出错误信息。

定义非空约束的语法规则：

```
字段名 数据类型 NOT NULL
```

【非空约束示例】在表 2-4 所示 XSQK1 表结构的基础上，设置 XSQK1 表中的姓名列不能取空值。

```
mysql> drop table if exists XSQK1;
```

```
Query OK, 0 rows affected (0.03 sec)
mysql> create table XSQK1(
    -> 学号 char(10) primary key,
    -> 姓名 varchar(10) NOT NULL,      # 设置姓名不能为空值
    -> 性别 char(2));
Query OK, 0 rows affected (0.03 sec)
```

（3）默认值约束

默认值约束用于指定某列的默认值。定义默认值约束的语法规则：

```
字段名 数据类型 DEFAULT 默认值
```

【默认值约束示例】以表 2-4 XSQK1 表结构为例，设置 XSQK1 表中性别列的默认值为“男”。

```
mysql> drop table if exists XSQK1;
Query OK, 0 rows affected (0.03 sec)
mysql> create table XSQK1(
    -> 学号 char(10) primary key,
    -> 姓名 varchar(10) NOT NULL,
    -> 性别 char(2) default ' 男 ');                # 设置性别的默认值为 " 男 "
Query OK, 0 rows affected (0.04 sec)
```

在 MySQL 的表中，可以给列设置默认值，如果某列已设置了默认值，用户在插入记录时，没有给该列输入数据，则系统自动将默认值填入该列。

（4）唯一性约束

唯一性约束又称唯一键约束，用于保证列中不会出现重复的数据，在一个数据表上可以定义多个唯一性约束，定义了唯一性约束的列可以取空值。唯一性约束实现了实体完整性规则。

指定唯一性约束的语法规则：

```
字段名 数据类型 UNIQUE
```

【唯一性约束示例】以表 2-4 所示 XSQK1 表结构为例，定义数据表 XSQK1，将姓名列指定为非空，并取唯一值。

```
mysql> drop table if exists XSQK1;
Query OK, 0 rows affected (0.03 sec)
mysql> create table XSQK1(
    -> 学号 char(10) primary key,
    -> 姓名 varchar(10) NOT NULL UNIQUE,   # 设置姓名不能取空值，不能有重复值
    -> 性别 char(2) default ' 男 ');
Query OK, 0 rows affected (0.05 sec)
```

在 MySQL 中，主键约束和唯一性约束的区别是：唯一性约束的字段可以为 NULL，可以重复加入含有 NULL 的记录，但主键字段不能为 NULL；一个表中只能定义一个主键约束，但可以定义多个唯一性约束。

（5）外键约束

外键是指某个属性对于本表来说，不是本表的主键或只是本表主键的一部分（本表主键是多字段联合主键的情况），却是另外一个表的主键。

外键是用来在两个表的数据之间建立链接的一列或多列。一个表可以有一个或多个外键。外键对应的是参照完整性，用于保持数据的一致性和完整性。定义了外键之后，不允许删除另一个表中具有关联关系的行。一个表的外键可以为空值，如不为空值，则必须与另一个表中某个主键的值相同。

在数据库 XSCJ_db2 中，已建立的两个表：XSQK1 表和 CJ1 表，由于 CJ1 表的主键是由"学号""课程号"组成的联合主键，而在 XSQK1 表中，"学号"为主键，那么 XSQK1 表和 CJ1 表就可以通过"学号"来建立关联：CJ1 表的"学号"字段作为 XSQK1 表的外键，CJ1 表为从表，XSQK1 表为主表。

创建外键约束的语法规则：

```
[ CONSTRAINT < 外键名 >] FOREIGN KEY 字段名 1[，字段名 2，…]
REFERENCES < 主表名 > 主键列 1[，主键列 2…]
```

"外键名"是定义的外键约束名；"字段名"是从表中定义为外键的列名；"主表名"是被从表所依赖的表名；"主键列"是主表中的主键列名。

【外键约束示例】在数据库 XSCJ_db2 中，在表 2-5 所示的结构基础上，要求将 CJ1 表的"学号"列定义为外键，关联到 XSQK1 表的"学号"列。

```
mysql> drop table if exists CJ1;                                   # 删除前面定义的 CJ1 表
Query OK, 0 rows affected (0.03 sec)
mysql> create table CJ1(
    -> 学号 char(10),
    -> 课程号 char(3),
    -> 成绩 tinyint,
    -> 学分 tinyint,
    -> constraint primary key( 学号 , 课程号 ),
    -> constraint FK_XSQK1_XH foreign key( 学号 ) references XSQK1( 学号 ));    # 定义外键
Query OK, 0 rows affected (0.07 sec)
```

注意，在进行外键关联时，需要确保从表的外键与主表的主键数据类型必须匹配，否则会产生语法错误。

（6）检查约束

检查约束用来检查输入的数据是否满足约束条件，其实现了关系完整性规则中的"域完整性"规则。例如，可以通过设置检查约束，使学生成绩管理系统中要求录入的学生成绩在 0 到 100 之间。

定义检查约束的语法规则：

```
字段名 数据类型 CHECK( 约束条件 )
```

【检查约束示例】参照表 2-5 所示的 CJ1 表结构创建 CJ1 表，并为成绩列增加检查约束，要求其取值在 0 到 100 之间。

```
mysql> drop table if exists CJ1;
Query OK, 0 rows affected (0.03 sec)
mysql> create table CJ1(
    -> 学号 char(10),
    -> 课程号 char(3),
    -> 成绩 tinyint check( 成绩 >=0 and 成绩 <=100),
    -> 学分 tinyint,
```

```
    -> constraint primary key( 学号 , 课程号 ));
Query OK, 0 rows affected (0.04 sec)
```

在定义了检查约束后，如果向 CJ1 表的成绩列输入的值不在 0 到 100 之间，则会报错，添加记录失败，例如：

```
mysql> insert into CJ1 values('2021110101','101',121,4);          # 向成绩列插入值是 121
ERROR 3819 (HY000): Check constraint 'cj1_chk_1' is violated.     # 检查约束违例错误
```

注意：检查约束在 MySQL 为 8.0.16 以前的版本中，能被 MySQL 分析，但会被忽略而不起作用，从 MySQL8.0.16 开始，检查约束是有效的 (本书的 MySQL 版本是 8.0.22)

（7）设置表字段值自动增加

在数据表中，若想为表中插入的新记录自动生成唯一编号，则可以在表的主键上添加 AUTO_INCREMENT 关键字来实现。

使用 AUTO_INCREMENT 关键字的特点：

- 一个表只能有一个字段使用 AUTO_INCREMENT 关键字。
- 使用 AUTO_INCREMENT 关键字的字段是表键（包括主键、外键或唯一键）。
- AUTO_INCREMENT 关键字的字段可以是任务整数类型数据（Tinyint、Smallint、Int 和 Bigint）。
- 在默认情况下，AUTO_INCREMENT 关键字的字段初始值为 1，每新增一条记录自动增加 1。

使用 AUTO_INCREMENT 关键字的语法规则：

```
字段名 数据类型 AUTO_INCREMENT
```

【设置表字段值自动增加示例】以表 2-6 XSQK2 表结构为例，创建 XSQK2 数据表，设置序号列为自动增长。

表 2-6 XSQK2 表结构

列 名	数据类型	长度（字节）	自动增长	约 束
序号	int	4	初始值、增量均为 1	主键
姓名	varchar	10		
性别	char	2		

```
mysql> drop table if exists XSQK2;
Query OK, 0 rows affected, 1 warning (0.01 sec)
mysql> create table XSQK2(
    -> 序号 int primary key auto_increment,
    -> 姓名 varchar(10),
    -> 性别 char(2));
Query OK, 0 rows affected (0.07 sec)
```

在数据表 XSQK2 中，每增加一条记录，“序号”字段的值在添加记录后会自动增加，默认从 1 开始，每次递增 1。

任务实施

在前面的任务中，我们完成了学生成绩管理系统数据库 XSCJ 的创建，开发团队分析，用 MySQL 作为数据库管理系统进行学生成绩管理，需要在数据库 XSCJ 中建立以下三张数据表来存放数据。

1. 学生情况表（XSQK）

学生情况表用于存放学生的基本信息，该表的结构及相关属性如表 2-7 所示。

表 2-7　学生情况表（XSQK）

列　名	数据类型	长度（字节）	约　束			
			是否允许为空	默认值	检查约束	主键约束
学号	char	10	×	无	无	主键
姓名	varchar	10	×	无	无	
性别	char	2	×	男	男或女	
出生日期	date	3	×	无	无	
专业名	varchar	20	×	无	无	
所在学院	varchar	20	×	无	无	
联系电话	char	11	√	无	无	
总学分	tinyint	1	√	无	无	
备注	varchar	50	√	无	无	

2. 课程表（KC）

课程表用于存放学校开设的课程信息，该表的结构及相关属性如表 2-8 所示。

表 2-8　课程表（KC）

列　名	数据类型	长度（字节）	约　束			
			非空约束	默认值约束	检查约束	主键约束
课程号	char	3	×	无	无	主键
课程名	varchar	20	×	无	无	
授课教师	varchar	10	√	无	无	
开课学期	tinyint	1	×	1	1~6	
学时	tinyint	1	×	无	无	
学分	tinyint	1	√	无	无	

3. 成绩表（CJ）

成绩表用于存放学生选修了某门课程后所取得的成绩和学分，该表的结构及相关属性如表 2-9 所示。

表 2-9 成绩表（CJ）

列名	数据类型	长度（字节）	约束				
			非空约束	默认值约束	检查约束	外键约束	主键约束
学号	char	10	×	无	无	FK_xsqk_XH，参照 XSQK 表	联合主键
课程号	char	3	×	无	无	FK_kc_KCH，参照 KC 表	
成绩	tinyint	1	√	0	0~100		
学分	tinyint	1	√	无	无		

【实施 1】学生情况表 XSQK 的创建。

在学生成绩管理数据库 XSCJ 中创建一个学生情况表 XSQK，其表结构和列属性参照表 2-7。

```
mysql> create table XSQK(
    -> 学号 char(10) primary key,
    -> 姓名 varchar(10) not NULL,
    -> 性别 char(2) not NULL default ' 男 ' check( 性别 =' 男 ' or 性别 =' 女 '),
    -> 出生日期 date not NULL,
    -> 专业名 varchar(20) not NULL,
    -> 所在学院 varchar(20) not NULL,
    -> 联系电话 char(11),
    -> 总学分 tinyint,
    -> 备注 varchar(50));
Query OK, 0 rows affected (0.03 sec)
```

【实施 2】课程表 KC 的创建。

在学生成绩管理数据库 XSCJ 中创建一个课程表 KC，其表结构和列属性参照表 2-8 所示。

```
mysql> create table kc(
    -> 课程号 char(3) primary key,
    -> 课程名 varchar(20) not NULL,
    -> 授课教师 varchar(10),
    -> 开课学期 tinyint not NULL default 1 check( 开课学期 >=1 and 开课学期 <=6),
    -> 学时 tinyint not NULL,
    -> 学分 tinyint);
Query OK, 0 rows affected (0.03 sec)
```

【实施 3】成绩表 CJ 的创建。

在学生成绩管理数据库 XSCJ 中创建一个成绩表 CJ，其表结构和列属性参照表 2-9 所示。

```
mysql> create table CJ(
    -> 学号 char(10),
    -> 课程号 char(3),
    -> 成绩 tinyint check( 成绩 >=0 and 成绩 <=100),
    -> 学分 tinyint,
    -> constraint primary key( 学号 , 课程号 ),
    -> constraint FK_xsqk_XH foreign key( 学号 ) references xsqk( 学号 ),
    -> constraint FK_kc_KCH foreign key( 课程号 ) references xsqk( 课程号 ));
Query OK, 0 rows affected (0.06 sec)
```

任务拓展

通过任务拓展，读者不仅可以掌握使用 SQL 语句创建数据表，还可以掌握在图形工具软件中创建数据表。通过图形工具软件，可以直观、快速地创建出需要的数据表。

使用 SQLyog 图形工具软件实现数据表的创建

【拓展 1】在数据库 xscj_db 中，创建 KC_db 表，该表的结构及相关属性如表 2-8 所示。

步骤如下。

（1）打开 SQLyog，连接到 MySQL 服务器，在 SQLyog 主界面的“对象浏览器”中，单击 xscj_db 数据库左边的“ ⊞ ”，然后右击“表”，并选择快捷菜单中的“创建表”命令，如图 2-14 所示。

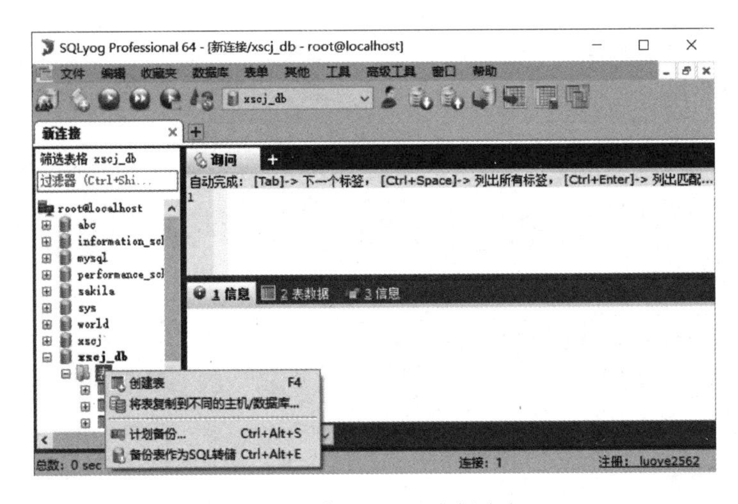

图 2-14　在 SQLyog 中创建表

（2）在弹出的界面中，进行如图 2-15 所示的操作，完成 KC_db 表的创建。

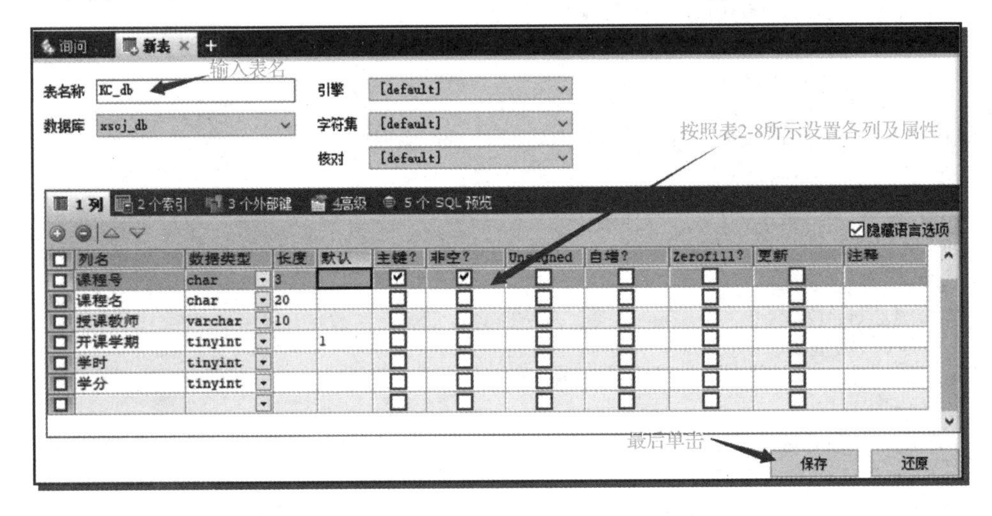

图 2-15　设置 KC_db 表的结构及属性

按同样的方法，在数据库 XSCJ_db 中，创建 XSQK_db 表，该表的结构及相关属性如

表 2-7 所示（步骤略）。

【拓展 2】在数据库 XSCJ_db 中创建 CJ_db 表，该表的结构及相关属性如表 2-9 所示。

进行与【拓展 1】类似的操作，在输入相关内容后，如图 2-16 所示。

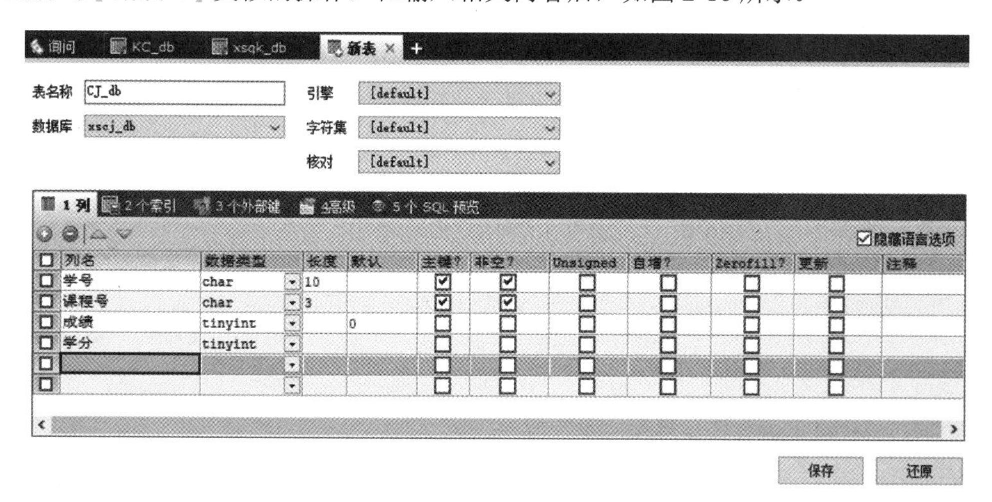

图 2-16 设置 CJ_db 表的结构及属性

在图 2-16 所示界面中，单击“3 个外部键”选项卡，进入如图 2-17 所示的界面。

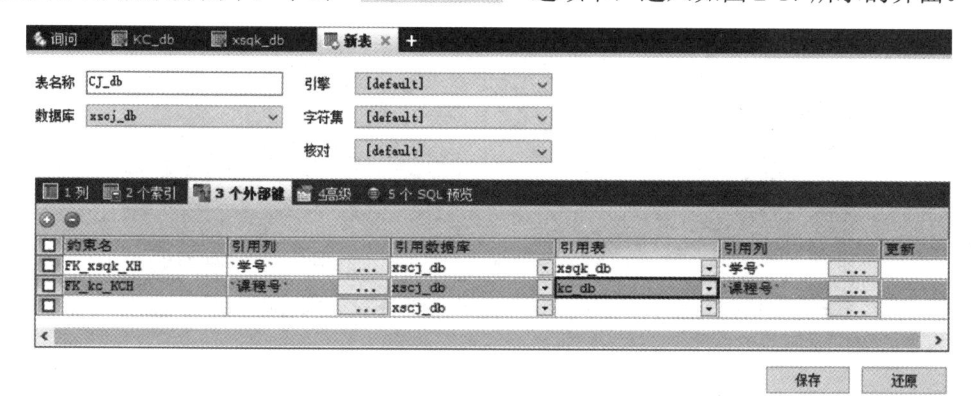

图 2-17 设置 CJ_db 表的外键约束

在图 2-17 中，“约束名”为设置的外键名，“引用列”为指定的外键列，“引用数据库”为被参照表所在的数据库，“引用表”为被参照的表，即主表，“引用列”则是被参照的数据列，也就是主表的主键列。

按图 2-17 设置完成后，单击“保存”按钮，即完成 CJ_db 表的创建。

2.2.2 管理数据表

对于一个已建立的数据表，如果检查到其结构还不符合系统设计的需求，则可以对其进行修改或删除。

知识储备

1. 查看数据表

要查看数据库中已建立了哪些数据表，可以通过 SHOW TABLES 命令来查看，其语法格式：

```
USE 数据库名 ;
SHOW TABLES;
```

【查看数据表示例】查看数据库 XSCJ 中有哪些数据表。

```
USE XSCJ;
SHOW TABLES;
```

2. 查看数据表结构

（1）通过 DESCRIBE 查看数据表基本结构

语法格式：

```
DESCRIBE 表名 ;
或 EDSC 表名 ;
```

【查看数据表结构示例】通过 DESCRIBE 查看数据表 CJ 的基本结构，如图 2-18 所示。

```
mysql> DESC CJ;
+--------+----------+------+-----+---------+-------+
| Field  | Type     | Null | Key | Default | Extra |
+--------+----------+------+-----+---------+-------+
| 学号   | char(10) | NO   | PRI | NULL    |       |
| 课程号 | char(3)  | NO   | PRI | NULL    |       |
| 成绩   | tinyint  | YES  |     | NULL    |       |
| 学分   | tinyint  | YES  |     | NULL    |       |
+--------+----------+------+-----+---------+-------+
4 rows in set (0.02 sec)
```

图 2-18　查看数据表 CJ 的基本结构

各列的含义：“Field”列是表 CJ 定义的字段名称；“Type”列是字段类型及长度；“NULL”列表示某字段是否可以为空值；“Key”列表示某字段是否为主键；“Default”列表示该字段是否有默认值；“Extra”列表示某字段的附加信息。

（2）通过 SHOW CREATE TABLE 查看表的详细结构

使用 SHOW CREATE TABLE 语句可以显示出创建表时使用的 SQL 语句，以及所使用的存储引擎和字符编码，在加上参数“\G”之后，可以使所显示信息更加简洁。

```
SHOW CREATE TABLE 表名 [\G];
```

【查看数据表的详细结构示例】使用 SHOW CREATE TABLE 查看数据表 CJ 的详细信息。

```
mysql> SHOW CREATE TABLE CJ\G;
*************************** 1. row ***************************
       Table: CJ
Create Table: CREATE TABLE `cj` (
  `学号` char(10) NOT NULL,
```

```
  `课程号` char(3) NOT NULL,
  `成绩` tinyint DEFAULT NULL,
  `学分` tinyint DEFAULT NULL,
  PRIMARY KEY (`学号`,`课程号`),
  CONSTRAINT `FK_kc_KCH` FOREIGN KEY (`学号`) REFERENCES `xsqk` (`学号`),
  CONSTRAINT `FK_xsqk_XH` FOREIGN KEY (`学号`) REFERENCES `xsqk` (`学号`),
  CONSTRAINT `cj_chk_1` CHECK (((`成绩` >= 0) and (`成绩` <= 100)))
) ENGINE=InnoDB DEFAULT CHARSET=utf8mb4 COLLATE=utf8mb4_0900_ai_ci
1 row in set (0.01 sec)
```

以上两个查看命令的侧重点不一样，如果是查询表的基本结构，用 DESCRIBE 命令；如果是查看表创建时使用的语句，以及存储引擎和字符编码，用则 SHOW CREATE TABLE 命令。

3. 表的修改

表的修改是对已定义数据表结构的修改，修改表的操作包括修改表名、修改字段名、修改字段数据类型、添加字段、删除字段、改变字段排列位置、添加或删除外键约束等。

（1）修改表名

修改表名的语法规则：

```
ALTER TABLE <旧表名> RENAME [TO] <新表名>;
```

【修改表名示例】将 XSCJ_db 数据库中的数据表 xsqk1 改名为 xsqk。

```
mysql> USE XSCJ_db;                              # 先打开数据表 xsqk1 所在的数据库
Database changed
mysql> alter table xsqk1 rename xsqk;
Query OK, 0 rows affected (0.04 sec)
```

提示：在对数据表修改之前，需要先打开该表所在的数据库，否则会提示“ERROR 1146 (42S02): Table ’ xscj.xsqk1 ’ doesn ’ t exist”的错误，或者误修改了其他数据库中的表。

说明：在本任务中，后面的修改操作都是针对 XSCJ_db 数据库中的表进行的。

（2）修改字段名

修改字段名的语法规则：

```
ALTER TABLE <表名> CHANGE <原字段名> <新字段名> <新数据类型>;
```

其中，“原字段名”指要修改的字段名；“新字段名”是修改后的字段名；“新数据类型”是指修改后字段的数据类型，如果数据类型没有修改，也需要加上原数据类型，不能为空。

【修改字段名示例】将 XSCJ_db 数据库中的 CJ1 表的“课程号”字段名改为“课程编号”，数据类型不变。

```
mysql> alter table CJ1 change 课程号 课程编号 char(3);
Query OK, 0 rows affected (0.03 sec)
```

（3）修改字段数据类型

修改字段数据类型的语法规则：

```
ATLTER TABLE <表名> MODIFY <字段名> <数据类型>
```

这里的“数据类型”是指修改后的数据类型。

【修改字段数据类型示例】将 XSCJ_db 数据库中的数据表 CJ1 中学分字段的数据类型改为 Int 型。

```
mysql> alter table cj1 modify 学分 int;
Query OK, 0 rows affected (0.07 sec)
```

（4）添加字段

添加字段的语法规则：

```
ALTER TABLE < 表名 > ADD < 新字段名 > < 数据类型 > [ 约束条件 ]
[FIRST] [AFTER 原有字段名 ]
```

其中，“FIRST”“AFTER 原有字段名”为可选参数，“FIRST”表示新加字段为表的第一个字段，“AFTER 原有字段名”表示在指定字段后添加新字段，如果这两个参数均为默认值，则表示在所有字段之后添加新字段。

【添加字段示例】在 XSCJ_db 数据库中数据表 CJ1 的“课程编号”字段后新加一个名为“课程名称”的字段，要求数据类型为 varchar(20)，且不能取空值。

```
mysql> alter table CJ1 add 课程名称 varchar(20) not NULL after 课程编号 ;
Query OK, 0 rows affected (0.84 sec)
```

现在来查看一下修改后的表基本结构，如图 2-19 所示。

```
mysql> desc CJ1;
+----------+-------------+------+-----+---------+-------+
| Field    | Type        | Null | Key | Default | Extra |
+----------+-------------+------+-----+---------+-------+
| 学号     | char(10)    | NO   | PRI | NULL    |       |
| 课程编号 | char(3)     | NO   | PRI | NULL    |       |
| 课程名称 | varchar(20) | NO   |     | NULL    |       |
| 成绩     | tinyint     | YES  |     | NULL    |       |
| 学分     | int         | YES  |     | NULL    |       |
+----------+-------------+------+-----+---------+-------+
5 rows in set (0.00 sec)
```

图 2-19　修改后的 CJ1 表的基本结构

（5）删除字段

删除字段的语法规则：

```
ALTER TABLE < 表名 > DROP < 字段名 > ;
```

【删除字段示例】删除 CJ1 表中的“课程名称”字段。

```
mysql> alter table cj1 drop 课程名称 ;
Query OK, 0 rows affected (0.06 sec)
```

（6）改变字段排列位置

字段的排列位置由创建时字段录入的先后顺序所确定，但这个顺序是可以改变的。

改变字段排列位置的语法规则：

```
ALTER TABLE < 表名 >   MODIFY < 字段 1>< 数据类型 > FIRST | AFTER < 字段 2>;
```

其中，“字段 1”“数据类型”表示要修改的字段及数据类型；“FIRST”为可选参数，指将“字段 1”改变位置到其他字段之前；“AFTER”“字段 2”是指将“字段 1”改变到“字段 2”之后。

【改变字段排列位置示例】将 CJ1 表中的“学号”字段排列到“课程编号”的后面。

```
mysql> alter table cj1 modify 学号 char(10) after 课程编号 ;
Query OK, 0 rows affected (0.05 sec)
```

（7）添加外键约束

添加外键约束的语法规则：

```
ALTER TALBE 从表名 ADD CONSTRAINT 外键约束名
FOREIGN KEY( 外键列名 ) REFERENCES 主表名 ( 主键列名 );
```

【添加外键约束示例】为 CJ1 表的学号列建立外键约束，参考的主键是 xsqk 表中的学号列。

```
mysql> alter table cj1 add constraint FK_cj1_xh foreign key( 学号 ) references xsqk( 学号 );
Query OK, 0 rows affected (0.08 sec)
```

添加外键约束后，即在两个表之间建立起了主表与从表的关系，外键取值就会遵守参照完整性规则。

（8）删除外键约束

删除外键约束的语法规则：

```
ALTER TABLE < 表名 >   DROP FOREIGN KEY < 外键约束名 >;
```

其中，“外键约束名”是定义外键时所命的名称，可以通过“show create table 表名 \G;”来查看。

【删除外键约束示例】删除 CJ1 表中的外键约束。

在删除外键约束之前先查看 CJ1 表中所定义的外键约束名：

```
mysql>show create table CJ1\G;
*************************** 1. row ***************************
       Table: CJ1
Create Table: CREATE TABLE `cj1` (
   ` 课程编号 ` char(3) NOT NULL,
   ` 学号 ` char(10) NOT NULL,
   ` 成绩 ` tinyint DEFAULT NULL,
   ` 学分 ` int DEFAULT NULL,
   PRIMARY KEY (` 学号 `,` 课程编号 `),
   CONSTRAINT `FK_cj1_xh` FOREIGN KEY (` 学号 `) REFERENCES `xsqk` (` 学号 `),
   CONSTRAINT `cj1_chk_1` CHECK (((` 成绩 ` >= 0) and (` 成绩 ` <= 100)))
) ENGINE=InnoDB DEFAULT CHARSET=utf8mb4 COLLATE=utf8mb4_0900_ai_ci
1 row in set (0.01 sec)
```

可见，CJ1 表中定义的外键名为 `FK_cj1_xh`，删除外键约束：

```
mysql> alter table cj1 drop foreign key FK_cj1_xh;
Query OK, 0 rows affected (0.03 sec)
```

注意：一旦删除表的外键约束，就会解除主表和从表间的关联关系，形成两个独立的数据表，也就不再受参照完整性约束了。

（9）删除主键约束

删除主键约束的语法规则：

```
ALTER TABLE 表名 DROP PRIMARY KEY;
```

【删除主键约束示例】删除数据表 CJ1 的主键约束。

```
mysql> alter table cj1 drop primary key;
```

```
Query OK, 0 rows affected (0.08 sec)
```

删除主键约束的时候，可以不用加约束名。

（10）添加主键约束

添加主键约束的语法规则：

```
ALTER TABLE 表名 ADD [CONSTRAINT PK_XH] PRIMARY KEY( 列名 1[, 列名 2…]);
```

【添加主键约束示例】向数据表 CJ1 添加主键约束，主键由“学号”和“课程编号”两列联合组成。

```
mysql> ALTER TABLE CJ1 ADD PRIMARY KEY( 学号 , 课程编号 );
Query OK, 0 rows affected (0.06 sec)
```

（11）添加默认值约束

添加默认值约束的语法规则：

```
ALTER TABLE 表名 ADD 列名 SET DEFAULT 默认值 ;
```

【添加默认值约束示例】修改数据表 CJ1，将其成绩列的默认值设置为 0。

```
mysql> alter table cj1 alter 成绩 set default 0;
Query OK, 0 rows affected (0.02 sec)
```

（12）添加检查约束

添加检查约束的语法规则：

```
ALTER TABLE 表名 ADD [CONSTRAINT 约束名 ] CHECK( 条件表达式 );
```

【添加检查约束示例】修改数据表 KC_db，要求“开课学期”列的取值在 1~6 之间。

```
mysql> ALTER TABLE KC_db add CHECK( 开课学期 >=1 and 开课学期 <=6);
Query OK, 0 rows affected (0.08 sec)
```

注意：在用 SQLyog 图形工具软件创建数据表时，不能设置检查约束，需要使用命令方式向已建好的数据表中添加检查约束

（13）删除检查约束

删除检查约束的语法规则：

```
ALTER TABLE 表名 DROP CHECK 检查约束名 ;
```

【删除检查约束示例】修改数据表 KC_db，删除“开课学期”列上设置的检查约束。

分析 由于在创建检查约束时，没有为其指定约束名，是由系统自动设置约束名的，因此，在删除前先查看其检查约束名：

```
mysql> show create table kc_db\G;
*************************** 1. row ***************************
       Table: kc_db
Create Table: CREATE TABLE `kc_db` (
  ` 课程号 ` char(3) NOT NULL,
  ` 课程名 ` char(20) DEFAULT NULL,
  ` 授课教师 ` varchar(10) DEFAULT NULL,
  ` 开课学期 ` tinyint DEFAULT '1',
  ` 学时 ` tinyint DEFAULT NULL,
  ` 学分 ` tinyint DEFAULT NULL,
  PRIMARY KEY (` 课程号 `),
```

```
    CONSTRAINT `kc_db_chk_1` CHECK (((`开课学期` >= 1) and (`开课学期` <= 6)))
) ENGINE=InnoDB DEFAULT CHARSET=utf8mb4 COLLATE=utf8mb4_0900_ai_ci
1 row in set (0.00 sec)
```

可见，检查约束名为“kc_db_chk_1”。下面删除检查约束：

```
mysql> alter table kc_db drop check kc_db_chk_1;
Query OK, 0 rows affected (0.03 sec)
```

4. 表的删除

删除数据表的语法规则：

DROP TABLE [IF EXISTS] 表1[表2，…];

其中，“IF EXISTS”参数用于判断后面所列的表（要删除的表）是否存在，如果后面所列的表不存在，则本SQL语句可以顺利执行，但如果没加“IF EXISTS”参数，则会产生错误提示。

[表的删除示例] 删除 XSCJ_db 数据库中的 xsqk2 表。

```
mysql> drop table xsqk2;
Query OK, 0 rows affected (0.03 sec)
```

注意：如果删除的表是具有主从关系的主表，则在删除时会产生错误提示。例如，在 XSCJ_db 数据库中 cj_db 表的“学号”列参照了 xsqk_db 表的“学号”列，则 xsqk_db 表是主表，如果删除 xsqk_db 表就会产生错误。

```
mysql> drop table xsqk_db;
ERROR 3730 (HY000): Cannot drop table 'xsqk_db'  referenced by a foreign key constraint 'FK_xsqk_XH' on table 'cj_db'.
```

可见，当有两个表存在外键约束时，作为主表是不能被直接删除的，需要解除外键约束后才能删除（可以用前面讲的删除外键约束的方法）。

任务实施

【实施】修改 XSCJ 数据库中的 CJ 表，为“成绩”列添加默认值 0。

```
mysql> use xscj;
Database changed
mysql> alter table cj
    -> alter 成绩
    -> set default 0;
Query OK, 0 rows affected (0.02 sec)
Records: 0   Duplicates: 0   Warnings: 0
```

任务拓展

【拓展 1】使用 Sqlyog 图形工具软件修改数据表 CJ1。

在表 CJ1 上单击右键，在弹出的快捷菜单中选择“改变表”命令，弹出如图 2-20 所示的界面。

可以对数据表进行各种操作，包括增加字段、删除字段、改变字段顺序、字段重命名、修改数据类型、字段长度、设置默认值、主键约束、非空约束和自增字段等，如图 2-21 所示。

选择“3 个外部键”选项，用于设置外键约束，如图 2-22 所示。在“约束名”下输入外键约束名，这里输入“FK_CJ_XH”;在“引用列”下选择作为外键的字段，这里选择“学号”字段;“引用数据库”默认为当前数据库 xscj_db。然后在“引用表”下选择主键所在的表“xsqk_db”，并在“引用列”下选择主键字段“学号”，如图 2-23 所示。

用同样的方法，继续添加外键约束“FX_CJ_kch”，添加完成后单击“保存”按钮，如图 2-24 所示。

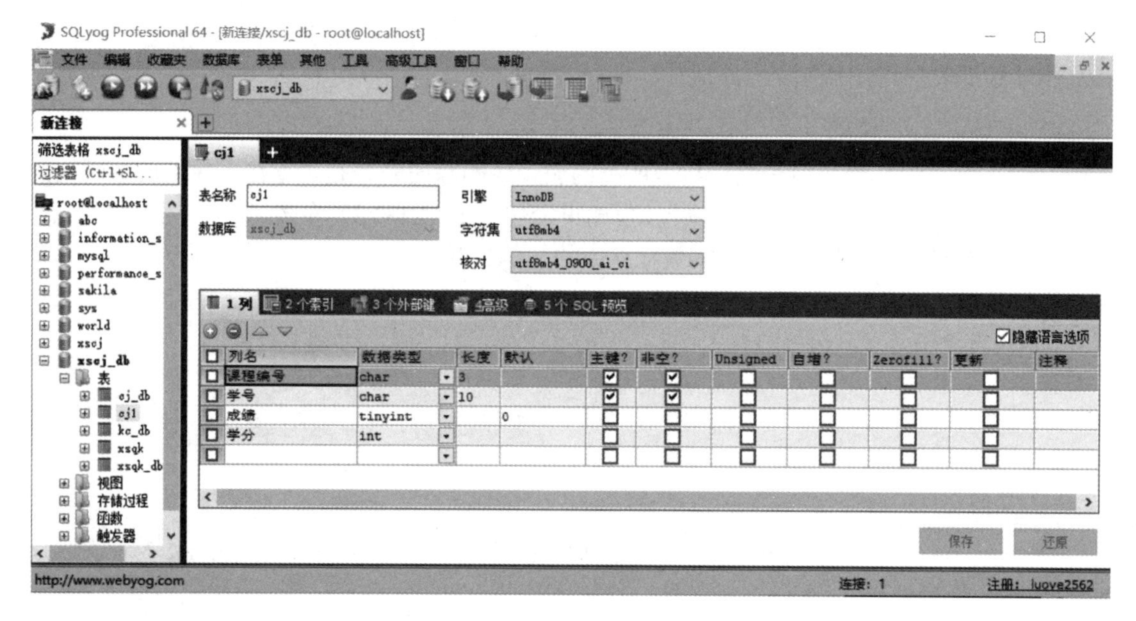

图 2-20 修改表的界面

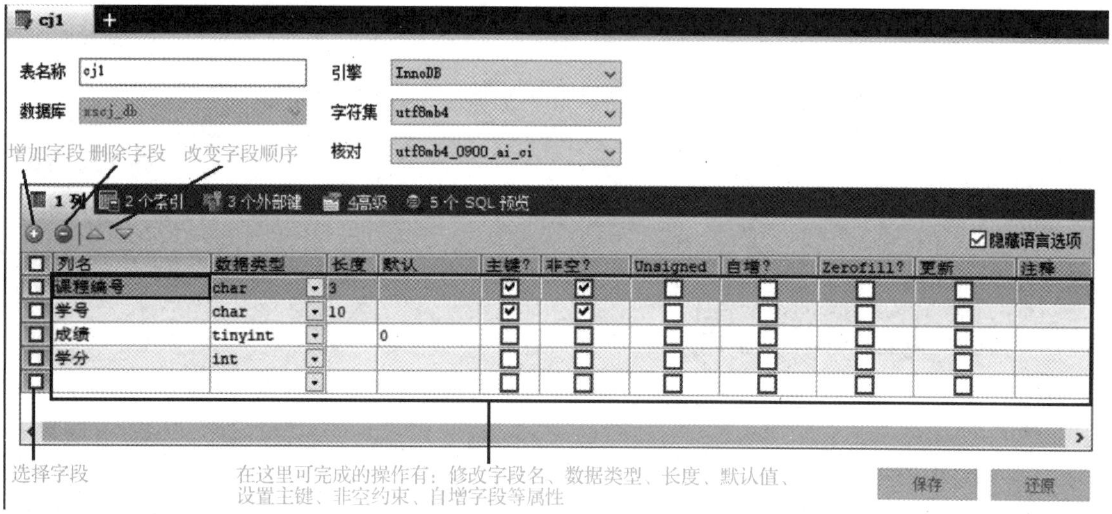

图 2-21 对表进行修改操作

图 2-22　设置外键约束

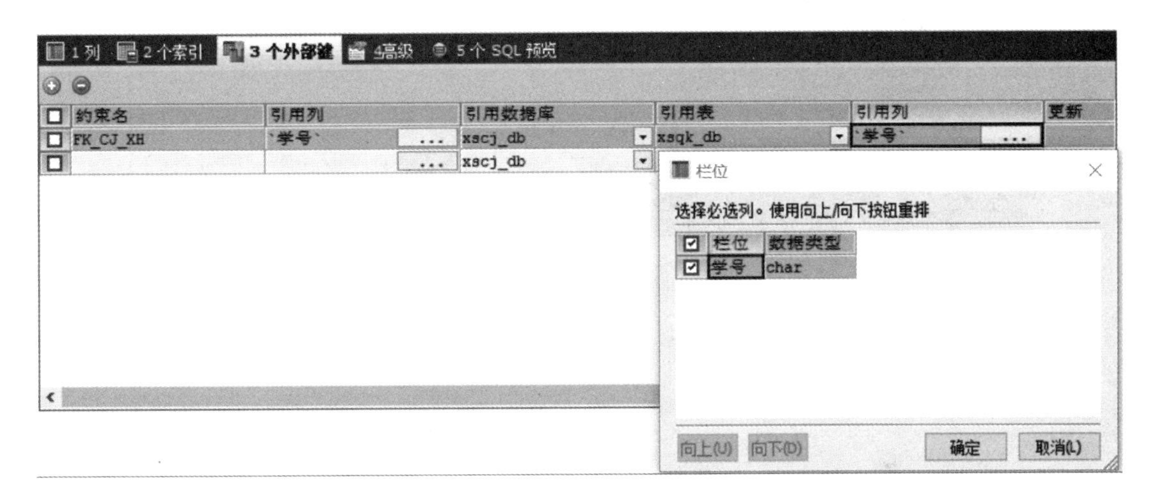

图 2-23　选主表和主键字段

图 2-24　添加外键约束

通过以上操作，可以很方便地完成对表修改和表约束的设置。

【拓展 2】使用 SQLyog 图形工具软件删除 XSCJ_db 数据库中的 xsqk 表。

在“对象浏览器”窗口中，展开 XSCJ_db 数据库，右击要删除的用户表 xsqk，在弹出的快捷菜单中选择“更多表操作→从数据库删除表”，如图 2-25 所示。

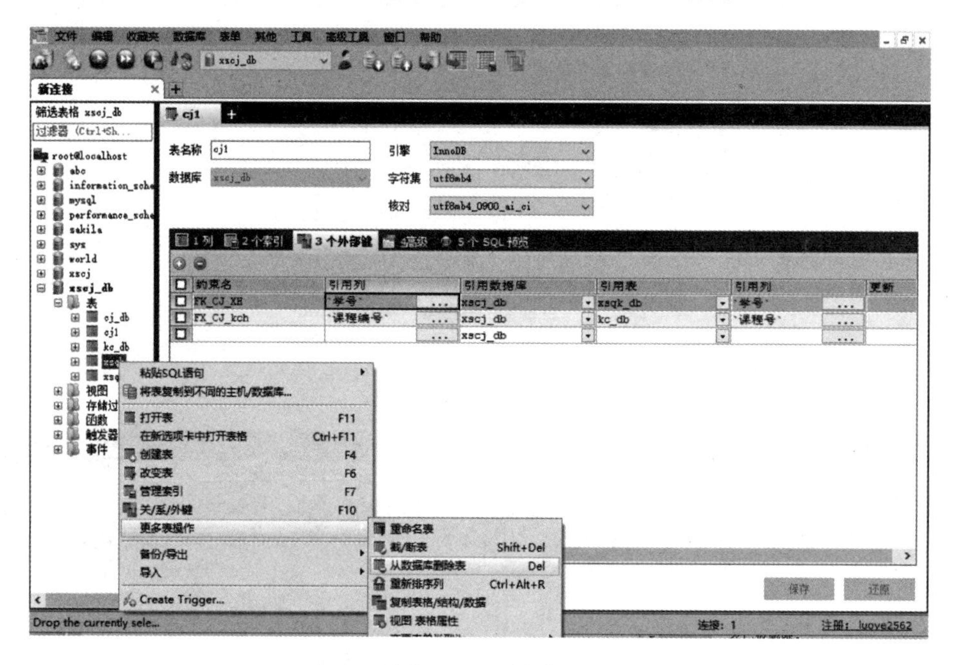

图 2-25 删除表

确认是否删除，如图 2-26 所示，单击“是”按钮表示确认删除。

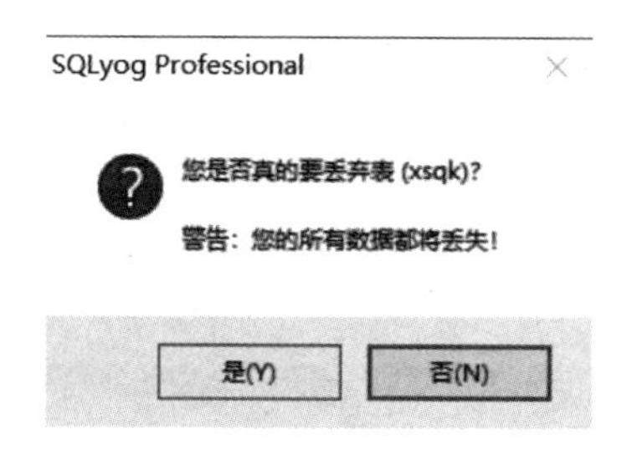

图 2-26 确认是否删除

2.2.3 表数据操作

在学生成绩管理数据库系统所需的数据表建立完成后，开发团队需要向系统中录入学生基本信息、开课信息及学生选修课程取得的成绩学分信息，这些信息将被存入数据表中，同时需要完成对表中数据的修改及删除等。

任务储备

1. 向表中的所有字段添加数据

向表中添加数据时使用的是 INSERT 语句，其语法规则如下：

```
INSERT INTO 表名（字段名 1, 字段名 2,…）
        VALUES( 值 1, 值 2,…);
```

其中，“字段名 1，字段名 2,…” 是数据表中的字段名称，此处需列出表中所有字段的名称；“值 1, 值 2,…” 是每个字段的值，每个值的顺序和类型必须与对应字段相一致。

【添加数据示例 1】向数据库 XSCJ 中的 xsqk 表添加数据。

```
mysql> insert into xsqk( 学号 , 姓名 , 性别 , 出生日期 , 专业名 , 所在学院 , 联系电话 , 总学分 , 备注 )
    -> values('2020030101',' 王强 ',' 男 ','19980406',' 云计算 ',' 计算机学院 ','13555652224',NULL,NULL);
Query OK, 1 row affected (0.01 sec)
```

表数据添加成功后，可用 SQL 语句查看 xsqk 表中的数据，如图 2-27 所示。

```
mysql> select * from xsqk;
| 学号       | 姓名 | 性别 | 出生日期   | 专业名 | 所在学院   | 联系电话    | 总学分 | 备注 |
| 2020030101 | 王强 | 男   | 1998-04-06 | 云计算 | 计算机学院 | 13555652224 |   NULL | NULL |
```

图 2-27　查看 xsqk 表中的数据

可见，在 xsqk 表中成功添加了一条记录（关于使用 Select 查询数据的方法，将在下一个任务中讲述）。

注意：在使用 INSERT 语句添加记录时，表名后的字段顺序可以与表结构中的顺序不一致，只要求 VALUES 中值的顺序与 INSERT 语句中所列的顺序一致即可。

向表中所有字段添加数据时，在 INSERT 语句中可以不指定字段名，其语法规则如下：

```
INSERT INTO 表名 VALUES( 值 1，值 2…);
```

【添加数据示例 2】向数据库 XSCJ 中的 kc 表添加数据。

先查看一下 kc 表的结构，如图 2-28 所示。

```
mysql> desc kc;
+-----------+-------------+------+-----+---------+-------+
| Field     | Type        | Null | Key | Default | Extra |
+-----------+-------------+------+-----+---------+-------+
| 课程号    | char(3)     | NO   | PRI | NULL    |       |
| 课程名    | varchar(20) | NO   |     | NULL    |       |
| 授课教师  | varchar(10) | YES  |     | NULL    |       |
| 开课学期  | tinyint     | NO   |     | 1       |       |
| 学时      | tinyint     | NO   |     | NULL    |       |
| 学分      | tinyint     | YES  |     | NULL    |       |
+-----------+-------------+------+-----+---------+-------+
```

图 2-28　kc 表的结构

根据 kc 表的结构添加表数据：

```
mysql> insert into kc values('101',' 计算机文化基础 ',' 李平 ',1,48,3);
Query OK, 1 row affected (0.01 sec)
```

2. 向表中指定字段添加数据

向表中指定字段添加数据时，可以使用 INSERT 语句来实现，其语法规则如下：

```
INSERT INTO 表名（字段名 1, 字段名 2,…）
        VALUES( 值 1, 值 2,…);
```

其中，“字段名 1，字段名 2,…”是数据表中部分字段的名称；“值 1, 值 2,…”是每个字段的值，每个值的顺序和类型必须与对应字段相一致。

注意：① 除有默认值约束的列可以不添加数据，而由系统赋予用户设定的默认值外，添加数据时所指定的字段必须包含所有不能取空值的列。

② 添加数据时要遵守参照完整性规则。

【添加数据示例 3】向数据库 XSCJ 中的 cj 表添加数据。

先看一下 cj 表的结构，如图 2-29 所示。

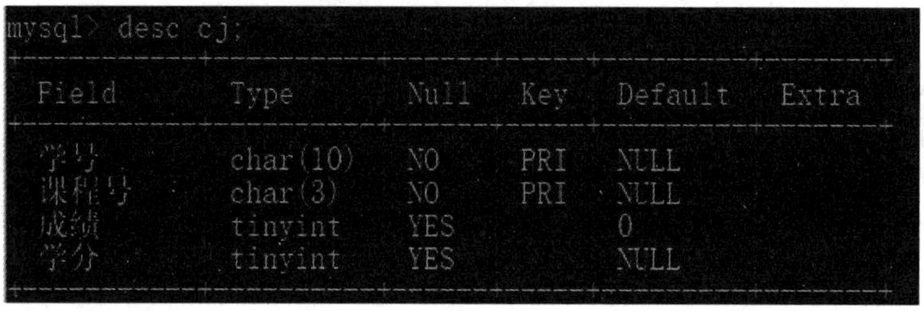

```
mysql> desc cj;
+--------+----------+------+-----+---------+-------+
| Field  | Type     | Null | Key | Default | Extra |
+--------+----------+------+-----+---------+-------+
| 学号   | char(10) | NO   | PRI | NULL    |       |
| 课程号 | char(3)  | NO   | PRI | NULL    |       |
| 成绩   | tinyint  | YES  |     | 0       |       |
| 学分   | tinyint  | YES  |     | NULL    |       |
+--------+----------+------+-----+---------+-------+
```

图 2-29　cj 表的结构

根据 cj 的结构添加表数据，由于“成绩”和“学分”两列可以取空值，在此只添加“学号”“课程号”和“成绩”三列的值：

```
mysql> insert into CJ( 学号 , 课程号 , 成绩 )
    -> values('2020030101','101',NULL);
Query OK, 1 row affected (0.01 sec)
```

如果在 cj 表中添加的学号在 XSQK 表中没有（或课程号在 KC 表中没有），则会产生参照完整性错误。

例如：

```
mysql> insert into CJ( 学号 , 课程号 , 成绩 )
    -> values('2020030102','102',NULL);
ERROR 1452 (23000): Cannot add or update a child row: a foreign key constraint fails (`xscj`.`cj`,
CONSTRAINT `FK_kc_KCH` FOREIGN KEY (` 学号 `) REFERENCES `xsqk` (` 学号 `))
```

在 XSCJ 数据库中，cj 表是 XSQK 表和 KC 表的从表，其“学号”和“课程号”需要参照 XSQK 表和 kc 表的主键来取值。否则，会产生参照完整性错误。

3. 同时向表中添加多条记录

向表中一次添加多条记录在实际应用中经常用到，添加记录时只是值在变化，这样可以简化 SQL 语句，提高记录的添加效率。其语法规则如下：

```
INSERT INTO 表名 [ 字段 1，字段 2…)]
Values( 值 1，值 2，…), ( 值 1，值 2，…),…( 值 1，值 2，…);
```

【添加数据示例 4】向 XSQK 表添加多条记录。

```
mysql> insert into xsqk( 学号 , 姓名 , 性别 , 出生日期 , 专业名 , 所在学院 )
    -> values ('2020020102',' 成刚 ',' 男 ','20020206',' 计算机信息管理 ',' 计算机学院 '),('2020030103',' 李英 ',
' 女 ','20011011',' 信息安全 ',' 计算机学院 '),('2020030104',' 赵林 ',' 男 ','20011111',' 网络技术 ',' 计算机学院 ');
Query OK, 3 rows affected (0.00 sec)
```

Records: 3　Duplicates: 0　Warnings: 0

XSQK 表数据添加成功后，可用 SQL 语句查看表中的数据，如图 2-30 所示。

```
mysql> select * from xsqk;
```

学号	姓名	性别	出生日期	专业名	所在学院	联系电话	总学分	备注
2020020102	成刚	男	2002-02-06	计算机信息管理	计算机学院	NULL	NULL	NULL
2020030101	王强	男	1998-04-06	云计算	计算机学院	13555652224	NULL	NULL
2020030103	李英	女	2001-10-11	信息安全	计算机学院	NULL	NULL	NULL
2020030104	赵林	男	2001-11-11	网络技术	计算机学院	NULL	NULL	NULL

```
4 rows in set (0.00 sec)
```

图 2-30　查看 XSQK 表中的数据

可见，又成功添加了三条记录到 XSQK 表中。

4. 更新数据

更新数据是指对表中原有数据进行修改。更新数据的语法规则如下：

```
UPDATE 表名 SET 字段名 1= 值 1[ 字段名 2= 值 2，…]
    [WHERE 条件表达式 ];
```

其中，“字段名”用于指定要更新的字段名称，“值”是该字段更新后的新数据。“WHERE 条件表达式”用于指定更新数据需要满足的条件，是可选项，如果保持默认值则更新指定表的所有记录。

【更新数据示例】假设在某次考试中由于试题原因，需要将所有课程号为“101”的成绩加上 2 分。

```
mysql> update CJ set 成绩 = 成绩 +2 where 课程号 =101;
Query OK, 0 rows affected (0.00 sec)
Rows matched: 1   Changed: 0   Warnings: 0
```

注意：更新后的数据不能违反定义表结构时设置的约束条件。

5. 删除数据

删除数据的语法规则如下：

```
DELETE FROM 表名 WHERE 条件表达式 ;
```

【删除数据示例】假设学号为“2020030104”的同学退学，需要把学生情况表 XSQK 中的该生信息删除。

```
mysql> DELETE FROM XSQK WHERE 学号 ='2020030104';
Query OK, 1 row affected (0.01 sec)
```

注意：删除表数据时，不能违反参照完整性约束，如删除学号为“2020030104”的学生信息：

```
mysql> DELETE FROM XSQK WHERE 学号 ='2020030104';
ERROR 1451 (23000): Cannot delete or update a parent row: a foreign key constraint fails (`xscj`.`cj`,
CONSTRAINT `FK_kc_KCH` FOREIGN KEY (` 学号 `) REFERENCES `xsqk` (` 学号 `))
```

就会提示违反参照完整性约束，则不能删除该信息，这种情况下应该先删除该生的成绩信息，再删除该生的基本信息。

任务实施

在学生成绩管理数据库系统中，需要向数据表录入大量的初始数据。

【实施 1】向学生情况表 XSQK 插入学生的基本信息。

```
mysql> insert  into xsqk values ('2020050102','王真','男','2002-09-06','云计算','计算机学院',
'13574112544',NULL,NULL),('2020050202','王成','男','2002-09-06','云计算','计算机学院',
'13855652224',NULL,NULL),('2020110101','朱博','男','2002-10-15','云计算','计算机学院',
'13834838223',NULL,'班长'),('2020110102','龙婷婷','女','2002-11-05','云计算','计算机学院',
'13534323422',NULL,NULL);
Query OK, 4 rows affected (0.01 sec)
Records: 4  Duplicates: 0  Warnings: 0
```

说明　这里只插入了 4 个学生的信息。向数据表插入初始数据时，可使用 SQLyog 图形工具软件，能更高效地向数据表插入数据。

【实施 2】向课程表 KC 插入学校开设的课程信息。

```
mysql> insert  into kc  values ('102','计算机硬件基础','童华',1,80,5),('103','程序设计基础','王印',2,64,4);
Query OK, 2 rows affected (0.01 sec)
Records: 2  Duplicates: 0  Warnings: 0
```

说明　这里只向 KC 表插入了两门课程，其余的课程信息也在 SQLyog 中添加。

任务拓展

【拓展 1】使用 SQLyog 图形工具软件向 XSQK 表录入数据。

分析　虽然在软件开发代码的编写过程中 MySQL 数据库的命令模式更为常用，但对于 MySQL 数据库初始数据的录入，采用工具软件的图形化界面操作更为简单高效。

通过工具软件 SQLyog 向 XSQK 表添加数据的方法如下：

在 SQLyog 的“对象浏览器”窗口中，右击 xsqk 表，如图 2-31 所示。

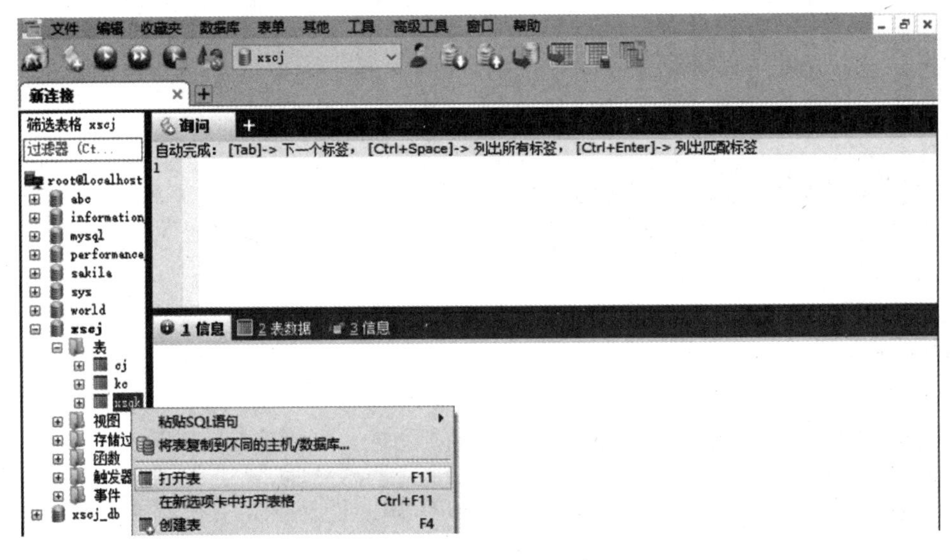

图 2-31　打开 XSQK 表

在图 2-31 中，选择“打开表”命令，得到如图 2-32 所示的录入记录界面。

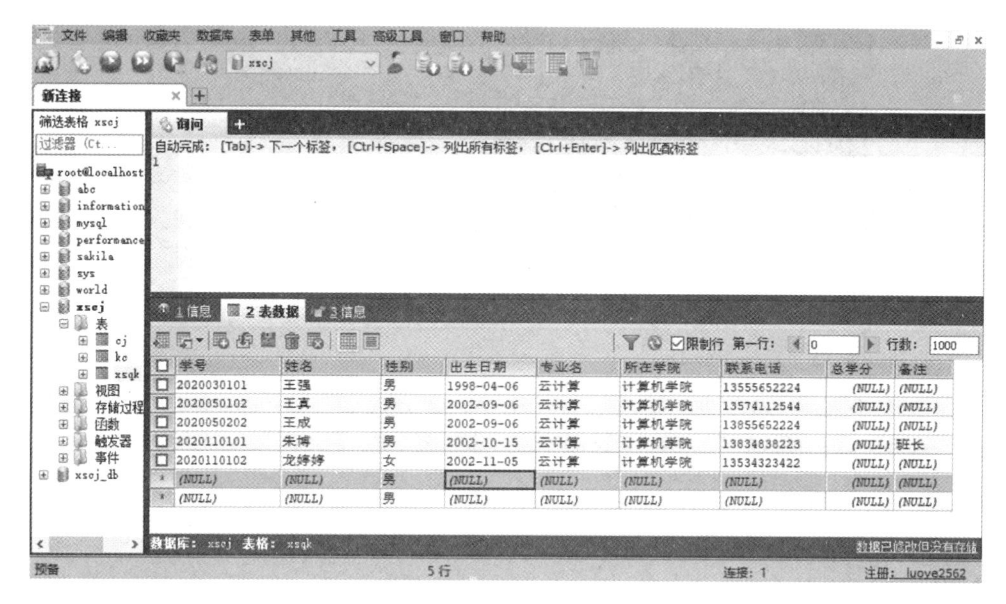

图 2-32　录入记录界面

在图 2-32 中可以看到在 XSQK 表中已有 4 条记录，在此界面中可输入学生信息，每一行就是一条记录，当一条记录输完后，单击下一行（如果没有提示错误，系统自动将上一条记录保存到表中）继续输入下一条记录，输入完成后的结果如图 2-33 所示。

学号	姓名	性别	出生日期	专业名	所在学院	联系电话	总学分	备注
2020030101	王强	男	1998-04-06	云计算	计算机学院	13555652224	(NULL)	(NULL)
2020050102	王真	男	2002-09-06	云计算	计算机学院	13574112544	(NULL)	(NULL)
2020050202	王成	男	2002-09-06	云计算	计算机学院	13855652224	(NULL)	(NULL)
2020110101	朱博	男	2002-10-15	云计算	计算机学院	13834838223	(NULL)	班长
2020110102	龙婷婷	女	2002-11-05	云计算	计算机学院	13534323422	(NULL)	(NULL)
2020110103	张庆国	男	2001-01-09	云计算	计算机学院	13712354932	(NULL)	(NULL)
2020110104	张小博	男	2002-04-06	云计算	计算机学院	13504832433	(NULL)	(NULL)
2020110105	钟鹏香	女	2002-05-03	云计算	计算机学院	13634958348	(NULL)	(NULL)
2020110106	李家琪	男	2002-04-07	云计算	计算机学院	13603493433	(NULL)	(NULL)
2020110201	曹科梅	女	2002-06-09	信息安全	计算机学院	13443657543	(NULL)	(NULL)
2020110202	江杰	男	2001-02-06	信息安全	计算机学院	13564943433	(NULL)	(NULL)
2020110203	肖勇	男	2003-04-12	信息安全	计算机学院	13743242256	(NULL)	(NULL)
2020110204	周明悦	女	2002-05-18	信息安全	计算机学院	15893954323	(NULL)	(NULL)
2020110205	蒋亚男	女	2002-04-06	信息安全	计算机学院	13893434356	(NULL)	(NULL)
2020110301	李娟	女	2002-08-24	网络工程	计算机学院	13355436788	(NULL)	学习秀员
2020110302	成兰	女	2001-01-06	网络工程	计算机学院	13843435643	(NULL)	(NULL)
2020110303	李图	男	2002-11-25	网络工程	计算机学院	13643432567	(NULL)	(NULL)
2020110401	陈勇	男	2003-12-23	机器人设计	计算机学院	13735436434	(NULL)	生活委员
2020110404	赵真	女	2002-04-06	机器人设计	计算机学院	13644643534	(NULL)	(NULL)
(NULL)	(NULL)	男	(NULL)	(NULL)	(NULL)	(NULL)	(NULL)	(NULL)

图 2-33　已输入的 XSQK 表数据

注意：要确保所有具有非空约束的列输入数据，并且数据类型、长度及其他各种约束（如检查约束）应与表结构定义时的要求一致，否则会产生错误，从而导致输入失败。

按同样的方法，输入课程表 KC 的数据，完成后的效果如图 2-34 所示。

课程号	课程名	授课教师	开课学期	学时	学分
101	计算机文化基础	李平	1	32	2
102	计算机硬件基础	童华	1	80	5
103	程序设计基础	王印	2	64	4
104	计算机网络	王可均	2	64	4
105	云计算基础	郎景成	2	64	4
106	云操作系统	李月	3	64	4
107	数据库	陈一波	3	64	4
108	网络技术实训	张成本	3	40	2
109	云系统实施与维护	唐成林	4	64	4
110	云存储与备份	路一业	4	64	4
111	云安全技术	李华华	4	80	5
112	phthonn程序设计	周治伟	5	64	4
114	JAVA程序设计	张山	5	64	4
(NULL)	(NULL)	(NULL)	1	(NULL)	(NULL)

图 2-34　课程表 KC 的数据

注意：由于 CJ 表是 XSQK 表和 KC 表的从表，其外键的值依赖于 XSQK 表和 KC 表中主键的值，因此应该先向 XSQK 表和 KC 表输入数据，然后才能向 CJ 表输入数据。

在 SQLyog 的“对象浏览器”窗口中，右击 CJ 表，然后在弹出的快捷菜单中选择“打开表”命令，得到如图 2-35 所示的输入数据界面。

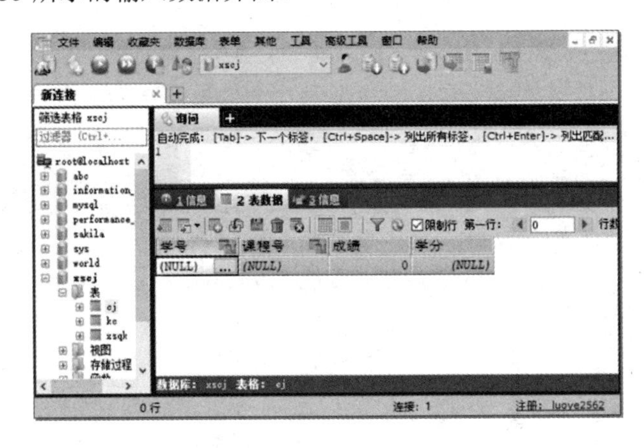

图 2-35　输入数据界面

在图 2-35 中，先单击“学号”列下的单元格，再单击右边的 ... 按钮，将弹出如图 2-36 所示的选择学号界面。

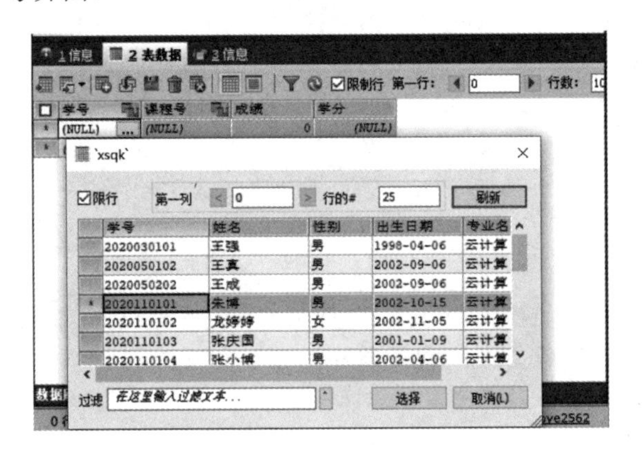

学号	姓名	性别	出生日期	专业名
2020030101	王强	男	1998-04-06	云计算
2020050102	王真	男	2002-09-06	云计算
2020050202	王成	男	2002-09-06	云计算
2020110101	朱博	男	2002-10-15	云计算
2020110102	龙婷婷	女	2002-11-05	云计算
2020110103	张庆国	男	2001-01-09	云计算
2020110104	张小博	男	2002-04-06	云计算

图 2-36　选择学号界面

这里为什么会弹出选择学号界面呢？因为 CJ 表是主表 XSQK 的从表，作为外键列的值只能由主表中主键列的值提供。

从弹出的学号选择框中选择一个学号，这里选择“2020110101”，然后按同样的操作方法选择“课程号”。在输入“成绩”时，由于“成绩”列没有主表参照，所以可直接输入数据，如图 2-37 所示。

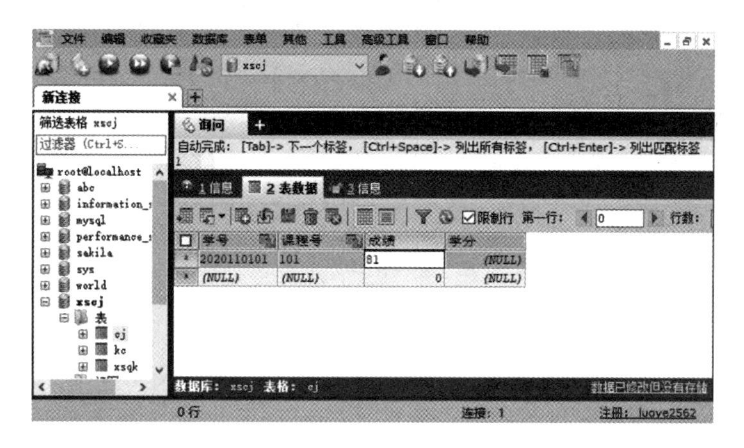

图 2-37 输入成绩

继续输入学生课程表 CJ 的数据，输入完成后的结果如图 2-38 所示。

学号	课程号	成绩	学分
2020110101	101	83	2
2020110101	102	64	5
2020110101	103	58	0
2020110102	102	72	5
2020110102	103	75	4
2020110103	101	78	2
2020110104	103	54	0
2020110105	101	65	2
2020110105	105	67	4
2020110106	101	56	0
2020110106	102	57	0
2020110201	106	78	4
2020110202	106	81	4
2020110202	107	85	4
2020110203	108	61	2
2020110204	109	18	0
2020110301	110	63	4
2020110401	101	57	0
2020110401	110	84	4
(NULL)	(NULL)	0	(NULL)

图 2-38 CJ 表的数据

【拓展 2】使用工具软件 SQLyog 更新 XSQK 表数据。

分析 在 SQLyog 中，打开要修改的表，并找到要修改的记录，然后可以在该记录上直接修改数据内容，修改完毕后，只需要将光标从该记录上移开，定位到其他记录上，MySQL 就会自动保存修改的数据。

首先打开 XSQK 表，找到要修改的学生姓名（这里需要将学号为“2020110101”的学生姓名由“朱博”改名为“朱军”），然后单击姓名“朱博”选项，如图 2-39 所示。

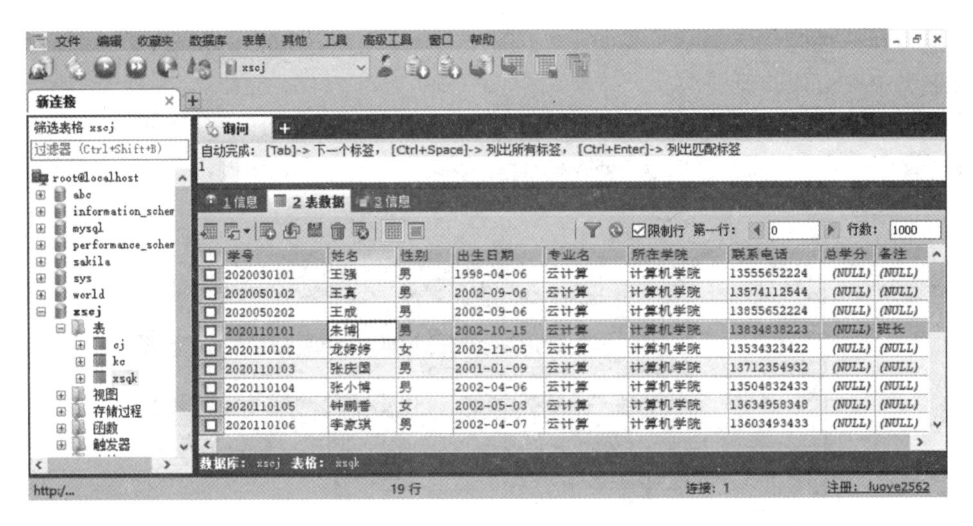

图 2-39 打开 XSQK 表并定位

在图 2-39 中，输入“朱军”后，将光标定位到其他记录即修改完毕，如图 2-40 所示。

在输入“朱军”后还未定位到其他记录前，如果想放弃修改，则按 Esc 键即可取消该修改，回到修改前的状态。

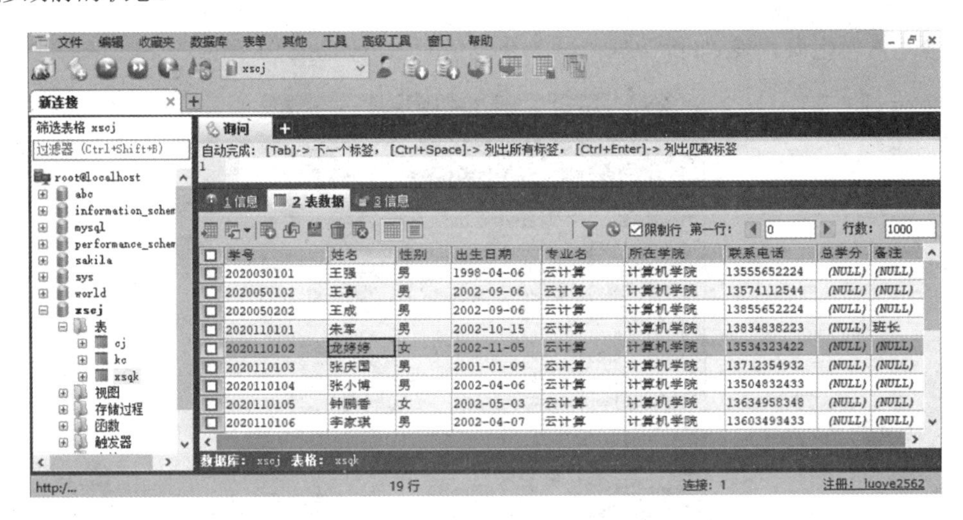

图 2-40 记录修改完毕

【拓展 3】使用工具软件 SQLyog 删除 CJ 表的数据。

使用工具软件 SQLyog 删除表数据非常简单。例如，要删除 CJ 表中学号为“2020110102”的学生选修的“102”这门课程，方法如下。

打开 CJ 表，在要删除的记录前勾选复选框，如图 2-41 所示。

单击工具栏上的 🗑 按钮，即可完成对该记录的删除。如果要一次性删除多条记录，则把需要删除记录前的复选框都勾选上，再单击工具栏上的 🗑 按钮即可。

注意：在删除主表数据时，如果有参照约束，需要先删除从表中的参照记录，才能删除主表中的记录。

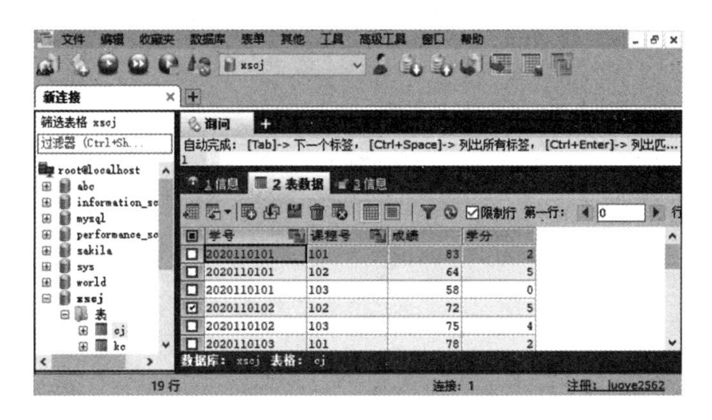

图 2-41　选择要删除的记录

任务小结

在本任务中，主要学习了以下几个方面的内容。

- 使用 INSERT ... VALUES 命令向表中插入数据。
- 使用 UPDATE 语句修改表中的数据。
- 使用 DELETE 语句删除表中的数据。
- 在 SQLyog 图形工具软件下，完成表数据的插入、修改和删除操作。

课堂实训

【实训目的】

- 掌握使用命令行方式添加表数据。
- 掌握使用命令行方式修改表数据。
- 掌握使用命令行方式删除表数据。

【实训内容】

1．使用命令行方式向 XSCJ_db 数据库的 XSQK_db 表插入如表 2-10 所示的数据。

表 2-10　向 XSQk_db 表插入数据

学　号	姓名	性别	出生日期	专业名	所在学院	联系电话	总学分	备注
20200101	陈刚	男	20021011	云计算	计算机学院	1352345××××	45	班长
20200102	陈好	男	20020812	云计算	计算机学院	1334578××××	47	NULL
20200201	刘楠	女	20011213	多媒体	传媒学院	1831245××××	46	NULL
20200202	李明	男	20011230	多媒体	传媒学院	1571234××××	50	NULL

SQL 语句如下：

mysql> insert　into xsqk_db values('20200101',' 陈刚 ',' 男 ','2002-10-11',' 云计算 ',' 计算机学院 ', '1352345××××›,45,' 班长 '),('20200102',' 陈好 ',' 男 ','2002-08-12',' 云计算 ',' 计算机学院 ','1334578××××›,

```
47,NULL),('20200201',' 刘楠 ',' 女 ','2001-12-13',' 多媒体 ',' 传媒学院 ','1831245××××›,46,NULL),('20200202',' 李明 ',' 男 ','2001-12-30',' 多媒体 ',' 传媒学院 ','1571234××××›,50,NULL);
    Query OK, 4 rows affected (0.01 sec)
    Records: 4    Duplicates: 0    Warnings: 0
```

2．将 XSCJ_db 数据库的 XSQK_db 表中学号为 20200201 的学生姓名改为“刘南”，出生日期改为“2002-12-13”。

SQL 语句如下：

```
mysql> update xsqk_db set 姓名 =' 刘南 ', 出生日期 ='2002-12-13' where 学号 ='20200201';
Query OK, 1 row affected (0.01 sec)
Rows matched: 1    Changed: 1    Warnings: 0
```

3．删除学号是“20200202”的学生信息。

```
mysql> delete from xsqk_db where 学号 ='20200202';
Query OK, 1 row affected (0.01 sec)
```

思考与练习

一、填空题

1．MySQL 中修改表的命令关键字是__________，更新表的命令关键字是__________。

2．在数据表中，若想为表中插入的新记录自动生成唯一的编号，则可以在表的主键上添加关键字__________来实现。

3．MySQL 中修改表结构的命令关键字是__________。

4．MySQL 中删除数据记录的命令关键字是____________。

5．将一个列设置为主键的关键字是___________。

6．__________型数据表示不定长字符型数据，__________型数据表示定长字符型数据。

7．__________称为二进制大对象，是一个可以存储二进制文件的容器。

8．在 Command Line Client 模式下，可以使用__________命令来查看表是否已创建。

9．对于两个具有关联关系的表而言，__________是主键所在的表。

10．向表中添加数据时，使用__________语句来实现。

11．查看 CJ 表结构的定义的 SQL 语句是_____________________________。

12．查看表基本结构的关键字是____________________。

二、选择题

1．用 MySQL 的 ALTER TABLE 语句删除其中某个列的约束条件需要用到的关键字是（　　）。

A．ADD　　B．DELETE　　C．MODIFY　　D．DROP

2．下面哪种数字的数据类型不可以存储十进制数 300？（　　）

A．bigint　　B．int　　C．tinyint　　D．smallint

3．关于主键和外键的描述，下列选项中正确的是（　　）。

A．在一个表中最多只有一个外键，可以定义多个主键

B．在一个表中只能定义一个主键，可以定义多个外键

C. 在定义主键与外键约束时，应先定义外键后定义主键

D. 主键与唯一键具有相同的特点，一个表只能定义一个主键和一个唯一键

4. MySQL 中向表中插入数据的关键字是（　　）。

A. INSERT　　B. UPDATE　　C. DELETE　　D. SELETE

5. 关于 MySQL 数据库中对表的行和列叙述正确的是（　　）。

A. 表中的行是有序的，列是无序的　　B. 表中的列和行都是有序的

C. 表中的行是无序的，列是有序的　　D. 表中的行和列都是无序的

6. 定义外键约束的关键字是（　　）

A. PRIMARY KEY　　B. UNIQUE

C. FOREIGN KEY　　D. CHECK

7. 下面说法中哪个是正确的？（　　）

A. 主键列的值可以有重复值

B. 一次不能向表中添加多条记录

C. 可以使用复制的方法一次将多条记录添加到表中

D. 删除数据表的关键字是 DELETE

三、思考题

1. 约束的类型主要有哪些？

2. 主键约束与外键约束的主要区别是什么？

3. 删除主表中的记录要注意什么？

四、实践题

1. 创建 XSCJ1 数据库。

2. 创建学生表 XS 和成绩表 CJ。要求：在数据库 XSCJ1 中创建，其表结构如图 2-42 和图 2-43 所示。

Field	Type	Null	Key	Default	Extra
学号	char(10)	NO	PRI	NULL	
姓名	varchar(10)	NO		NULL	
性别	char(2)	NO		男	
出生日期	date	NO		NULL	
专业名	varchar(20)	NO		NULL	
所在学院	varchar(20)	NO		NULL	
联系电话	char(11)	YES		NULL	
总学分	tinyint	YES		NULL	
备注	varchar(50)	YES		NULL	

图 2-42　XS 表的结构

Field	Type	Null	Key	Default	Extra
学号	char(10)	NO	PRI	NULL	
课程号	char(3)	NO	PRI	NULL	
成绩	tinyint(4)	YES		NULL	
学分	tinyint(4)	YES		NULL	

图 2-43　CJ 表的结构

按上述表结构，在命令行模式下建立 CJ 表，并设置主键及约束。在 CJ 表中，要求设“成绩”字段的取值范围为 0 ～ 100 分，CJ 表的学号作为外键，参照 XS 表的学号。

3．分别向 XS 表和 CJ 表输入如图 2-44 和图 2-45 所示的数据。

学号	姓名	性别	出生日期	专业名	所在学院	联系电话	总学分	备注
2020110101	朱军	男	2002-10-15	云计算	计算机学院	13834838223	(NULL)	班长
2020110102	龙婷婷	女	2002-11-05	云计算	计算机学院	13534323422	(NULL)	(NULL)
2020110103	张庆国	男	2001-01-09	云计算	计算机学院	13712354932	(NULL)	(NULL)
2020110104	张小博	男	2002-04-06	云计算	计算机学院	13504832433	(NULL)	(NULL)
2020110105	钟鹏香	女	2002-05-03	云计算	计算机学院	13634958348	(NULL)	(NULL)

图 2-44　XS 表的数据

学号	课程号	成绩	学分
2020110101	101	83	2
2020110101	102	64	5
2020110101	103	58	0
2020110102	102	72	5
2020110102	103	75	4
2020110103	101	78	2
2020110104	103	54	0
2020110105	101	65	2

图 2-45　CJ 表的数据

4．更新表中的记录。要求将学号为“2020110102”，课程号为“102”的成绩，改为“73”；将专业名“云计算”改为“云计算与大数据”。

5．删除表中的记录。要求删除所有 CJ 表中成绩不及格学生的记录；删除 XS 表中学号为“2020110105”的学生记录。

项目3

数据查询

项目介绍

在学生成绩管理系统数据库 XSCJ 中，需要向学生提供的查询主要有每学期的开课信息、课程成绩、学分等；需要向老师提供的查询主要有学生的基本情况、学生成绩、课程成绩、学生名次、学生所修的学分、学生的选课情况等。

任务安排

任务 1　数据简单查询

任务 2　统计汇总数据查询

学习目标

✧ 掌握单表数据查询

✧ 掌握多表数据查询

✧ 掌握对查询结果进行分类、排序及汇总

任务 1　数据简单查询

任务描述

通过数据库管理系统向用户提供数据查询是对数据表的重要操作，用户对数据库的应用通常是通过查询来实现的，通过查询可以得到数据表中的信息和统计结果。

任务分析

从实现查询功能的复杂程度来看，可以把查询分为数据的简单查询和数据的复杂查询。在本任务中，需要完成对数据表的简单查询，即向用户提供不带统计和计算功能的查询服务。

3.1.1　运算符

任务储备

在 MySQL 中对数据进行查询时，会经常用到各种运算符，以实现对表中字段或数据进行运算，从而满足用户的不同需求。常用的运算符分为算术运算符、比较运算符、逻辑运算符和位运算符 4 种。

1. 算术运算符

算术运算符是 MySQL 中最常用的运算符，包括加、减、乘、除和求模（取余）5 种。MySQL 所支持的算术运算符如表 3-1 所示。

表 3-1　算术运算符

运 算 符	作　用	表达形式
+	加法	x1+x2
-	减法	x1-x2
*	乘法	x1*x2
/ 或 DIV	除法	x1/x2 或 x1 DIV x2
% 或 MOD	求模	x1%x2 或 x1 MOD x2

2. 比较运算符

比较运算符也是常用的运算符之一，主要用于 SQL 语句的 WHERE 子句中比较两个或多个值。比较运算符包括 >、<、= 或 <=>、>=、<=、<> 或 !=、IN、BETWEEN AND、IS NULL、LIKE、GREATEST、LEAST。MySQL 所支持的比较运算符如表 3-2 所示。

表 3-2 比较运算符

运 算 符	作 用	表达形式
>	大于	x1>x2
<	小于	x1<x2
= 或 <=>	等于	x1=x2 或 x1<=>x2
>=	大于等于	x1>=x2
<=	小于等于	x1<=x2
<> 或 !=	不等于	x1<>x2 或 x1 ！ =x2
IN	列表查询	x1 IN x2
BETWEEN AND	查询指定范围	x1 BETWEEN *m* AND *n*
IS NULL	判断是否为空	x1 IS NULL
LIKE	使用通配符模糊查询	x1 LIKE 表达式
GREATEST	返回多个值中的最大值	GREATEST(x1,x2,⋯)
LEAST	返回多个值中的最小值	LEAST(x1,x2,⋯)

3. 逻辑运算符

逻辑运算就是指与、或、非运算，以及异或运算，也是 MySQL 中常用的运算之一，通常用于多条件的判断。MySQL 所支持的逻辑运算符如表 3-3 所示。

表 3-3 逻辑运算符

<table>
<tr><th>运 算 符</th><th>作 用</th><th>表达形式</th></tr>
<tr><td>AND（&&）</td><td>与</td><td>x1 AND x2</td></tr>
<tr><td>OR（||）</td><td>或</td><td>x1 OR x2</td></tr>
<tr><td>NOT（！）</td><td>非</td><td>NOT x1</td></tr>
<tr><td>XOR</td><td>异或</td><td>x1 XOR x2</td></tr>
</table>

4. 位运算符

位运算符主要用于二进制操作数，包括按位与、按位或、按位取反、按位异或、按位左移、按位右移六个运算符。MySQL 所支持的位运算符如表 3-4 所示。

表 3-4 位运算符

<table>
<tr><th>运 算 符</th><th>作 用</th><th>表达形式</th></tr>
<tr><td>&</td><td>按位与</td><td>x1 & x2</td></tr>
<tr><td>|</td><td>按位或</td><td>x1 | x2</td></tr>
<tr><td>~</td><td>按位取反</td><td>~x1</td></tr>
<tr><td>^</td><td>按位异或</td><td>x1 ^ x2</td></tr>
<tr><td><<</td><td>按位左移</td><td>n<< x2</td></tr>
<tr><td>>></td><td>按位右移</td><td>x1 >> n</td></tr>
</table>

3.1.2 数据基本查询

任务储备

1. 查询全表数据

查询全表数据的语法规则：

```
SELECT * FROM 表名；
或 SELECT 所查询表的所有字段 FROM 表名；
```

【查询全表数据示例】查询学生成绩表 CJ 的全表数据。

```
mysql> use xscj;
Database changed
mysql> select * from cj;
```

查询结果如图 3-1 所示。

学号	课程号	成绩	学分
2020110101	101	83	2
2020110101	102	64	5
2020110101	103	58	0
2020110102	102	72	5
2020110102	103	75	4
2020110103	101	78	2
2020110104	103	54	0
2020110105	101	65	2
2020110105	105	67	4
2020110106	101	56	0
2020110106	102	57	0
2020110201	106	78	4
2020110202	106	81	4
2020110202	107	85	4
2020110203	108	61	2
2020110204	109	18	0
2020110301	110	63	4
2020110401	101	57	0
2020110401	110	84	4

19 rows in set (0.00 sec)

图 3-1 CJ 表的查询结果

2. 查询指定字段的数据

查询指定字段数据的语法规则：

```
SELECT 字段列表 FROM 表名；
```

【查询指定字段的数据示例】在 CJ 表中查询学号、课程号和成绩。

```
mysql> select 学号 , 课程号 , 成绩 from cj;
```

查询结果如图 3-2 所示。

注意：在查询指定字段时，所指定的字段在查询表中应全部包含，否则会产生查询错误。例如：

```
mysql> select 姓名 , 学号 , 课程号 , 成绩 from cj;
ERROR 1054 (42S22): Unknown column ' 姓名 ' in 'field list'
```

执行结果显示："姓名"在字段列表中是未知列。说明 CJ 表中没有"姓名"字段。

3. 避免重复查询

有时查询出的结果会产生重复数据，但用户对重复的数据并不需要，此时可以采用关键字 DISTINCT 来避免重复的查询结果。

避免重复查询的语法规则：

```
SELECT DISTINCT 列名 FROM 表名
```

【避免重复查询示例】查看 CJ 表，哪些课程已有学生选修，要求显示出已有学生选修课程的课程号。

```
mysql> select distinct 课程号 from cj;
```

查询结果如图 3-3 所示。

如果在查询时，去掉关键字 distinct：

```
mysql> select  课程号 from cj;
```

查询结果中就会产生重复记录，如图 3-4 所示。

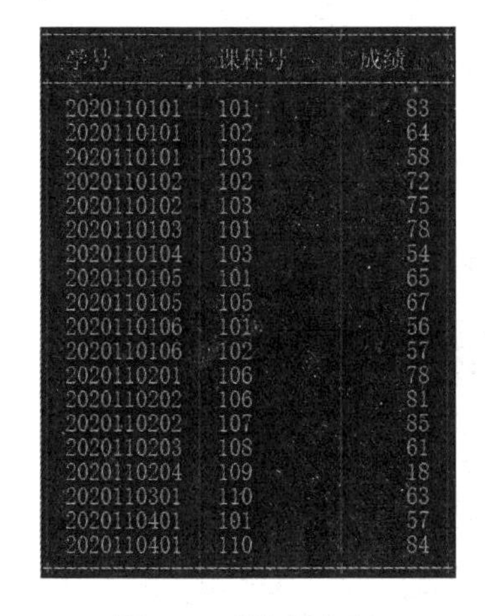

学号	课程号	成绩
2020110101	101	83
2020110101	102	64
2020110101	103	58
2020110102	102	72
2020110102	103	75
2020110103	101	78
2020110104	103	54
2020110105	101	65
2020110105	105	67
2020110106	101	56
2020110106	102	57
2020110201	106	78
2020110202	106	81
2020110202	107	85
2020110203	108	61
2020110204	109	18
2020110301	110	63
2020110401	101	57
2020110401	110	84

图 3-2 查询指定列

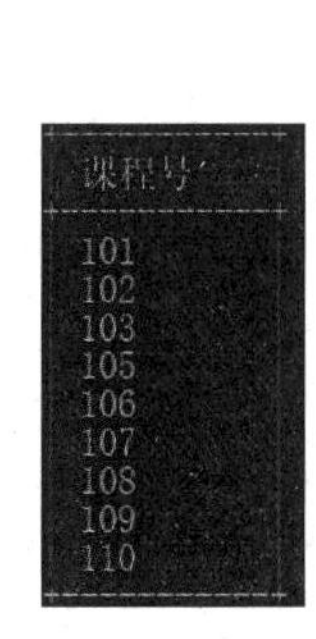

课程号
101
102
103
105
106
107
108
109
110

图 3-3 无重复记录

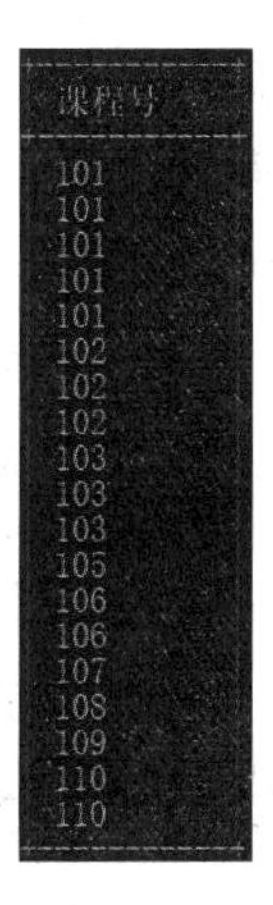

课程号
101
101
101
101
101
102
102
102
103
103
103
105
106
106
107
108
109
110
110

图 3-4 有重复记录

4. 为查询结果增加计算列

【为查询结果增加计算列示例】查询 CJ 表中的成绩信息，并要求对成绩增加两个更新列：一列是在原始成绩上加 5 分，另一列是原始成绩的 1.1 倍。

```
mysql> select 学号 , 课程号 , 成绩 , 成绩 +5, 成绩 *1.1 from CJ;
```

查询结果如图 3-5 所示。

5. 在查询结果中使用别名

在默认情况下，数据查询结果中所显示的列名就是在创建表时使用的列名，但是对于某些情况来说使用新名称会更直观，特别是对某些使用了英文列名的情况更是如此，将这个新起的列名称为列的别名。

学号	课程号	成绩	成绩+5	成绩*1.1
2020110101	101	83	88	91.3
2020110101	102	64	69	70.4
2020110101	103	58	63	63.8
2020110102	102	72	77	79.2
2020110102	103	75	80	82.5
2020110103	101	78	83	85.8
2020110104	103	54	59	59.4
2020110105	101	65	70	71.5
2020110105	105	67	72	73.7
2020110106	101	56	61	61.6
2020110106	102	57	62	62.7
2020110201	106	78	83	85.8
2020110202	106	81	86	89.1
2020110202	107	85	90	93.5
2020110203	108	61	66	67.1
2020110204	109	18	23	19.8
2020110301	110	63	68	69.3
2020110401	101	57	62	62.7
2020110401	110	84	89	92.4

图 3-5　为查询结果增加计算列

在查询结果中使用别名的语法规则：

```
SELECT 列名 1 [as] 别名 1，列名 2 [as] 别名 2，… FROM 表名
```

【使用别名示例】在上例中，把查询结果中“成绩”对应的列名改为“原成绩”，把“成绩 +5”对应的列名改为“原成绩 +5”，把“成绩 *1.1”对应的列名改为“原成绩 *1.1”。

```
mysql> SELECT 学号 , 课程号 , 成绩 原成绩 , 成绩 +5 ' 原成绩 +5', 成绩 *1.1 ' 原成绩 *1.1'
    -> FROM CJ;
```

查询结果如图 3-6 所示。

学号	课程号	原成绩	原成绩+5	原成绩*1.1
2020110101	101	83	88	91.3
2020110101	102	64	69	70.4
2020110101	103	58	63	63.8
2020110102	102	72	77	79.2
2020110102	103	75	80	82.5
2020110103	101	78	83	85.8
2020110104	103	54	59	59.4
2020110105	101	65	70	71.5
2020110105	105	67	72	73.7
2020110106	101	56	61	61.6
2020110106	102	57	62	62.7
2020110201	106	78	83	85.8
2020110202	106	81	86	89.1
2020110202	107	85	90	93.5
2020110203	108	61	66	67.1
2020110204	109	18	23	19.8
2020110301	110	63	68	69.3
2020110401	101	57	62	62.7
2020110401	110	84	89	92.4

图 3-6　使用列的别名

任务实施

【任务】在课程表 KC 中查询课程号、课程名和开课学期。

```
mysql> select 课程号 , 课程名 , 开课学期 from kc;
```

查询结果如图 3-7 所示。

课程号	课程名	开课学期
101	计算机文化基础	1
102	计算机硬件基础	1
103	程序设计基础	2
104	计算机网络	2
105	云计算基础	2
106	云操作系统	3
107	数据库	3
108	网络技术实训	3
109	云系统实施与维护	4
110	云存储与备份	4
111	云安全技术	4
112	phthonn程序设计	5
114	JAVA程序设计	5

图 3-7　查询 KC 表的数据

3.1.3　条件查询

任务储备

前面都是查询数据表中的所有记录，但在实际应用中，用户可能只要求查询满足某些条件的记录。此时需要在 SELECT 语句中加入 WHERE 子句来指定查询条件，过滤掉不符合条件的记录。

条件查询的语法规则：

```
SELECT 列名 1，列名 2，…
FROM 表名
WHERE 查询条件
```

其中，在 WHERE 子句后查询条件包括比较条件、逻辑条件、模糊条件、列表条件及空值条件等。

1. 使用比较条件查询

使用比较条件查询会用到比较运算符。

【使用比较条件查询示例 1】查询 CJ 表中成绩不及格的学生记录。

```
mysql> select * from CJ where 成绩 <60;
```

查询结果如图 3-8 所示。

学号	课程号	成绩	学分
2020110101	103	58	0
2020110104	103	54	0
2020110106	101	56	0
2020110106	102	57	0
2020110204	109	18	0
2020110401	101	57	0

图 3-8　成绩不及格的记录

【使用比较条件查询示例 2】使用比较运算符 BETWEEN AND 查询 2003 年出生的学生信息，要求显示出学号、姓名、性别、出生日期和专业名字段。

```
mysql> select 学号 , 姓名 , 性别 , 出生日期 , 专业名
    -> from xsqk
    -> where 出生日期 between '20030101' and '20031231';
```

查询结果如图 3-9 所示。

学号	姓名	性别	出生日期	专业名
2020110203	肖勇	男	2003-04-12	信息安全
2020110401	陈勇	男	2003-12-23	机器人设计

图 3-9 使用 BETWEEN AND 的查询

2. 使用逻辑条件查询

当查询的限制条件比较多时，可以使用逻辑条件进行查询，逻辑条件查询会用到比较运算符。

【使用逻辑条件查询示例 1】查询专业名为“云计算”，性别为“男”的学生信息，要求显示出学号、姓名、性别和专业名字段。

```
mysql> select 学号 , 姓名 , 性别 , 专业名
    -> from xsqk
    -> where 专业名 =' 云计算 ' and 性别 =' 男 ';
```

查询结果如图 3-10 所示。

学号	姓名	性别	专业名
2020030101	王强	男	云计算
2020050102	王真	男	云计算
2020050202	王成	男	云计算
2020110101	朱军	男	云计算
2020110103	张庆国	男	云计算
2020110104	张小博	男	云计算
2020110106	李家琪	男	云计算

图 3-10 使用逻辑条件 and 查询

【使用逻辑条件查询示例 2】在 CJ 表中查询课程号为“102”“103”“105”的学生成绩信息。

```
mysql> select * from CJ
    -> where 课程号 ='102' or 课程号 ='103'   or 课程号 ='105' ;
```

查询结果如图 3-11 所示。

学号	课程号	成绩	学分
2020110101	102	64	5
2020110102	102	72	5
2020110106	102	57	0
2020110101	103	58	0
2020110102	103	75	4
2020110104	103	54	0
2020110105	105	67	4

图 3-11 使用逻辑条件 or 查询

3. 使用模糊条件查询

模糊条件查询用于：

（1）查询条件不完全确定的情况。例如，用户想找一本关于 MySQL 数据库的教材，但又不完全清楚该教材的名称。

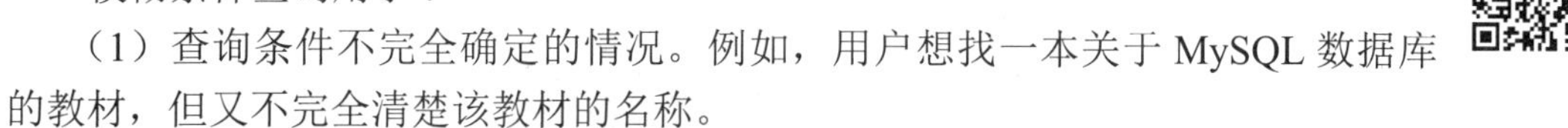

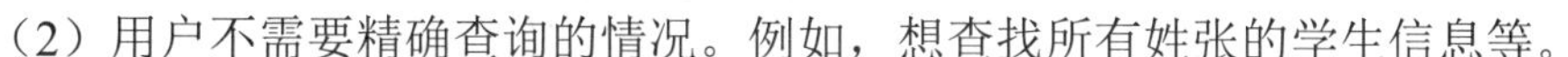

（2）用户不需要精确查询的情况。例如，想查找所有姓张的学生信息等。

为了进行模糊查询，MySQL 提供了 LIKE 关键字配合通配符来实现。其中，通配符有两个：一个是“%”，代表从 0 个到任意多个字符；另一个是“_”，代表某一个字符。另外，还可以将 LIKE 关键字结合逻辑非运算符 NOT 或！进行查询。

【使用模糊条件查询示例 1】查询课程表 KC 中课程名中包含“计算”两个字的课程信息。

```
mysql> select * from KC
    -> where 课程名 like '% 计算 %';
```

查询结果如图 3-12 所示。

课程号	课程名	授课教师	开课学期	学时	学分
101	计算机文化基础	李平	1	32	2
102	计算机硬件基础	童华	1	80	5
104	计算机网络	王可均	2	64	4
105	云计算基础	郎景成	2	64	4

图 3-12 查询课程名中包含“计算”两个字的课程信息

【使用模糊条件查询示例 2】查询 XSQK 表中所有姓“张”的学生信息，要求显示学号、姓名、性别、出生日期和专业名五列数据。

```
mysql> select 学号 , 姓名 , 性别 , 出生日期 , 专业名
    -> from XSQK
    -> where 姓名 like ' 张 %';
```

查询结果如图 3-13 所示。

学号	姓名	性别	出生日期	专业名
2020110103	张庆国	男	2001-01-09	云计算
2020110104	张小博	男	2002-04-06	云计算

图 3-13 查询所有姓“张”的学生信息

4. 使用列表条件查询

使用 BETWEEN AND 可以查询一个连续区间，对于列值取值范围不是一个连续区间的情况，在 MySQL 中提供了一个使用关键字 IN 的列表条件查询方法。

【使用列表条件查询示例】使用 IN 查询，在 CJ 表中查询课程号为“102”“105”“106”的学生成绩信息。

```
mysql> select * from cj
    -> where 课程号 in('102','105','106');
```

查询结果如图 3-14 所示。

学号	课程号	成绩	学分
2020110101	102	64	5
2020110102	102	72	5
2020110106	102	57	0
2020110105	105	67	4
2020110201	106	78	4
2020110202	106	81	4

图 3-14　使用列表条件查询

可见，IN 查询和多个 OR 运算符连接的查询可以完成相同的功能，也可以这样理解：IN 查询是 OR 运算符连接查询的一种简化。

5. 使用空值条件查询

MySQL 中提供了关键字 IS NULL 的空值查询，用来查询某字段为空值的记录，还可以使用 IS NOT NULL 查询非空值字段。

【使用空值条件查询示例】在 XSQK 表中，查询所有班委的姓名、性别、专业名。

```
mysql> select 姓名 , 性别 , 专业名 , 班委
    -> from xsqk
    -> where 备注 is not NULL;
```

查询结果如图 3-15 所示。

姓名	性别	专业名	班委
朱军	男	云计算	班长
李娟	女	网络工程	学习秀员
陈勇	男	机器人设计	生活委员

图 3-15　使用空值条件查询

如果把查询条件改为“where 备注 is NULL”，那么查询的就是非班委的学生信息。

任务实施

【实施 1】查询 XSQK 表中所有不姓“李”和“王”的学生的学号、姓名、性别、出生日期和专业名字段。

```
mysql> select 学号 , 姓名 , 性别 , 出生日期 , 专业名
    -> from XSQK
    -> where 姓名 not like '李%'   and 姓名 not like '王%';
```

查询结果如图 3-16 所示。

学号	姓名	性别	出生日期	专业名
2020110101	朱军	男	2002-10-15	云计算
2020110102	龙婷婷	女	2002-11-05	云计算
2020110103	张庆国	男	2001-01-09	云计算
2020110104	张小博	男	2002-04-06	云计算
2020110105	钟鹏香	女	2002-05-03	云计算
2020110201	曹科梅	女	2002-06-09	信息安全
2020110202	江杰	男	2001-02-06	信息安全
2020110203	肖勇	男	2003-04-12	信息安全
2020110204	周明悦	女	2002-05-18	信息安全
2020110205	蒋亚男	女	2002-04-06	信息安全
2020110302	成兰	女	2001-01-06	网络工程
2020110401	陈勇	男	2003-12-23	机器人设计
2020110404	赵真	女	2002-04-06	机器人设计

图 3-16　查询不姓“李”和“王”的学生信息

【实施2】查询 XSQK 表中在 2002 年 9 月 1 日以后出生的学生信息，要求显示出学号、姓名、性别、出生日期和专业名字段。

```
mysql> select 学号 , 姓名 , 性别 , 出生日期 , 专业名
    -> from xsqk
    -> where 出生日期 >='20020901';
```

查询结果如图 3-17 所示。

学号	姓名	性别	出生日期	专业名
2020050102	王真	男	2002-09-06	云计算
2020050202	王成	男	2002-09-06	云计算
2020110101	朱军	男	2002-10-15	云计算
2020110102	龙婷婷	女	2002-11-05	云计算
2020110203	肖勇	男	2003-04-12	信息安全
2020110303	李图	男	2002-11-25	网络工程
2020110401	陈勇	男	2003-12-23	机器人设计

图 3-17　2002 年 9 月 1 日以后出生的学生信息

【实施3】查询成绩为 60 ～ 70 分的学生信息。

```
mysql> select * from CJ
    -> where 成绩 >=60 and 成绩 <=70;
```

查询结果如图 3-18 所示。

学号	课程号	成绩	学分
2020110101	102	64	5
2020110105	101	65	2
2020110105	105	67	4
2020110203	108	61	2
2020110301	110	63	4

图 3-18　成绩为 60 ～ 70 分的学生信息

可见，在针对数值查询时，使用 AND 设置查询条件与使用 BETWEEN AND 设置查询条件的作用是相同的。

3.1.4　排序查询结果

任务储备

使用条件查询能找到符合用户需求的数据记录，但是查询出的结果在默认情况下是按最初添加到数据表中的顺序来显示的，这种显示结果的方式可能并不能满足用户的需求，比如，查询学生成绩时，需要将成绩按从低到高的顺序进行排序。

排序查询结果的语法规则：

```
SELECT 字段列表
FROM 表名
WHERE 查询条件
ORDER BY { 列名 1| 列号 [ASC | DESC ] } ,[{ 列名 2| 列号 [ASC | DESC ]}], …
```

其中：

“列名 1”“列名 2”…表示需要排序的字段；

“列号”表示该列在 SELECT 子句指定列表中的相对顺序号；

“ASC”表示对排序字段按升序进行排序（默认）；

“DESC”表示对排序字段按降序进行排序。

在关键字 ORDER BY 后，可以设置单个或多个排序字段。

1. 按单字段排序

如果在关键字 ORDER BY 后只有一个字段进行排序，则就是单字段排序。

【按单字段排序示例】查询 XSQK 表的记录，要求显示出学号、姓名、性别、出生日期和专业名，并按出生日期升序排列。

```
mysql> select 学号 , 姓名 , 性别 , 出生日期 , 专业名
    -> from XSQK
    -> order by 4;
```

查询结果如图 3-19 所示。

学号	姓名	性别	出生日期	专业名
2020030101	王强	男	1998-04-06	云计算
2020110302	成兰	女	2001-01-06	网络工程
2020110103	张庆国	男	2001-01-09	云计算
2020110202	江杰	男	2001-02-06	信息安全
2020110104	张小博	男	2002-04-06	云计算
2020110205	蒋亚男	女	2002-04-06	信息安全
2020110404	赵真	女	2002-04-06	机器人设计
2020110106	李家琪	男	2002-04-07	云计算
2020110105	钟鹏香	女	2002-05-03	云计算
2020110204	周明悦	女	2002-05-18	信息安全
2020110201	曹科梅	女	2002-06-09	信息安全
2020110301	李娟	女	2002-08-24	网络工程
2020050102	王真	男	2002-09-06	云计算
2020050202	王成	男	2002-09-06	云计算
2020110101	朱军	男	2002-10-15	云计算
2020110102	龙婷婷	女	2002-11-05	云计算
2020110303	李图	男	2002-11-25	网络工程
2020110203	肖勇	男	2003-04-12	信息安全
2020110401	陈勇	男	2003-12-23	机器人设计

图 3-19　按单字段排序示例

升序排列是系统默认的，可以不加参数 ASC；“order by 4”中的“4”指的是在所列出的字段列表“学号、姓名、性别、出生日期、专业名”中，“出生日期”排在第 4 个位置，“order by 4”等同于“order by 出生日期”。

2. 按多字段排序

当关键字 ORDER BY 子句指定了多个列时，系统按照指定列的先后顺序排序，只有当前面列中出现相同值时，才按后面列的顺序排序。

【按多字段排序示例】查询 CJ 表中的记录，并先按课程号升序排列，当课程号相同时，再按成绩降序排列。

```
mysql> select * from CJ
    -> order by 课程号 , 成绩 desc;
```

查询结果如图 3-20 所示。

学号	课程号	成绩	学分
2020110101	101	83	2
2020110103	101	78	2
2020110105	101	65	2
2020110401	101	57	0
2020110106	101	56	0
2020110102	102	72	5
2020110101	102	64	5
2020110106	102	57	0
2020110102	103	75	4
2020110101	103	58	0
2020110104	103	54	0
2020110105	105	67	4
2020110202	106	81	4
2020110201	106	78	4
2020110202	107	85	4
2020110203	108	61	2
2020110204	109	18	0
2020110401	110	84	4
2020110301	110	63	4

图 3-20 按多字段排序示例

任务实施

【实施 1】在 CJ 表中查询选修了课程号为“101”的记录，要求按成绩进行降序排列。

```
mysql> select * from CJ
    -> where 课程号 ='101'
    -> order by 成绩 desc;
```

查询结果如图 3-21 所示。

学号	课程号	成绩	学分
2020110101	101	83	2
2020110103	101	78	2
2020110105	101	65	2
2020110401	101	57	0
2020110106	101	56	0

图 3-21 实施 1 的查询结果

【实施 2】查询不在 2002 年出生的学生信息，要求显示出学号、姓名、性别、出生日期和专业名字段。

```
mysql> select 学号 , 姓名 , 性别 , 出生日期 , 专业名
    -> from xsqk
    -> where 出生日期 not between '20020101' and '20021231';
```

查询结果如图 3-22 所示。

学号	姓名	性别	出生日期	专业名
2020030101	王强	男	1998-04-06	云计算
2020110103	张庆国	男	2001-01-09	云计算
2020110202	江杰	男	2001-02-06	信息安全
2020110203	肖勇	男	2003-04-12	信息安全
2020110302	成兰	女	2001-01-06	网络工程
2020110401	陈勇	男	2003-12-23	机器人设计

图 3-22 实施 2 的查询结果

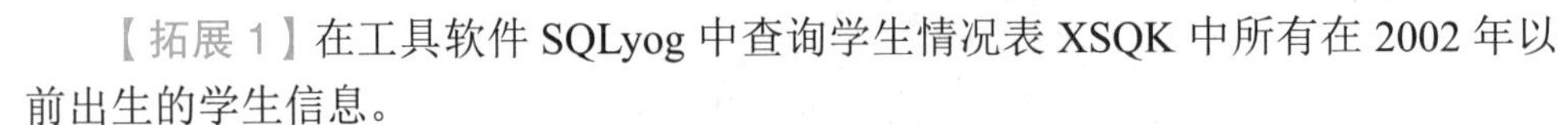

任务拓展

【拓展 1】在工具软件 SQLyog 中查询学生情况表 XSQK 中所有在 2002 年以前出生的学生信息。

操作步骤：

（1）单击“对象浏览器”窗口中的数据库“XSCJ”选项，表示指定当前数据库为 XSCJ（或者在右边的“询问”窗口中输入“USE XSCJ”）；

（2）在“询问”窗口中输入查询语句：

```
SELECT * FROM xsqk
WHERE 出生日期 <'20020101'
```

最后单击按钮（也可以按快捷键 F9）进行查询，如图 3-23 所示。

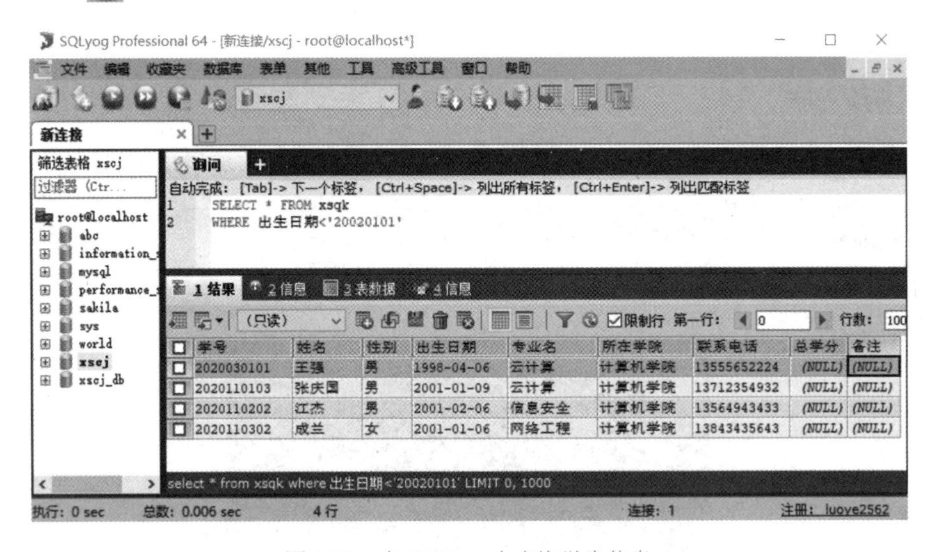

图 3-23 在 SQLyog 中查询学生信息

从图 3-23 可见，除在 MySQL 提供的 Command Line Client 方式中使用 SQL 语句查询数据以外，还可以在图形工具软件中更直观、更快速地使用 SQL 语句学习数据查询。因此，在学习阶段用工具软件 SQLyog 来练习查询非常方便。

【拓展 2】在工具软件 SQLyog 中，查询 XSQK 表中所有电话号码中第 2、3 位是“3”“8”的学生信息。

操作步骤与【拓展 1】相同，都要先指定当前数据库为 XSCJ，然后在“询问”窗口中输入查询语句：

```
SELECT * FROM xsqk
WHERE 联系电话 LIKE '_38%'
```

最后单击按钮，如图 3-24 所示。

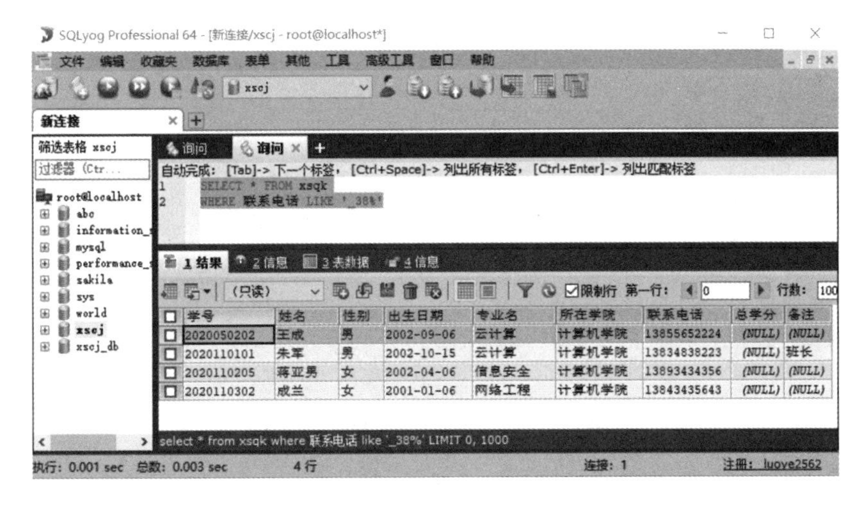

图 3-24　查询电话号码中第 2、3 位是“3”“8”的学生信息

任务小结

在本任务中，完成简单的数据查询，包括：

➢ 使用 SELECT * FROM 查询全表数据。

➢ SELECT 字段列表 FROM 查询指定字段数据。

➢ 为查询结果使用别名。

➢ 使用 WHERE 子句进行各种条件查询。

➢ 使用 order by 子句对查询结果进行排序。

课堂实训

【实训目的】

掌握使用 SQL 命令实现简单的数据查询。

【实训内容】

在学生成绩管理系统数据库 XSCJ 中，完成以下基本查询练习。

1．在 CJ 表中，查询成绩在 80 分以上的学生成绩信息。

```
mysql> select * from CJ where 成绩 >=80;
```

2．在 KC 表中，查询课程号为“101”的授课教师。

```
mysql> select 授课教师 from KC where 课程号 ='101';
```

3．在 XSQK 表中，查询网络工程专业的学生姓名和联系电话。

```
mysql> select 姓名 , 联系电话 from XSQK where 专业名 =' 网络工程 ';
```

4．在 xs_kc 表中，查询所有不及格学生的学号、课程号和成绩信息。

```
mysql> select 学号 , 课程号 , 成绩 from CJ where 成绩 <60;
```

思考与练习

一、填空题

1．常用的运算符分为 ________、比较运算符、逻辑运算符和位运算符 4 种。

2．求模运算符有 % 和 ________。

3．在 SQLyog 中，单击“对象浏览器”窗口中的数据库 XSCJ 相当于在“询问”窗口中输入 ________。

4．如果在查询中提示“ERROR 1054 (42S22): Unknown column '姓名' in 'field list'”说明在数据表中没有 ________ 列。

5．有时查询出的结果会产生重复数据，但用户对重复数据并不需要，此时可以采用关键字 ________ 来避免重复的查询结果。

二、选择题

1．查询所有姓“李”的学生基本信息，下列 SQL 语句正确的是（　　）。

A．select * from xsqk where 姓名 =' 李 '

B．select * from xsqk where 姓名 =' 李 %'

C．select * from xsqk where 姓名 like ' 李 %'

D．select * from xsqk where 姓名 like ' 李 _'

2．查询所有男生的信息，下列 SQL 语句正确的是（　　）。

A．select * from xsqk where 性别 = 男　　B．select * from kc where 性别 = “男”

C．select * from xsqk where 性别 =' 男 '　　D．select * from xs_kc where 性别 =' 男 '

3．查询所有成绩大于 80 分或小于 60 分的学生学号和成绩，下列 SQL 语句正确的是（　　）。

A．select 学号 , 成绩 from xs_kc where 成绩 >80 and 成绩 <60

B．select 学号 , 成绩 from xs_kc where 成绩 >80 or 成绩 <60

C．select 学号 , 成绩 from xs_kc where 成绩 <80 or 成绩 >60

D．select 学号 , 成绩 from xs_kc where 60< 成绩 <80

4．查询所有班委的学生信息，下列 SQL 语句正确的是（　　）。

A．select * from xsqk where 备注 = NULL not

B．select * from xsqk where 备注 is not NULL

C．select * from xsqk where 备注 = not NULL

D．select * from xsqk where 备注 not is NULL

三、写出以下数据查询 SQL 语句

1．在 xsqk 表中，查询在 1998 年以后出生的学生姓名和专业名。

2．在 xsqk 表中，查询所有姓李和姓张的学生信息。

3．在 xsqk 表中，查询电话号码最后一位是 2 的学生信息。

4．在 kc 表中，查询在第 1、2、3 学期开课的课程信息。

5．在 xs_kc 表中，查询成绩在 60 分至 80 分的学生信息。

任务2 统计汇总数据查询

任务描述

在对学生成绩管理系统数据库的使用过程中，往往需要向用户提供各种汇总计算的数据结果，例如，要查询学生的平均成绩、最高成绩、最低成绩、总成绩、男生和女生的人数、各专业的人数等。为此团队需要在对数据库的开发中向用户提供更为复杂的数据查询功能。

任务分析

在数据的简单查询中，查询结果都是数据表的原始数据，但在实际应用中，可能需要得到对原数据表中数据进行汇总计算的结果。开发团队需要用到以下查询功能。

✧ 使用聚合函数查询。
✧ 分类汇总查询。
✧ 多表查询。
✧ 子查询。
✧ 组合查询。

3.2.1 使用聚合函数查询

知识储备

聚合函数可以对一组值进行计算，并返回一个值，常用的聚合函数包括 SUM、AVG、MAX、MIN、COUNT 等。

语法规则：

```
SELECT 聚合函数（列名）
    FROM 表名
    [WHERE  条件 ]
```

其中，“聚合函数”指的是 SUM、COUNT、AVG、MAX、MIN 中的一个，“列名”是被计算列的名称。

1. SUM 函数

SUM 函数用于返回指定列之和，或符合特定条件的指定列之和。

【SUM 函数示例】计算 CJ 表中成绩列的总和，并将查询结果中的列名设为“总成绩”。

```
mysql> select sum( 成绩 ) 总成绩
    -> from CJ;
```

查询结果如图 3-25 所示。

图 3-25 成绩列的总和

2. COUNT 函数

COUNT 函数用来实现统计数据记录的条数，有以下两种使用方式。

（1）COUNT(*) 方式：用于实现对表中记录进行统计，不管表字段中包含的是 NULL 值还是非 NULL 值。

（2）COUNT(字段名) 方式：用于实现对指定字段的记录进行统计，并忽略 NULL 值。

【COUNT 函数示例 1】统计 KC 表中的课程数量。

```
mysql> select count(*) 课程数量
    -> from KC;
```

查询结果如图 3-26 所示。

【COUNT 函数示例 2】统计 XSQK 表中班委的人数。

```
mysql> select count( 备注 ) 班委人数
    -> from XSQK;
```

查询结果如图 3-27 所示。

课程数量
13

图 3-26　统计 KC 表中的课程数量

班委人数
3

图 3-27　统计 XSQK 表中班委的人数

在本例中，使用的是 COUNT(字段名) 方式，统计了备注为非空（就是班委）的数量。

当在 SELECT 语句中使用了 WHERE 子句时，COUNT 函数可返回指定条件的数据记录行数。这里要求计算出男生人数，可以使用“COUNT(学号)”，因为学号列是 XSQK 表的主键，能唯一标识每一条记录。

3. AVG 函数

AVG 函数用于计算指定字段的平均值或符合条件的指定字段的平均值，在计算时可以忽略值为 NULL 的记录，而不能忽略值为 0 的记录。

【AVG 函数示例】计算 CJ 表中学号为“2020110101”的平均成绩。

```
mysql> select avg( 成绩 ) 平均成绩
    -> from CJ
    -> where 学号 ='2020110101';
```

查询结果如图 3-28 所示。

如果需要计算有非 0 成绩的平均分，可以把查询条件改为：“where 学号 ='2020110101' and not 成绩 =0”即可。

平均成绩
68.3333

图 3-28　求平均成绩

4. MAX 函数

MAX 函数可以返回指定字段的最大值或符合条件的指定字段的最大值。

【MAX 函数示例】查询 CJ 表中课程号为“101”的学生最好成绩。

```
mysql> select max( 成绩 ) 最好成绩
    -> from CJ
    -> where 课程号 ='101';
```

查询结果如图 3-29 所示。

5. MIN 函数

MIN 函数可以返回指定字段的最小值或符合条件的指定字段的最小值。

【MIN 函数示例】查询 CJ 表中课程号为“101”的学生最低成绩。

```
mysql> select min( 成绩 ) 最低成绩
    -> from CJ
    -> where 课程号 ='101';
```

查询结果如图 3-30 所示。

图 3-29 查询最好成绩

图 3-30 查询最低成绩

任务实施

【实施 1】计算 CJ 表中学号为 2020110101 的学生所选课程的成绩总和，并将查询结果中的列名设为“学号为 2020110101 总成绩”。

```
mysql> select sum( 成绩 ) 学号为 2020110101 总成绩
    -> from CJ
    -> where 学号 ='2020110101';
```

查询结果如图 3-31 所示。

【实施 2】统计 XSQK 表中男生的人数。

```
mysql> select count(*) 男生人数
    -> from XSQK
    -> where 性别 =' 男 ';
```

查询结果如图 3-32 所示。

图 3-31 指定学号的成绩总和

图 3-32 统计 XSQK 表中男生的人数

3.2.2 分类汇总查询

任务储备

一个聚合函数只能返回一个汇总数据，但在实际应用中，用户需要得到不同类别的汇总数据，MySQL 中提供了分类汇总查询方法，可以按指定的列将数据分成多个类别，然后按类别进行汇总。按实现的查询功能不同，可分为简单分类查询、统计功能分类查询、多字段分类查询和采用 HAVING 子句的分类查询。

1. 简单分类查询

简单分类查询语法规则：

```
SELECT 字段列表 FROM 表名 WHERE 条件
GROUP BY 列名 1[,…n]
```

GROUP BY 子句是分类的依据，按指定列名来对数据记录进行分类。

【简单分类查询示例】在 CJ 表中，查看选修了某门课程的学生人数。

```
mysql> select 课程号 ,count(*) 选修人数
    -> from CJ
    -> group by 课程号 ;
```

课程号	选修人数
101	5
102	3
103	3
105	1
106	2
107	1
108	1
109	1
110	2

图 3-33　查看课程的选修情况

查询结果如图 3-33 所示。

注意：在使用关键字 GROUP BY 进行分类时，如果所分类的字段没有重复值，则会显示整个表中的每一条记录，这样的分类查询与没有使用分类查询的结果是一样的，没有实际意义。例如，在 XSQK 表中，按学号进行分类查询，由于学号没有重复值，所以查询结果与没有使用分类查询的结果是一样的。

2. 统计功能分类查询

将分类汇总查询与统计函数一起使用，可以实现统计功能的分类查询。

统计功能分类查询语法规则：

```
SELECT GROUP_CONCAT( 列名 )  FROM 表名 WHERE 条件
GROUP BY 列名 1[,…n];
```

其中，GROUP_CONCAT() 函数可以显示出每个分组中指定的字段值。

【统计功能分类查询示例】查询 CJ 表，按课程号进行分类，并显示出选修该课程的学生学号及人数。

```
mysql> select 课程号 ,group_concat( 学号 ) 学号 ,count(*) 选修人数
    -> from CJ
    -> group by 课程号 ;
```

查询结果如图 3-34 所示。

课程号	学号	选修人数
101	2020110101, 2020110103, 2020110105, 2020110106, 2020110401	5
102	2020110101, 2020110102, 2020110106	3
103	2020110101, 2020110102, 2020110104	3
105	2020110105	1
106	2020110201, 2020110202	2
107	2020110202	1
108	2020110203	1
109	2020110204	1
110	2020110301, 2020110401	2

图 3-34　按课程号进行分类并显示出选修该课程的学生学号和人数

3. 多字段分类查询

在 MySQL 中进行分类查询时，除可以对一个字段进行分类查询外，还可以对多个字段

进行分类查询。

多字段分类查询语法规则：

```
SELECT 字段列表 FROM 表名
WHERE 条件
GROUP BY 列名 1，列名 2，…;
```

在 GROUP BY 子句中，按照列出列名的先后次序进行分类。

【多字段分类查询示例】查询 XSQK 表，显示选修了各门课程的男女生人数。

```
mysql> SELECT 课程号 , 性别 ,COUNT(*) 人数
    -> FROM xsqk,cj
    -> WHERE xsqk. 学 `=cj. 学号
    -> GROUP BY 课程号 , 性别 ;
```

查询结果如图 3-35 所示。

4. 采用 HAVING 子句的分类查询

采用 HAVING 子句的分类查询语法规则：

```
SELECT 字段列表 FROM 表名
WHERE 条件
GROUP BY 列名 1，列名 2，…;
HAVING 条件；
```

其中，HAVING 子句后的条件是对分类数据记录的限定条件。

【采用 HAVING 子句的分类查询示例】在 CJ 表中统计平均成绩大于等于 60 分的课程号，要求显示出该课程的平均成绩并统计出相应人数。

```
mysql> select 课程号 ,avg( 成绩 ) 平均成绩 ,count( 学号 ) 人数
    -> from CJ
    -> group by 课程号
    -> having avg( 成绩 )>=60;
```

查询结果如图 3-36 所示。

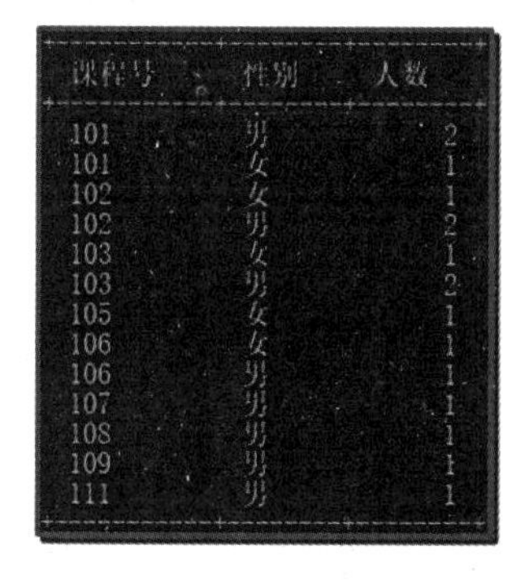

课程号	性别	人数
101	男	2
101	女	1
102	女	1
102	男	2
103	女	1
103	男	2
105	女	1
106	女	1
106	男	1
107	男	1
108	男	1
109	男	1
111	男	1

图 3-35　多字段分类查询

课程号	平均成绩	人数
101	67.8000	5
102	64.3333	3
103	62.3333	3
105	67.0000	1
106	79.5000	2
107	85.0000	1
108	61.0000	1
110	73.5000	2

图 3-36 采用 HAVING 子句的分类查询

在 MySQL 中 HAVING 子句与 WHERE 都是设定条件筛选的语句，它们的区别是：

（1）WHERE 子句用于对分组前的数据进行筛选，HAVING 子句可以对分组后的数据进行筛选。

（2）WHERE 子句后面不可以使用聚合函数作为筛选条件，HAVING 子句后面可以使用

聚合函数作为筛选条件。

（3）在分类汇总查询中，如果既有 WHERE 子句，也有 HAVING 子句，则 WHERE 子句用于 GROUP BY 子句之前，HAVING 子句用于 GROUP BY 子句之后。

任务实施

【实施】在 XSQK 表中查询不同性别的学生在各专业中的人数，要求显示的列有姓名、性别、专业名和相应人数。

```
mysql> select group_concat( 姓名 ) 姓名 , 性别 , 专业名 ,count( 姓名 ) 人数
    -> from xsqk
    -> group by 性别 , 专业名 ;
```

查询结果如图 3-37 所示。

姓名	性别	专业名	人数
龙婷婷, 钟鹏香	女	云计算	2
曹科梅, 周明悦, 蒋亚男	女	信息安全	3
赵真	女	机器人设计	1
李娟, 成兰	女	网络工程	2
王强, 王真, 王成, 朱军, 张庆国, 张小博, 李家琪	男	云计算	7
江杰, 肖勇	男	信息安全	2
陈勇	男	机器人设计	1
李图	男	网络工程	1

图 3-37　结合统计函数的多字段分类查询

3.2.3　多表查询

任务储备

在实际应用中，数据查询往往在一个表中是无法完成的，需要涉及多个表才能实现需要的查询功能，比较常见的是通过两个表之间的主 / 外键关系进行连接。

连接查询通过多个表之间的公共列进行关联来查询数据，分为交叉连接、内连接和外连接三种。

1. 交叉连接

交叉连接就是两个对表做笛卡儿积，其语法格式为：

```
SELECT 字段列表 FROM 表名 1 CROSS JOIN 表名 2
或 SELECT 字段列表 FROM 表名 1，表名 2
```

交叉连接得到的结果集的行数是两个表的行数的乘积，也就是返回第一个表中符合查询条件的数据行数乘以第二个表中符合查询条件的数据行数。

【交叉连接示例】在学生成绩管理系统中，查看学生所有可能的选课情况。

分析　要查看所有可能的选课情况，就是让每个学生去对应每一门课程，这就需要用到交叉连接，查询语句如下：

```
mysql> select 学号 , 姓名 , 课程号 , 课程名
    -> from XSQK,KC;
```

查询结果如图 3-38 所示（部分结果）。

学号	姓名	课程号	课程名
2020030101	王强	101	计算机文化基础
2020030101	王强	102	计算机硬件基础
2020030101	王强	103	程序设计基础
2020030101	王强	104	计算机网络
2020030101	王强	105	云计算基础
2020030101	王强	106	云操作系统
2020030101	王强	107	数据库
2020030101	王强	108	网络技术实训
2020030101	王强	109	云系统实施与维护
2020030101	王强	110	云存储与备份
2020030101	王强	111	云安全技术
2020030101	王强	112	phthonn程序设计
2020030101	王强	114	JAVA程序设计
2020050102	王真	101	计算机文化基础
2020050102	王真	102	计算机硬件基础
2020050102	王真	103	程序设计基础
2020050102	王真	104	计算机网络

图 3-38　交叉连接查询的部分结果

在这里，学生情况表 XSQK 中有 19 个学生，在课程表 KC 中有 13 门课程，那么 KC 表和 CJ 表交叉连接的结果就有 19×13 = 247 条数据。

可见，交叉连接的结果就是两个表中所有数据的组合，在实际应用中这种业务需求是很少见的，一般不会使用交叉连接，而是使用带有条件的内连接查询和外连接查询。

2. 内连接

内连接又称简单连接或自然连接。内连接是将多个表中的共享列值进行比较，然后把多个表中满足连接条件的记录横向连接起来作为查询结果，也就是说，在内连接查询中，只有满足条件的记录才能出现在查询结果中。

内连接的语法分为显示内连接和隐式内连接，这两种连接获得的查询结果是一样的。

显示内连接语法格式：

```
SELECT 字段列表 FROM 表 1 [INNER] JOIN 表 2 ON 条件 ;
```

隐式内连接语法格式：

```
SELECT 字段列表 FROM 表 1, 表 2 WHERE 条件 ;
```

内连接又分为等值连接、不等值连接和自连接。

（1）等值连接：在关键字 WHERE 后的匹配条件中，利用关系符“=”使得两个表中相同字段的值相等作为连接条件。等值连接在连接查询中使用最为广泛。

（2）不等值连接：在关键字 WHERE 后的匹配条件中，利用除关系符“=”之外的比较运算符比较两个表中相同字段的值作为连接条件。不等值连接一般很少使用。

（3）自连接：一种特殊的等值连接，即指表与其自身进行连接。自连接一般很少使用。

【等值连接示例】查询不及格学生的学号、姓名、课程号和成绩信息。

```
mysql> select xsqk. 学号 , 姓名 , 课程号 , 成绩
    -> from xsqk,cj
    -> where xsqk. 学号 =cj. 学号 and 成绩 <60;
```

查询结果如图 3-39 所示。

学号	姓名	课程号	成绩
2020110101	朱军	103	58
2020110104	张小博	103	54
2020110106	李家琪	101	56
2020110106	李家琪	102	57
2020110204	周明悦	109	18
2020110401	陈勇	101	57

图 3-39　等值连接查询结果

分析　由于在 XSCJ 数据库中 XSQK 表、KC 表和 CJ 表不能独自提供示例要求查询所有列，因此在查询之前需要确定以下内容。

（1）需要查询的字段来自哪些表？本例中，学号、姓名来自 XSQK 表，学号、课程号、成绩来自 CJ 表。

（2）这些表之间是如何关联的？本例中，XSQK 表和 CJ 表可通过共享列“学号”进行关联。

（3）查询条件是什么？本例中，查询条件是两个表的共享列“学号”相等，通过共享列来确保查询结果的每一条记录都是针对同一个学生的，另一个查询条件是“成绩 <60”。

注意：当引用的列存在于多个表中时，必须用“表名 . 列名”的形式明确要显示的是哪个表的字段，如本例中的学号列，需要在前面加上表名。

上述语句采用的是隐式内连接语法格式，也可以采用显示内连接语法格式：

```
mysql> select xsqk. 学号 , 姓名 , 课程号 , 成绩
    -> from xsqk inner join cj
    -> on xsqk. 学号 =cj. 学号
    -> where 成绩 <60;
```

二者完成的功能完全一样。

【自连接与不等值连接示例】查询 CJ 表，要求在同一行上显示出每个学生两门课程的课程号和成绩。

分析　按一般查询方式，只能在一行上显示出一个课程号和成绩，只有用到自连接查询才能显示出两门课程的课程号和成绩。同时，还需要用到不等值连接，否则会产生大量冗余结果，查询语句如下：

```
mysql> select A. 学号 ,A. 课程号 ,A. 成绩 ,B. 课程号 ,B. 成绩
    -> from CJ A,CJ B
    -> where A. 学号 =B. 学号 and A. 课程号 <B. 课程号 ;
```

查询结果如图 3-40 所示。

学号	课程号	成绩	课程号	成绩
2020110101	101	83	102	64
2020110101	101	83	103	58
2020110101	102	64	103	58
2020110102	102	72	103	75
2020110105	101	65	105	67
2020110106	101	56	102	57
2020110202	106	81	107	85
2020110401	101	57	110	84

图 3-40　自连接与不等值连接查询结果

采用显示内连接语法格式：

```
mysql> select A. 学号 ,A. 课程号 ,A. 成绩 ,B. 课程号 ,B. 成绩
    -> from CJ A inner join CJ B
    -> on A. 学号 =B. 学号 and A. 课程号 <B. 课程号 ;
```

说明　在自连接与不等值连接示例中，使用了表别名，表别名主要用于相关子查询及连接查询中，若 FROM 子句中指定了表别名，则该查询语句中的其他子句都必须使用表别名来代替原始的表名。当同一个表在查询语句中多次被使用到时，就需要使用别名来加以区分，如本示例中的自连接查询。

定义表别名的 FROM 子句语法格式：

```
FROM 表名 1 [AS] 别名 1[, 表名 2 [AS] 别名 2]…
```

其中，如果表名 1 与表名 2 相同，则采用自连接查询；如果表名 1 与表名 2 不同，则采用多表连接查询。

3. 外连接

通过内连接查询的结果是相关表中满足连接条件的行，但在有些情况下，使用内连接会产生查询不完整的情况。这就需要使用外连接查询。通过外连接查询可以把不匹配的记录也全部找出来。根据对表的限制情况，外连接可分为左外连接和右外连接。

（1）左外连接：在查询结果中，除匹配行外，还包括左表中有的但在右表中不匹配的行，这样的行在右表的列值中显示为 NULL。

（2）右外连接：在查询结果中，除匹配行外，还包括右表中有的但在左表中不匹配的行，这样的行在左表的列值中显示为 NULL。

外连接查询语法格式：

```
SELECT 字段列表 FROM 表 1　LEFT/RIGHT [OUTER] JOIN 表 2　ON 条件 ;
```

其中，用于两个表连接的关键字是 LEFT/RIGHT [OUTER] JOIN，如果用 LEFT，则表示左外连接；如果用 RIGHT，则表示右外连接。

【左外连接示例】在学生成绩管理系统中，查看哪些学生选修了课程及取得的成绩，同时查看哪些学生还没有选修课程。

```
mysql> select xsqk. 学号 , 姓名 , 课程号 , 成绩
    -> from xsqk left join cj
    -> on xsqk. 学号 =cj. 学号 ;
```

查询结果如图 3-41 所示。

学号	姓名	课程号	成绩
2020030101	王强	NULL	NULL
2020050102	王真	NULL	NULL
2020050202	王成	NULL	NULL
2020110101	朱军	101	83
2020110101	朱军	102	64
2020110101	朱军	103	58
2020110102	龙婷婷	102	72
2020110102	龙婷婷	103	75
2020110103	张庆国	101	78
2020110104	张小博	103	54
2020110105	钟鹏香	101	65
2020110105	钟鹏香	105	67
2020110106	李家琪	101	56
2020110106	李家琪	102	57
2020110201	曹科梅	106	78
2020110202	江杰	106	81
2020110202	江杰	107	85
2020110203	肖勇	108	61
2020110204	周明悦	109	18
2020110205	蒋亚男	NULL	NULL
2020110301	李娟	110	63
2020110302	成兰	NULL	NULL
2020110303	李图	NULL	NULL
2020110401	陈勇	101	57
2020110401	陈勇	110	84
2020110404	赵真	NULL	NULL

26 rows in set (0.00 sec)

图 3-41　左外连接查询结果

从图 3-41 可见，通过左外连接查询，既查看了学生选课后取得的成绩情况，又查看了有哪些学生还没有选课的情况，如果没有选修课程，则该学生的课程号和成绩都显示为 NULL，这是内连接查询所不能实现的。

【右外连接示例】在学生成绩管理系统中，要查看学校所开设课程及哪些课程已有学生选修，并查

看这些学生的学号、课程号和成绩，同时还要查看哪些课程还没有学生选修，并查看这些课程的课程号和课程名。

```
mysql> select kc. 课程号 开设课程号 , 课程名 , 学号 ,cj. 课程号 已选修课程号 , 成绩
    -> from cj right join kc
    -> on cj. 课程号 =kc. 课程号 ;
```

查询结果如图 3-42 所示。

开设课程号	课程名	学号	已选修课程号	成绩
101	计算机文化基础	2020110101	101	83
101	计算机文化基础	2020110103	101	78
101	计算机文化基础	2020110105	101	65
101	计算机文化基础	2020110106	101	56
101	计算机文化基础	2020110401	101	57
102	计算机硬件基础	2020110101	102	64
102	计算机硬件基础	2020110102	102	72
102	计算机硬件基础	2020110106	102	57
103	程序设计基础	2020110101	103	58
103	程序设计基础	2020110102	103	75
103	程序设计基础	2020110104	103	54
104	计算机网络	NULL	NULL	NULL
105	云计算基础	2020110105	105	67
106	云操作系统	2020110201	106	78
106	云操作系统	2020110202	106	81
107	数据库	2020110202	107	85
108	网络技术实训	2020110203	108	61
109	云系统实施与维护	2020110204	109	18
110	云存储与备份	2020110301	110	63
110	云存储与备份	2020110401	110	84
111	云安全技术	NULL	NULL	NULL
112	phthonn程序设计	NULL	NULL	NULL
114	JAVA程序设计	NULL	NULL	NULL

图 3-42　右外连接查询结果

由以上两示例可见，左外连接查询和右外连接查询的区别如下。

一是语法不同，左外连接查询用关键字 LEFT，右外连接查询用关键字 RIGHT。

二是参照的表不同，左外连接以左表为参照显示所有数据；右外连接以右表为参照显示所有数据。

任务实施

【实施】查询不及格学生的学号、姓名、课程号、授课教师和成绩信息。

分析　由于 XSCJ 数据库中的 xsqk 表、kc 表和 xs_kc 表都不能独自提供本例要求查询的所有列，因此在查询之前需要确定以下内容。

需要查询字段来自哪些表？本任务中，学号、姓名来自 xsqk 表，学号、课程号、成绩来自 cj 表，授课教师来自 kc 表。

这些表之间是如何关联的？本任务中，xsqk 表和 cj 表可通过共享列“学号”进行关联。

最后再确定查询条件：本任务中，查询条件是 xsqk 表和 cj 表的共享列“学号”相等，这样才能确保查询结果的每一条记录都是针对同一个学生的，另一个条件是“成绩 <60”。

```
mysql> select xsqk. 学号 , 姓名 ,kc. 课程号 , 授课教师 , 成绩
    -> from xsqk,cj,kc
    -> where xsqk. 学号 =cj. 学号 and kc. 课程号 =cj. 课程号 and 成绩 <60;
```

查询结果如图 3-43 所示。

学号	姓名	课程号	授课教师	成绩
2020110101	朱军	103	王印	58
2020110104	张小博	103	王印	54
2020110106	李家琪	101	李平	56
2020110106	李家琪	102	童华	57
2020110204	周明悦	109	唐成林	18
2020110401	陈勇	101	李平	57

图 3-43 三个表的等值连接查询结果

也可以采用显示内连接语法格式实现三个表连接：

```
mysql> select xsqk. 学号 , 姓名 ,kc. 课程号 , 授课教师 , 成绩
    -> from xsqk inner join cj on xsqk. 学号 =cj. 学号
    -> inner join kc on kc. 课程号 =cj. 课程号
    -> where 成绩 <60;
```

3.2.4 子查询

知识储备

1. 什么是子查询

子查询是指在一个 SELECT 语句中再包含一个 SELECT 语句，外层的 SELECT 语句称为外部查询，内层的 SELECT 语句称为内部查询或子查询。

子查询被包含在 WHERE 子句中作为条件，在执行时通常先执行子查询的 SQL 语句得到查询结果，再将其结果作为条件完成查询操作。子查询用于在进行数据查询时，需要通过多条查询语句才能得到查询结果，并且这些查询语句之间有依赖关系的情况。其中，被依赖的查询语句就是子查询语句。”

2. 不同运算符与子查询结合使用

子查询通常与比较运算符、列表运算符 IN、存在运算符 EXISTS 和匹配运算符 ANY（SOME）等一起构成查询条件。

（一）使用比较运算符的子查询

【使用比较运算符的子查询示例】查询平均成绩及格学生的学号、姓名。

```
mysql> select 学号 , 姓名
    -> from xsqk
    -> where(select avg( 成绩 ) from cj where xsqk. 学号 =cj. 学号 )>=60;
```

查询结果如图 3-44 所示。

学号	姓名
2020110101	朱军
2020110102	龙婷婷
2020110103	张庆国
2020110105	钟鹏香
2020110201	曹科梅
2020110202	江杰
2020110203	肖勇
2020110301	李娟
2020110401	陈勇

图 3-44 使用比较运算符的子查询结果

注意：在该子查询中，每次执行只能返回单列单个值。如果在 WHERE 子句中，则改为“where (select 成绩 from xs_kc where xsqk. 学号 =xs_kc. 学号)<60;”会提示：“ERROR 1242 (21000): Subquery returns more than 1 row”，说明子查询返回值超过一行出错。

（二）使用列表运算符 IN 的子查询

当主查询条件在子查询的结果中时，就可以通过

关键字 IN 来进行子查询，否则，用 NOT IN 来进行子查询。

【使用 IN 的子查询示例】在 KC 表中查询课程号、课程名、授课教师、开课学期和学时，要求查询的课程必须已有学生选修。

分析 要求有学生选修，就是指课程号必须要在 CJ 表中存在。因此子查询需要在 CJ 表中查询课程号，主查询的课程号包含在子查询中。

```
mysql> select 课程号 , 课程名 , 授课教师 , 开课学期 , 学时
    -> from kc
    -> where 课程号 in(
    -> select 课程号 from cj);
```

查询结果如图 3-45 所示。

课程号	课程名	授课教师	开课学期	学时
101	计算机文化基础	李平	1	32
102	计算机硬件基础	童华	1	80
103	程序设计基础	王印	2	64
105	云计算基础	郎景成	2	64
106	云操作系统	李月	3	64
107	数据库	陈一波	3	64
108	网络技术实训	张成本	3	40
109	云系统实施与维护	唐成林	4	64
110	云存储与备份	路一业	4	64

图 3-45　使用 IN 的子查询结果

（三）使用匹配运算符 ANY 的子查询

在 ANY 子查询的查询结果中只要有一行数据能使结果为真，则主查询 WHERE 子句的查询条件就为真。

ANY 子查询有三种方式：=ANY、>ANY(>=ANY) 和 <ANY(<=ANY)。其中，=ANY 的功能和 IN 子查询一样；>ANY(>=ANY) 表示比子查询中返回的数据记录中的最小值要大（或相等）的记录；<ANY(<=ANY) 表示比子查询中返回的数据记录中的最大值要小（或相等）的记录。

【使用 ANY 的子查询示例】查询 CJ 表中成绩高于课程号为 103 的任意一个学生的成绩。

分析 在 CJ 表中，课程号为 103 的成绩有三个，分别为 58 分、75 分、54 分。本例的要求是查询比最低分（54 分）高的记录信息。

```
mysql> select *
    -> from cj
    -> where 成绩 >any (select 成绩 from cj where 课程号 ='103');
```

查询结果如图 3-46 所示。

（四）使用 ALL 的子查询

ALL 子查询要求在子查询中产生的结果全部满足比较关系时，主查询 WHERE 子句的查询条件才为真。

ANY 子查询有两种方式：>ALL(>=ALL) 和 <ALL(<=ALL)。其中，>ANY(>=ANY) 表示比子查询中返回的数据记录中的最大值要大（或相等）的记录；<ANY(<=ANY) 表示比子查询中返回的数据记录中的最小值要小（或相等）的记录。

【使用 ALL 的子查询示例】查询 CJ 表中的记录，要求这些记录的成绩高于课程号为

103 的所有学生的成绩。

分析 在 CJ 表中，课程号为 103 的成绩有三个，分别为 58 分、75 分、54 分。本例的要求是查询比最高分（75 分）更高的记录信息。

```
mysql> select *
    -> from cj
    -> where 成绩 >all (select 成绩 from cj where 课程号 ='103');
```

查询结果如图 3-47 所示。

学号	课程号	成绩	学分
2020110101	101	83	2
2020110101	102	64	5
2020110101	103	58	0
2020110102	102	72	5
2020110102	103	75	4
2020110103	101	78	2
2020110105	101	65	2
2020110105	105	67	4
2020110106	101	56	0
2020110106	102	57	0
2020110201	106	78	4
2020110202	106	81	4
2020110202	107	85	4
2020110203	108	61	2
2020110301	110	63	4
2020110401	101	57	0
2020110401	110	84	4

图 3-46 使用 ANY 的子查询结果

学号	课程号	成绩	学分
2020110101	101	83	2
2020110103	101	78	2
2020110201	106	78	4
2020110202	106	81	4
2020110202	107	85	4
2020110401	110	84	4

图 3-47 使用 ALL 的子查询结果

（五）使用 EXISTS 的子查询

EXISTS 子查询是一个布尔类型，返回值为 True 或 False，其作用是检查子查询是否有返回值，如果有返回值，则结果为 True，否则为 False。NOT EXISTS 的作用与之相反。

【使用 EXISTS 的子查询示例】在 KC 表中查询已有学生选修的课程号和课程名。

```
mysql> select 课程号 , 课程名
    -> from kc
    -> where exists(
    -> select * from cj where kc. 课程号 =cj. 课程号 );
```

查询结果如图 3-48 所示。

课程号	课程名
101	计算机文化基础
102	计算机硬件基础
103	程序设计基础
105	云计算基础
106	云操作系统
107	数据库
108	网络技术实训
109	云系统实施与维护
110	云存储与备份

图 3-48 使用 EXISTS 的子查询结果

任务实施

【实施 1】使用 XSQK 表结合 CJ 表来查询不及格学生的学号、姓名、性别和专业名。

```
mysql> select 学号 , 姓名 , 性别 , 专业名
    -> from xsqk
```

```
    -> where 学号 in(select 学号 from cj where xsqk. 学号 =cj. 学号 and 成绩 <60);
```

查询结果如图 3-49 所示。

【实施 2】查询选修了两门及以上课程的学生学号和姓名。

```
mysql> select 学号 , 姓名
    -> from xsqk
    -> where(select count( 课程号 ) from cj where xsqk. 学号 = cj. 学号 )>=2;
```

查询结果如图 3-50 所示。

学号	姓名	性别	专业名
2020110101	朱军	男	云计算
2020110104	张小博	男	云计算
2020110106	李家琪	男	云计算
2020110204	周明悦	女	信息安全

图 3-49　实施 1 的子查询结果

学号	姓名
2020110101	朱军
2020110106	李家琪
2020110202	江杰
2020110105	钟鹏香
2020110102	龙婷婷

图 3-50　实施 2 的子查询结果

3.2.5　将查询结果输出到其他表

任务储备

在对表进行查询时，可以将查询结果保存到一个新表中，这种方法常用于创建表的副本或创建新表。新表的列为 SELECT 子句指定的列，数据类型为原表的数据类型，属性方面保留了非空属性和默认值属性，但忽略如主键约束、外键约束等其他属性。

将查询结果输出到其他表分为两种情况：一种是输出到未创建表；另一种是输出到已存在表。

1. 输出到未创建表

其语法规则如下：

```
CREATE TABLE 新表 SELECT 列名列表 FROM 原表 WHERE 条件 ;
```

2. 输出到已存在表

其语法规则如下：

```
INSERT INTO 其他表 SELECT 列名列表 FROM 原表 WHERE 条件 ;
```

任务实施

【实施 1】在 CJ 表中查询成绩在 75 分以上的学生学号、课程号和成绩，并将查询结果保存在新表 CJ1 中。

```
mysql> create table cj1
    -> select 学号 , 课程号 , 成绩
    -> from cj
    -> where 成绩 >=75;
```

查询新产生的表 CJ1 中的记录：

```
mysql> select * from cj1;
```

查询结果如图 3-51 所示。

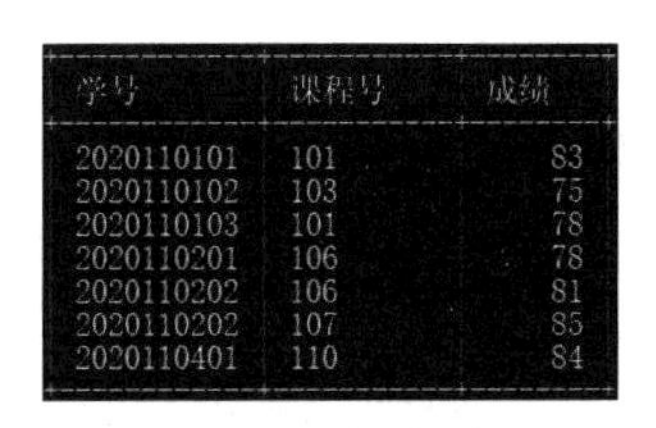

学号	课程号	成绩
2020110101	101	83
2020110102	103	75
2020110103	101	78
2020110201	106	78
2020110202	106	81
2020110202	107	85
2020110401	110	84

图 3-51　新表 CJ1 中的记录

下面对比原表 CJ 与新表 CJ1 的详细结构。

原表 CJ 的详细结构：

```
mysql> show create table cj\G;
*************************** 1. row ***************************
       Table: cj
Create Table: CREATE TABLE `cj` (
  ` 学号 ` char(10) NOT NULL,
  ` 课程号 ` char(3) NOT NULL,
  ` 成绩 ` tinyint DEFAULT '0',
  ` 学分 ` tinyint DEFAULT NULL,
  PRIMARY KEY (` 学号 `,` 课程号 `),
  KEY `FK_xsqk_XH` (` 课程号 `),
  CONSTRAINT `FK_kc_KCH` FOREIGN KEY (` 学号 `) REFERENCES `xsqk` (` 学号 `),
  CONSTRAINT `FK_xsqk_XH` FOREIGN KEY (` 课程号 `) REFERENCES `kc` (` 课程号 `),
  CONSTRAINT `cj_chk_1` CHECK (((` 成绩 ` >= 0) and (` 成绩 ` <= 100)))
) ENGINE=InnoDB DEFAULT CHARSET=utf8mb4 COLLATE=utf8mb4_0900_ai_ci
1 row in set (0.00 sec)
```

新表 CJ1 的详细结构：

```
mysql> show create table cj1\G;
*************************** 1. row ***************************
       Table: cj1
Create Table: CREATE TABLE `cj1` (
  ` 学号 ` char(10) NOT NULL,
  ` 课程号 ` char(3) NOT NULL,
  ` 成绩 ` tinyint DEFAULT '0'
) ENGINE=InnoDB DEFAULT CHARSET=utf8mb4 COLLATE=utf8mb4_0900_ai_ci
1 row in set (0.00 sec)
```

可见，新产生的表保留了原表中的数据类型、默认值和空值约束，但忽略了主键约束和外键约束。

【实施 2】查询成绩小于 60 分的学生学号、课程号和成绩，并将查询结果保存到 CJ1 表中。

```
mysql> insert into cj1
    -> select 学号 , 课程号 , 成绩
    -> from cj
    -> where 成绩 <60;
```

查询表 CJ1 中的记录：

```
select * from cj1;
```

查询结果如图 3-52 所示。

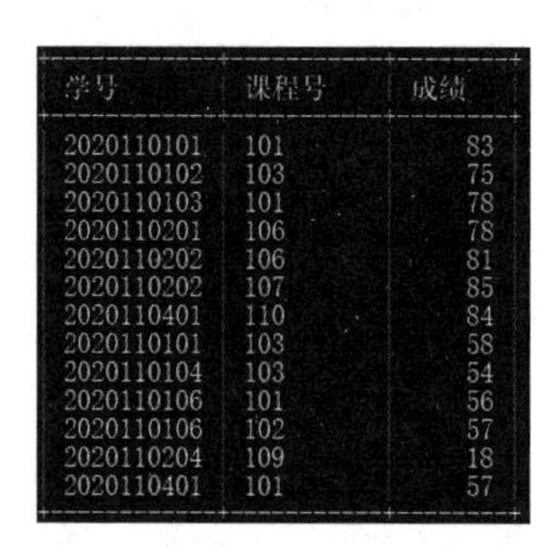

学号	课程号	成绩
2020110101	101	83
2020110102	103	75
2020110103	101	78
2020110201	106	78
2020110202	106	81
2020110202	107	85
2020110401	110	84
2020110101	103	58
2020110104	103	54
2020110106	101	56
2020110106	102	57
2020110204	109	18
2020110401	101	57

图 3-52　查询表 CJ1 中的记录

从图 3-52 可见，在表 CJ1 中新增了成绩小于 60 分的六条记录。

这里需要注意的是，如果 CJ1 有主键约束，则在通过查询输入时与其他表的输入一样，主键不能有重复值。例如，为 CJ1 表先设置“学号，课程号”为主键：

```
mysql> alter table cj1 add primary key( 学号 , 课程号 );
```

然后查询 CJ 表中成绩小于 70 分的学生学号、课程号和成绩，并将结果保存到 CJ1 表中。

```
mysql> insert into cj1
    -> select 学号 , 课程号 , 成绩
    -> from cj
    -> where 成绩 <60;
ERROR 1062 (23000): Duplicate entry '2020110104-103' for key 'cj1.PRIMARY'
```

可见，错误提示是由于重复输入主键值造成的。

任务拓展

1. 在 MySQL 中可以采用 UNION 关键字实现查询结果的合并

合并查询结果语法规则：

```
SELECT 列名 FROM 表名 1
UNION[ALL]
SELECT 列名 FROM 表名 2
```

使用关键字 UNION 和 UNION ALL 的区别：当使用 UNION 连接查询结果时，会去掉相同行；当使用 UNION ALL 连接的时候，不会去掉相同行。

【拓展 1】使用 UNION 合并查询选修了课程号为 101 和 102 的学生学号、课程号及成绩。

```
mysql> select 学号 , 课程号 , 成绩   from cj where 课程号 ='101'
    -> union
    -> select 学号 , 课程号 , 成绩   from cj where 课程号 ='101';
```

查询结果如图 3-53 所示。

【拓展 2】使用 UNION ALL 合并查询选修了课程号为“101”和“102”的学生学号。

```
mysql> select 学号 , 课程号 , 成绩   from cj where 课程号 ='101'
    -> union all
```

```
-> select 学号 , 课程号 , 成绩   from cj where 课程号 ='101';
```

查询结果如图 3-54 所示。

学号	课程号	成绩
2020110101	101	83
2020110103	101	78
2020110105	101	65
2020110106	101	56
2020110401	101	57

图 3-53　使用 UNION 的合并操作结果

学号	课程号	成绩
2020110101	101	83
2020110103	101	78
2020110105	101	65
2020110106	101	56
2020110401	101	57
2020110101	101	83
2020110103	101	78
2020110105	101	65
2020110106	101	56
2020110401	101	57

图 3-54　使用 UNION ALL 的合并操作结果

从图 3-53 和图 3-54 很容易比较出使用 UNION 和 UNION ALL 进行合并操作的区别。

2. MySQL 专用的查询语句 HANDLER 的使用

使用 SELECT 语句进行数据查询时，一般返回的是记录行集合形成的临时表。在 MySQL 中，提供了一种专用的查询语句 HANDLER，可以用来一行一行地浏览表中数据。

使用 HANDLER 浏览数据的方法如下。

（1）打开数据表

其基本语法如下：

```
HANDLER 表名 OPEN;
```

例如，打开学生情况表 XSQK：

```
mysql> handler xsqk open;
```

（2）浏览表中的行

其基本语法如下：

```
HANDLER 表名 READ {FIRST|NEXT}
    WHERE 条件
```

其中，FIRST 表示读取第一行数据，NEXT 表示读取下一行数据。

WHERE 子句是指定读取数据行的条件。

（3）关闭打开的表

记录读取完后，必须使用 HANDLER CLOSE 语句关闭打开的表。

其基本语法如下：

```
HANDLER 表名 CLOSE
```

【拓展 3】浏览学生情况表 XSQK 的数据。

浏览学生情况表 XSQK 的第一行数据：

```
mysql> handler xsqk read first;
```

浏览学生情况表 XSQK 的下一行数据：

```
mysql> handler xsqk read next;
```

浏览学生情况表 XSQK 中性别是“女”的下一行数据：

```
mysql> handler xsqk read next where 性别 =' 女 ';
```

【拓展 4】关闭用 HANDLER 打开的 XSQK 表。

```
mysql> handler xsqk close;
```

任务小结

本任务学习了数据的统计汇总查询，包括：

- 使用聚合函数进行汇总查询。
- 使用 GROUP BY 子句进行分组查询。
- 多表连接查询。
- 子查询。
- 合并查询结果。
- 将查询结果输出到其他表。
- 在 SQLyog 工具软件中进行数据查询。

课堂实训

【实训目的】

掌握使用 SQL 命令实现数据的统计汇总查询。

【实训内容】

在学生成绩管理系统数据库 XSCJ 中，完成以下练习。

（1）汇总查询练习。

① 在 xs_kc 表中，统计每门课程的平均分：

```
mysql> select 课程号 ,avg( 成绩 ) from CJ group by 课程号 ;
```

② 在 xs_kc 表中，统计每门课程的最高分：

```
mysql> select 课程号 ,max( 成绩 ) from CJ group by 课程号 ;
```

③ 在 xs_kc 表中，统计每门课程的最低分：

```
mysql> select 课程号 ,min( 成绩 ) from CJ group by 课程号 ;
```

④ 在 xs_kc 表中，统计每门课程的总分：

```
mysql> select 课程号 ,sum( 成绩 ) from CJ group by 课程号 ;
```

（2）多表连接查询练习。

① 查询所有不及格学生的学号、姓名和专业名：

```
mysql> select XSQK. 学号 , 姓名 , 专业名 from XSQK,CJ
    -> where 成绩 <60 and XSQK. 学号 =CJ. 学号 ;
```

② 查询成绩在 80 分以上的学生学号、姓名、课程号和授课教师：

```
mysql> select XSQK. 学号 , 姓名 ,KC. 课程号 , 授课教师 from XSQK,CJ,KC
    -> where 成绩 >=80 and XSQK. 学号 =CJ. 学号 and CJ. 课程号 =KC. 课程号 ;
```

③ 查询成绩不及格学生的授课教师：

```
mysql> select 授课教师 from CJ,KC where 成绩 <60 and CJ. 课程号 =KC. 课程号 ;
```

④ 查询选修了“计算机硬件基础”的学生学号和姓名：

```
mysql> select XSQK. 学号 , 姓名 from XSQK,CJ,KC
    -> where XSQK. 学号 =CJ. 学号 and CJ. 课程号 = KC. 课程号 and 课程名 =' 计算机硬件基础 ';
```

（3）子查询练习。

① 查询课程号为“101”的不及格学生学号和姓名：

```
mysql> select 学号 , 姓名 from XSQK where(select 成绩 from CJ
    -> where 课程号 ='101' and XSQK. 学号 =CJ. 学号 )<60;
```

② 查询选修了两门课程的学生学号和姓名：

```
mysql> select 学号 , 姓名 from XSQK where(select count( 课程号 ) from CJ
    -> where XSQK. 学号 = CJ. 学号 )>=2;
```

③ 查询每门课程最高分的学生信息：

```
mysql> select * from XSQK where 学号 in(select 学号 from CJ A
    -> where 成绩 =(select max( 成绩 ) from CJ B where A. 课程号 =B. 课程号 ));
```

④ 查询至少有一门课程不及格的学生信息：

```
mysql> select * from XSQK A where exists(select 成绩 from CJ B
    -> where A. 学号 =B. 学号 and 成绩 <60);
```

思考与练习

一、填空题

1. 在实际应用中，用户可能只要求查询部分满足某种条件的记录。此时就需要在SELECT 语句中加入 ________ 子句来指定查询条件，过滤不符合条件的记录。

2. ________ 用于查询条件不完全确定的情况。

3. ________ 查询相当于多个 OR 运算符连接查询条件的一种简化。

4. 在查询学生成绩时，需要将成绩按从低到高的顺序进行排序，用到的关键字是________。

5. 一个聚合函数只能返回一个汇总数据，但在实际应用中为了得到不同类别的汇总数据，需要使用 ________ 查询方法。

6. 在进行分类汇总查询时，可以用 ________ 函数显示出每个分组中指定的字段值。

7. ________ 连接就是在关键字 WHERE 后的匹配条件中，利用等于关系符“=”使得两个表中相同字段的值相等作为连接条件来实现的连接。

8. ________ 子查询表示主查询的条件为满足子查询返回查询结果中任意一条数据记录。

二、选择题

1. 查询选修了两门及以上课程的学生学号，下列 SQL 语句中正确的是（　　）。

A．select 学号 from xs_kc group by 学号 having count(*)>=2

B．select 学号 from xs_kc group by 学号 where count(*)>=2

C．select 学号 from xs_kc order by 学号 having count(*)>=2

D．select 学号 from xs_kc order by 学号 where count(*)>=2

2．查询信息安全专业所有男生的学号、姓名、性别、专业名，下列 SQL 语句中正确的是（　　）。

A．select 学号 , 姓名 , 性别 , 专业名 from xsqk where 性别 =' 男 ' and 专业名 =' 信息安全 '

B．select * from xs_kc where 性别 =' 男 ' and 专业名 =' 信息安全 '

C．select 学号 , 姓名 , 性别 , 专业名 from kc where 性别 = 男 or 专业名 = 信息安全

D．select 学号 , 姓名 , 性别 , 专业名 from xsqk where 性别 =' 男 ' and 专业名 =' 信息安全 '

3．查询云计算、信息安全和网络工程专业的学生学号、姓名和专业名，下列 SQL 语句中正确的是（　　）。

A．select 学号 , 姓名 , 专业名 from xsqk where 专业名 in(' 云计算 ',' 信息安全 ',' 网络工程 ')

B．select 学号 , 姓名 , 专业名 from xsqk where 专业名 =(' 云计算 ',' 信息安全 ',' 网络工程 ')

C．select 学号 , 姓名 , 专业名 from xsqk where 专业名 in(云计算 , 信息安全 , 网络工程)

D．select 学号 , 姓名 , 专业名 from xsqk where 专业名 is(' 云计算 ',' 信息安全 ',' 网络工程 ')

4．查询选修了课程的学生人数，下列 SQL 语句中正确的是（　　）。

A．select count(distinct 学号) from xs_kc

B．select count(学号) from xs_kc

C．select count(*) from xs_kc

D．select count(distinct 课程号) from xs_kc

5．查询每门课程的最高分、最低分和平均分，下列 SQL 语句中正确的是（　　）。

A．select 课程号 ,max(成绩),min(成绩),avg(成绩) from xs_kc order by 课程号

B．select max(成绩),min(成绩),avg(成绩) from xs_kc group by 课程号

C．select max(成绩),min(成绩),avg(成绩) from XS_kc order by 课程号

D．select 课程号 ,max(成绩),min(成绩),avg(成绩) from xs_kc group by 课程号

6．查询选修了两门及以上课程的学生学号，下列 SQL 语句中正确的是（　　）。

A．select 学号 from xs_kc having count(课程号)>=2

B．select 学号 from xs_kc group by 学号 having count(课程号)>=2

C．select 学号 from xs_kc group by 学号 having count(学号)>=2

D．select 学号 from xs_kc　having count(学号)>=2

7．统计各专业男 / 女生人数，下列 SQL 语句中正确的是（　　）。

A．select 专业名 , 性别 ,count(性别) from xsqk order by 专业名 , 性别

B．select 专业名 , 性别 ,count(*) from xsqk group by 专业名 , 性别

C．select 专业名 , 性别 ,count(*) from xsqk order by 性别

D．select 专业名 , 性别 ,count(性别) from xsqk group by 专业名

8．按成绩降序查询学生学号、课程号和成绩，下列 SQL 语句中正确的是（　　）。

A．select 学号 , 课程号 , 成绩 from xs_kc　order by 成绩 desc

B．select 学号 , 课程号 , 成绩 from xs_kc　group by 成绩 desc

C．select 学号 , 课程号 , 成绩 from xs_kc　order by 成绩

D. select 学号 , 课程号 , 成绩 from xs_kc group by 成绩

9. 查询平均成绩小于 60 分的学生学号、姓名、专业名、课程号和成绩，下列 SQL 语句中正确的是（ ）。

A. mysql> select xsqk. 学号 , 姓名 , 专业名 , 课程号 , 成绩 from xsqk,xs_kc where xsqk. 学号 =xs_kc. 学号 having avg(成绩)<60

B. mysql> select xsqk. 学号 , 姓名 , 专业名 , 课程号 ,avg(成绩) 平均成绩 from xsqk,xs_kc where xsqk. 学号 =xs_kc. 学号 group by 学号 having avg(成绩)<60

C. select 学号 , 姓名 , 专业名 , 课程号 , 成绩 from xsqk,xs_kc where xsqk. 学号 =xs_kc. 学号 having avg(成绩)<60

D. mysql> select 学号 , 姓名 , 专业名 , 课程号 ,avg(成绩) 平均成绩 from xsqk,xs_kc where xsqk. 学号 =xs_kc. 学号 group by 学号 having avg(成绩)<60

10. 查询所有女生的学号、姓名、课程号和成绩，下列 SQL 语句中不正确的是（ ）。

A. select 学号 , 姓名 , 性别 , 课程号 , 成绩 from xsqk join xs_kc on xsqk. 学号 =xs_kc. 学号 where 性别 =' 女 '

B. select xsqk. 学号 , 姓名 , 性别 , 课程号 , 成绩 from xsqk join xs_kc on xsqk. 学号 =xs_kc. 学号 where 性别 =' 女 '

C. select xsqk. 学号 , 姓名 , 性别 , 课程号 , 成绩 from xsqk inner join xs_kc on xsqk. 学号 = xs_kc. 学号 where 性别 =' 女 '

D. select xs_kc. 学号 , 姓名 , 性别 , 课程号 , 成绩 from xsqk join xs_kc on xsqk. 学号 =xs_kc. 学号 where 性别 =' 女 '

11. 采用子查询方式查询平均成绩小于 60 分的学生学号和姓名，下列 SQL 语句中正确的是（ ）。

A. select 学号 , 姓名 from xsqk A where(select 成绩 from xs_kc B where A. 学号 =B. 学号 and avg(成绩)<60)

B. select 学号 , 姓名 from xsqk A where(select avg(成绩) from xs_kc B where A. 学号 = B. 学号 and avg(成绩)<60)

C. select 学号 , 姓名 from xsqk A where(select avg(成绩) from xs_kc B where A. 学号 = B. 学号)<60

D. select 学号 , 姓名 from xsqk A where(select 成绩 from xs_kc B where A. 学号 =B. 学号)<60

12. 查询与张小博在同一个专业的学生信息，下列 SQL 语句中正确的是（ ）。

A. select * from xsqk where 专业名 in(select * from xsqk where 姓名 =' 张小博 ')

B. select * from xsqk where 专业名 =(select * from xsqk where 姓名 =' 张小博 ')

C. select * from xsqk where 专业名 in(select 专业名 from xsqk where 姓名 =' 张小博 ')

D. select * from xsqk where 专业名 is (select 专业名 from xsqk where 姓名 =' 张小博 ')

13. 查询选修了课程号为“101”的学生信息，下列 SQL 语句中不正确的是（ ）。

A. select * from xsqk where exists(select * from xs_kc where 课程号 ='101' and xsqk. 学号 = xs_kc. 学号)

B. select * from xsqk where 学号 in(select 学号 from xs_kc where 课程号 ='101')

C. select * from xsqk where 学号 =any(select 学号 from xs_kc where 课程号 ='101')

D. select * from xsqk where 学号 in(select * from xs_kc where 课程号 ='101')

三、写出以下数据查询 SQL 语句。

1. 在 xsqk 表中，查询在 1998 年出生的学生信息，并按出生日期降序排列。
2. 查询 xsqk 表中，出生日期在 1998 年 6 月至 8 月出生的学生信息，并保存到 xsqk9 表中。
3. 在 xs_kc 表中，统计每门课程的选修人数。
4. 在 xs_kc 表中，统计选修了课程号为“101”的学生平均分。
5. 在 xs_kc 表中，统计成绩在 70 ～ 80 分的学生人数。
6. 在 xsqk 表中，统计出生日期在 1998 年以后的学生人数。
7. 查询成绩不及格学生的授课教师。
8. 查询平均分低于 60 的学生信息。

项目 4

创建数据库对象

项目介绍

东华软件公司的“学生成绩管理系统”开发团队在创建数据库系统的过程中，需要达到提高数据库开发效率、增加数据库的安全性、提升用户在使用数据库时的数据查询效率等目标。为此，开发团队采用了MySQL 数据库管理系统提供的数据库对象来实现这些目标。

任务安排

任务 1　创建索引与视图
任务 2　创建存储过程和存储函数
任务 3　创建和管理触发器

学习目标

✧ 掌握创建和管理索引和视图的方法
✧ 掌握使用视图操作基表的方法
✧ 掌握创建和使用存储过程和函数的方法
✧ 掌握创建和管理触发器的方法

任务 1　创建索引与视图

任务描述

开发团队需要为用户提供安全的、响应速度快的学生成绩管理系统，同时还要保证系统开发高效率。

任务分析

为了实现数据库系统的安全高效，确保系统开发的高效率，开发团队需要完成以下工作。

✧ 为数据表创建索引，以提高数据库系统的响应速度。

✧ 为数据库创建视图，以提高安全性和开发效率。

4.1.1　索引的创建和管理

任务储备

在 MySQL 数据库中，用户查询是最频繁的操作。当表中的数据量很大时，查询数据的速度就会变得很慢。为了提高数据查询的速度，就需要在数据库中引入索引机制。数据库对象的索引类似于书的目录，用户在查询中使用索引后，不需要对整个表进行扫描就可以找到符合条件的数据，从而提高从表中检索数据的速度。

1. 什么是索引

简单地说，索引就是对某个表中一列或若干列值进行排序的结构。其由该表的一列或多列的值，以及指向这些列值对应存储位置的指针所构成。

索引是依赖于表建立的，一个表由两部分组成：一部分用来存放表的数据页面，另一部分用来存放表的索引页面。由于索引页面比数据页面小得多，所以在进行数据检索时，系统会先搜索索引页面，从中找到所需数据的指针，再通过指针从数据页面中读取数据。这种操作模式类似于图书的目录。

（一）索引的作用

➢ 相对于没有使用索引而言，使用索引可以提高数据的查询速度。

➢ 通过对多个字段使用唯一索引，可以保证多个字段的唯一性。

➢ 在表与表之间连接查询时，如果创建了索引，就可以提高表与表之间连接的速度。

（二）适合创建索引的情况

➢ 经常被查询的字段。

➢ 分组字段。

➢ 设置了唯一性约束的字段。

另外，指定为主键的列会自动创建主键索引，而外键列的索引由 MySQL 根据参照的主键列自动创建。

（三）不适合创建索引的情况

- 在查询中很少用到的字段。
- 具有大量重复值的字段，如性别字段。
- 较小的数据表，这种情况使用索引并不能改善任何检索性能。

另外，过多地创建索引，会占用许多的磁盘空间。因此，索引的创建既有利也有弊，在创建索引时需要权衡利弊。

2. 创建索引

（一）创建普通索引

普通索引是指在创建索引时，不附加任何限制条件的索引，这种类型的索引可以创建在任何数据类型的字段上。

（1）创建表时创建普通索引

在 MySQL 数据库中，可以在创建数据表时创建普通索引。

创建表时创建普通索引的语法规则：

```
CREATE TABLE 表名
  ( 列名 数据类型，…
INDEX|KEY 索引名 ( 列名 i [ 长度 ][ASC|DESC])
);
```

说明：

“INDEX|KEY”参数是指字段为索引字段；

“索引名”是指所创建的索引名称；

“列名 i”是指索引所关联的字段名称；

“长度”是指索引的长度；

“ASC|DESC”是指索引的排序方式，为升序或降序。

【创建表时创建普通索引示例】根据表 4-1 所示的结构，在测试数据库 XSCJ_db 中新建 XSQK1 表并创建普通索引，相关列为“学号”。

表 4-1　XSQK1 表的结构

列　　名	数据类型	长度 / 字节	索　　引
学号	char	10	index_xh
姓名	varchar	10	
性别	char	2	

创建 XSQK1 表并创建普通索引的 SQL 语句如下：

```
mysql> use xscj_db;
Database changed
mysql> create table xsqk1(
    -> 学号 char(10),
    -> 姓名 varchar(10),
    -> 性别 char(2),
    -> index index_xh( 学号 ) );
```

其中，index_xh 是创建的普通索引名称。

（2）在已经存在的表上创建普通索引

在 MySQL 数据库中，可以在已经存在的表上创建普通索引。

在已经存在的表上创建普通索引的语法规则：

```
CREATE INDEX 索引名
  ON 表名 ( 列名 [ 长度 ] [ASC|DESC]);
```

说明：

“CREATE INDEX”是指创建索引的关键字；

“表名”是指创建索引表的名称，通过关键字“ON”来指定。

【在已经存在的表上创建普通索引示例】在 XSCJ_db 数据库中 KC_db 表的“课程名”上创建索引。

在 KC_db 表上创建普通索引的 SQL 语句如下：

```
mysql> create index index_kcm
     -> on kc_db( 课程名 );
```

其中，index_kcm 是创建的普通索引名称。

（3）通过 ALTER TABLE 语句创建普通索引

利用 ALTER 关键字来创建索引的语法规则：

```
ALTER TABLE 表名
    ADD INDEX|KEY 索引名 ( 列名 [ 长度 ] [ASC|DESC]);
```

说明：

ALTER TABLE 是修改表的关键字，这里用于在已有的表上添加索引；

INDEX 或 KEY 是用于创建索引的关键字。

【通过 ALTER TABLE 语句创建普通索引示例】在 XSCJ_db 数据库中 XSQK1 表的“姓名”列上创建普通索引。

在 XSQK1 表上创建普通索引的 SQL 语句如下：

```
mysql> alter table xsqk1
-> add index index_xm( 姓名 );
```

其中，index_xm 是创建的普通索引名称。

（二）创建唯一索引

唯一索引和普通索引类似，但唯一索引要求索引列的值是唯一的，需要使用关键字 UNIQUE 来标明。

创建唯一索引与创建普通索引一样也有三种方式。

一是建表时创建唯一索引，语法规则如下：

```
CREATE TABLE 表名
  ( 列名 数据类型，…
UNIQUE   INDEX|KEY 索引名（列名 i [ 长度 ][ASC|DESC]));
```

二是在已经存在的表上创建唯一索引，语法规则如下：

```
CREATE   UNIQUE   INDEX 索引名
   ON 表名 ( 列名 [ 长度 ] [ASC|DESC]);
```

三是通过 ALTER TABLE 语句创建唯一索引，语法规则如下：

```
ALTER TABLE 表名
    ADD UNIQUE INDEX|KEY 索引名 ( 列名 [ 长度 ] [ASC|DESC]) ;
```

可见，创建唯一索引与创建普通索引的语法规则也类似，只是多了一个关键字 UNIQUE。

【在新建表上创建唯一索引示例】根据表 4-2 所示的结构，在测试数据库 XSCJ_db 中新建 XSQK2 表，创建唯一索引，相关列为“学号”。

表 4-2　XSQK2 表的结构

列　名	数据类型	长度 / 字节	索　引
学号	char	10	index_xh
姓名	varchar	10	
性别	char	2	

在 XSQK2 表上创建唯一索引的 SQL 语句：

```
mysql> create table xsqk2(
    -> 学号 char(10),
    -> 姓名 varchar(10),
    -> 性别 char(2),
    -> unique index index_xh( 学号 ));
```

其中，index_xh 是创建的唯一索引名称。

【在已存在的表上创建唯一索引示例】在 XSCJ_db 数据库中 XSQK_db 的姓名列上创建唯一索引，SQL 语句如下：

```
mysql> create unique index index_kcm
    -> on xsqk_db( 姓名 );
```

【通过 ALTER TABLE 语句创建唯一索引示例】在 XSCJ_db 数据库中 XSQK2 表的“姓名列上创建唯一索引，SQL 语句如下：

```
mysql> alter table xsqk2
    -> add unique index index_xm( 姓名 );
```

（三）创建主键索引

每个表有且只有一个主键索引，在创建表的主键时就会创建主键索引，也可以通过关键字 ALTER 增加主键索引（创建主键索引的方法在“项目二”中讲过）。

（四）创建全文索引

索引一般建立在数字型或长度比较短的文本型字段上，如编号、姓名等。如果建立在比较长的文本型字段上，会使索引的更新花费很多时间。在 MySQL 中，提供了一种称为“全文索引”的技术，主要关联在数据类型为 Char、Varchar 和 Text 等的长字符字段上。

全文索引中存储了长字符字段中的重要词和这些词在特定列中的位置信息。全文检索利用这些信息，即可快速搜索包含具体某个词或一组词的数据行。

MySQL 只能在存储引擎为 MyISAM 的数据表上创建全文索引。创建全文索引有以下三种方式。

（1）创建表时创建全文索引

在 MySQL 数据库中，可以在创建数据表的时候创建全文索引。

创建表时创建全文索引的语法规则如下：

```
CREATE TABLE 表名
  (列名 数据类型，…
FULLTEXT   INDEX|KEY 索引名（列名 i [ 长度 ][ASC|DESC]));
```

可见，创建全文索引比创建普通索引多了一个关键字 FULLTEXT，其中，“FULLTEXT INDEX|KEY”表示创建全文索引。

【创建表时创建全文索引示例】根据表 4-3 所示结构，在测试数据库 XSCJ_db 中新建 XSQK3 表，并创建全文索引，相关列为“备注”列。

表 4–3　XSQK3 表的结构

列　名	数据类型	长度 / 字节	索　引
学号	char	10	
姓名	varchar	10	
备注	Varchar	100	Index_bz

由表 4-3 可见，XSQK3 表的备注列为 varchar 型，长度较长，为了方便查询，需要为其创建全文索引，创建全文索引的 SQL 语句如下：

```
mysql> create table xsqk3(
     -> 学号 char(10),
     -> 姓名 varchar(10),
     -> 备注 vchar(100),
     -> Fulltext   index index_bz( 备注 ));
```

可见，创建全文索引的方法与创建普通索引及创建唯一索引类似，只是使用了关键字 FULLTEXT。

（2）在已经存在的表上创建全文索引

【在已经存在的表上创建全文索引示例】先删除 XSQK3 表上的全文索引，然后在“备注”列上创建全文索引。

```
mysql> create fulltext index index_bz
     -> on xsqk3( 备注 );
```

（3）通过 ALTER TABLE 语句创建全文索引

【通过 ALTER TABLE 语句创建全文索引示例】先删除 XSQK3 表上的全文索引，然后在“备注”列上创建全文索引：

```
mysql> alter table xsqk3
     -> add fulltext index index_bz( 备注 );
```

（五）创建多列索引

如果在创建索引时，所关联的列有两个或多个列，就称为多列索引。需要注意的是，只有查询条件中使用了这些列中的第一个列时，多列索引才会被使用。

（1）创建表时创建多列索引

创建表时创建多列索引的语法规则如下：

```
CREATE TABLE 表名
  (列名 数据类型，…
INDEX|KEY 索引名(列名 1[长度][ASC|DESC]，列名 1[长度][ASC|DESC]，…));
```

可见，与创建普通索引相比，创建多列索引所关联的字段更多。

【创建表时创建多列索引示例】根据表 4-4 所示结构，新建 XSQK4 表并创建多列索引，索引列为表中的“学号”“姓名”列。

表 4–4　XSQK4 表的结构

列　名	数据类型	长度 / 字节	索　引
学号	Char	10	Index_xh_xm
姓名	Varchar	10	
性别	Char	2	
专业名	Varchar	20	

新建 XSQK4 表并创建多列索引的 SQL 语句如下：

```
mysql> create table xsqk4(
    -> 学号 int,
    -> 姓名 char(10),
    -> 性别 char(2),
    -> 专业名 varchar(20),
    -> index index_xh_xm(学号,姓名));
```

（2）在已经存在的表上创建多列索引

在已经存在的表上创建多列索引的语法规则如下：

```
CREATE INDEX 索引名
  ON 表名(列名 1[长度][ASC|DESC]，列名 1[长度][ASC|DESC]，…);
```

【在已经存在的表上创建多列索引示例】先删除 XSQK4 表上的多列索引，然后在 XSQK4 表上创建多列索引，索引列为表中的“学号”“姓名”列。

```
mysql> create index index_xh_xm
    -> on xsqk4(学号,姓名);
```

（3）通过 ALTER TABLE 语句创建多列索引

通过 ALTER TABLE 语句创建多列索引的语法规则如下：

```
ALTER TABLE 表名
    ADD INDEX|KEY 索引名(列名[长度][ASC|DESC]，列名[长度][ASC|DESC]，…);
```

【通过 ALTER TABLE 语句创建多列索引示例】先删除 XSQK4 表上的多列索引，然后在 XSQK4 表上创建多列索引，索引列为表中的“学号”“姓名”列。

```
mysql> alter table xsqk4
    -> add key index_xh_xm(学号,姓名);
```

3. 查看索引

在 MySQL Command Line Client 模式下查看索引的方式有两种。

（一）使用 SHOW CREATE TABLE 来查看索引

使用 SHOW CREATE TABLE 来查看索引就是查看表的定义，其语法规则如下：

```
SHOW CREATE TABLE 表名 \G;
```

【使用 SHOW CREATE TABLE 来查看索引示例】查看测试数据库 XSCJ-db 中 XSQK3 表上建立的索引。

```
mysql>show create table xsqk3\G;
*************************** 1. row ***************************
       Table: xsqk3
Create Table: CREATE TABLE `xsqk3` (
  ` 学号 ` char(10) DEFAULT NULL,
  ` 姓名 ` varchar(10) DEFAULT NULL,
  ` 备注 ` char(100) DEFAULT NULL,
  FULLTEXT KEY `index_bz` (` 备注 `)
) ENGINE=InnoDB DEFAULT CHARSET=utf8mb4 COLLATE=utf8mb4_0900_ai_ci
```

可见，在 XSQK3 表中，有一个完全索引“index_bz”。

（二）使用 SHOW INDEX FROM 来查看索引

使用 SHOW INDEX FROM 来查看索引就是查看在表中建立了哪些索引，其语法规则如下：

```
SHOW INDEX FROM 表名 \G;
```

【使用 SHOW INDEX FROM 来查看索引示例】查看测试数据库 XSCJ-db 中 XSQK1 表上建立的索引。

```
mysql> show index from xsqk1;
```

结果如图 4-1 所示。

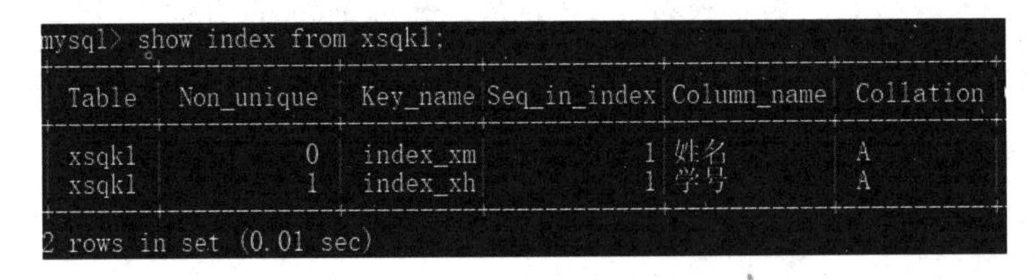

mysql> show index from xsqk1;

Table	Non_unique	Key_name	Seq_in_index	Column_name	Collation
xsqk1	0	index_xm	1	姓名	A
xsqk1	1	index_xh	1	学号	A

2 rows in set (0.01 sec)

图 4-1 查看索引的结果

可见，表 XSQK1 有两个索引，这两个索引都是普通索引，分别是在“学号”列和“姓名”列上定义的。

4. 删除索引

如果表中的索引太多，则会导致表更新的速度降低，同时，过多无用的索引也会占用大量存储空间，所以需要删除。

删除索引可以使用 DROP 关键字，也可以使用 ALTER 关键字。

（一）使用 DROP 关键字删除索引

使用 DROP 关键字删除索引的语法规则如下：

```
DROP INDEX 索引名 ON 表名；
```

【使用 DROP 关键字删除索引示例】使用 DROP 关键字删除 XSQK3 表中的“index_bz”索引。

```
mysql> drop index index_bz on xsqk3;
```

（二）使用 ALTER 关键字删除索引

使用 ALTER 关键字删除索引的语法规则如下：

```
ALTER TABLE 表名 DROP INDEX 索引名；
```

【使用 ALTER 关键字删除索引示例】使用 ALTER 关键字删除 XSQK1 表中的“index_xm”索引。

```
mysql> alter table xsqk1 drop index index_xm;
```

任务实施

【实施 1】在 XSCJ 数据库的学生情况表 XSQK 的“姓名”列上建立普通索引 index_xm。

分析　在 XSCJ 数据库中的 XSQK 表是已经存在的表，因此在其上建普通索引可以使用 CREATE INDEX 或 ALTER TABLE 来完成。

```
mysql> use xscj;                                    # 设 xscj 数据库为当前数据库
Database changed
mysql> create index index_xm
    -> on xsqk( 姓名 );
```

【实施 2】在 XSCJ 数据库的学生情况表 XSQK 的“专业名”和“所在学院”列上建立多列索引 index_zym_xy。

```
mysql> alter table xsqk
    -> add index index_zym_xy( 专业名 , 所在学院 );
```

【实施 3】在 XSCJ 数据库的课程表 KC 的“课程名”列上建立唯一索引 index_kcm。

```
mysql> create unique index index_kcm
    -> on kc( 课程名 );
```

【实施 4】查看在课程表 KC 上建立了哪些索引。

```
mysql> show index from kc;
```

结果如图 4-2 所示。

```
mysql> show index from kc;
+-------+------------+-----------+--------------+-------------+-----------+
| Table | Non_unique | Key_name  | Seq_in_index | Column_name | Collation |
+-------+------------+-----------+--------------+-------------+-----------+
| kc    |          0 | PRIMARY   |            1 | 课程号      | A         |
| kc    |          0 | index_kcm |            1 | 课程名      | A         |
+-------+------------+-----------+--------------+-------------+-----------+
2 rows in set (0.01 sec)
```

图 4-2　查看 KC 表的索引结果

可见，在 KC 表上建立了两个索引：一个是主键索引，这是在创建表时，由于设置了“课程号”列为主键，故自动创建了主键索引；另一个是在课程名上创建的索引。

任务拓展

使用工具软件 SQLyog 创建索引比在 Command Line Client 模式下更为直观方便，在数据库开发过程中创建索引时也经常用到它。

【拓展 1】使用 SQLyog 图形工具软件在 XSCJ 数据库中的 XSQK 表的“备注”列创建全文索引 index_full_bz。

操作步骤：

（1）打开 XSCJ 数据库：单击选定或在“询问”窗口中输入“USE XSCJ”。

（2）依次展开“XSCJ”→“表”→“XSQK”后，在 XSQK 下的“索引”上单击右键，并在弹出的快捷菜单中选择“创建索引”命令，如图 4-3 所示。

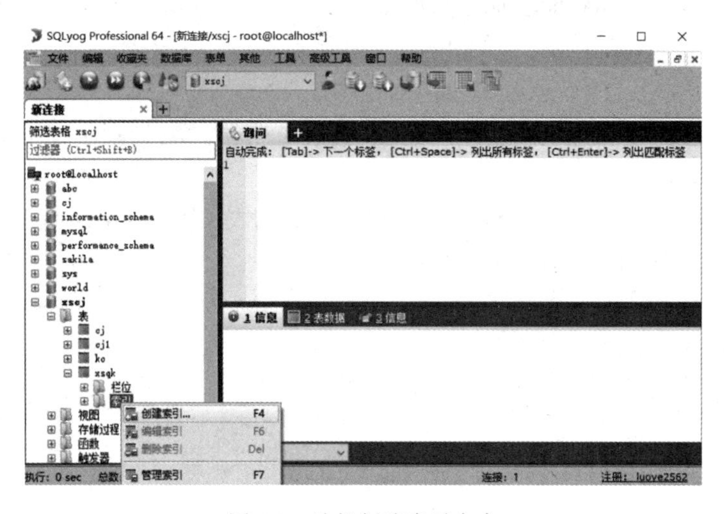

图 4-3　选择创建索引命令

然后弹出如图 4-4 所示的创建索引界面，在此界面上可以输入创建的索引名称，选择索引列。

图 4-4　创建索引界面

此外，还可以选择创建的类型：普通索引、唯一索引、主键索引、全文索引和多列索引，如图 4-5 所示。

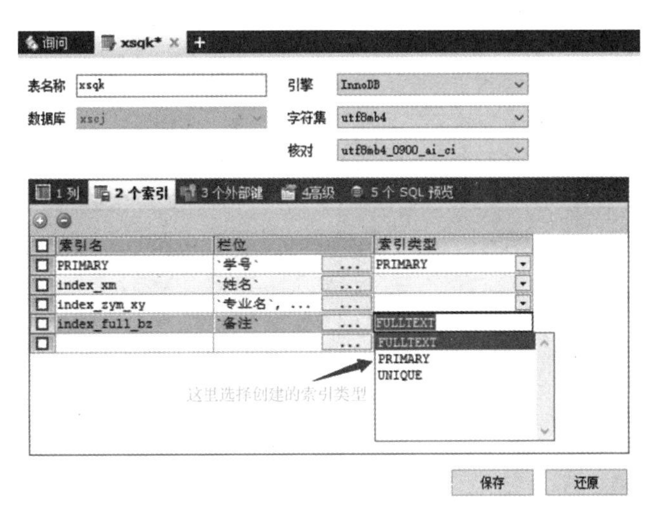

图 4-5　选择创建的类型

【拓展 2】使用 SQLyog 图形工具软件管理 XSCJ 数据库中 XSQK 表上定义的索引。

首先定位到要查看索引的表上，单击右键，在弹出的快捷菜单中选择“管理索引”命令，如图 4-6 所示。

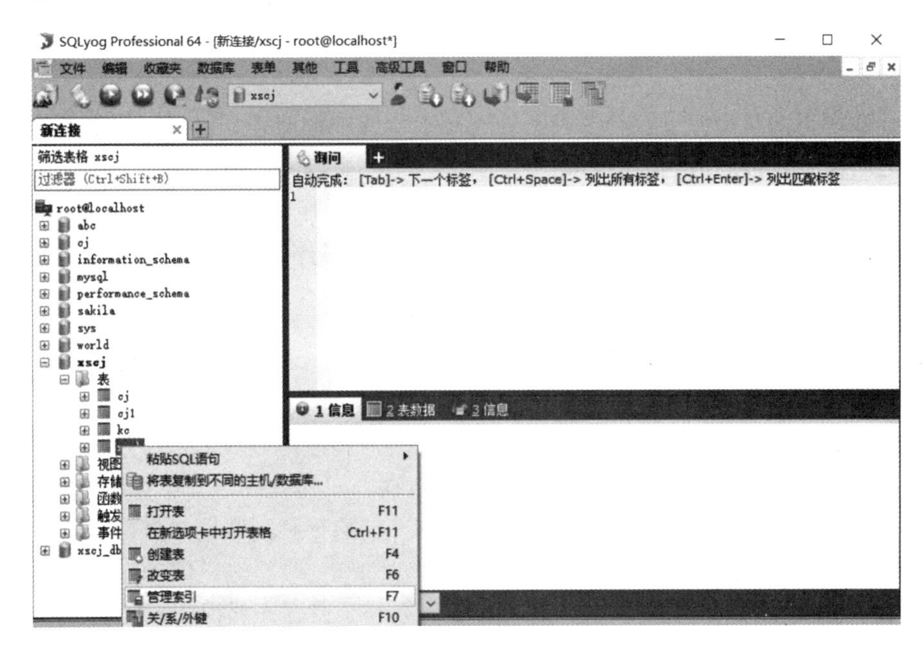

图 4-6　选择管理索引命令

然后弹出如图 4-7 所示的管理索引界面。

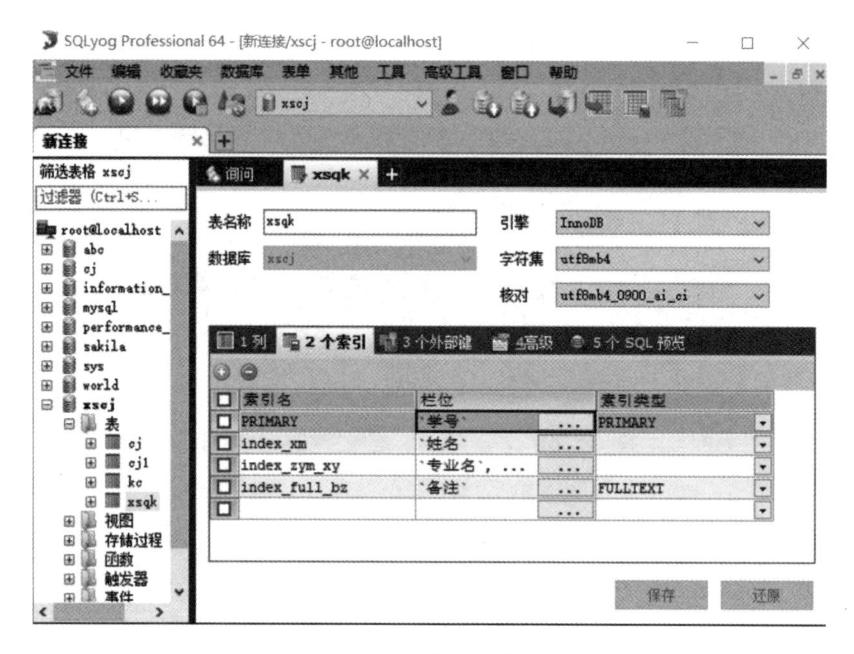

图 4-7　管理索引界面

从图 4-7 可见，在 XSQK 表中已建立了 4 个索引，在这个界面中，可以进行新建索引和删除索引等操作。

4.1.2　视图的创建和管理

在进行数据查询时，如果涉及多表间的连接查询或子查询等，则会令程序员感到非常痛苦，因为这些需要查询的语句很多，逻辑复杂，一不小心就会出错。另外，对于某些具有敏感信息的表，如年龄、工资等信息，更应防止因程序员工作疏忽而产生的泄露问题。因此，为了降低 SQL 查询的复杂性，增加表操作的安全性，在 MySQL 中提供了视图功能。

任务储备

1. 什么是视图

视图是从数据库中一个或多个表中导出的虚拟表，其结构和数据来自对表的查询，在物理上是不存在的，即没有专门的地方为视图存储数据。在建立视图时被查询的表称为基表，视图并不在数据库中以存储的数据值集的形式存在，它的行和列数据都来自基表，并且是在视图被引用时动态生成的。

注意：除可以基于数据表创建视图之外，还可以基于已存在的视图来创建。

一旦定义了视图，就可以像使用基表一样对它进行操作，可以对其执行 SELECT 查询。对于某些视图，也能够执行 INSERT、DELETE 和 UPDATE 操作，对视图的这些操作也能使相应的基表发生变化。

视图的优点主要体现在以下几个方面。

（1）提高查询效率

视图是建立在用户感兴趣的特定任务上的，其本身就是一个复杂的查询结果集，如果在建立视图时执行一次复杂查询，那么以后只需要用一条简单的语句查询视图即可，从而简化数据查询的复杂性，提高数据操作的效率。

（2）提高数据的安全性

通过视图，用户只能看到和修改可见的数据，对数据库中的原始表数据既看不见，也不能访问。

（3）定制数据

通过定义视图，可以让不同用户以不同的方式看到不同或相同的数据，因此不同的用户在共用同一数据库时，能访问到的数据是有区别的。

（4）对表的合并与分割

用户在查询调用表时，如果所需查询的列数据不在同一表上，则需要将多表联合查询；如果表中的数据量太大，则在表设计时需要将表进行水平或垂直分割，这会使表的结构发生变化，从而给程序设计带来新的难度。采用视图，可以在保持原有表结构关系的基础上，使程序设计更为简单。

（5）对基表的影响

对视图的建立和删除不会影响基表，只有对视图内容的更新（添加、删除和修改）才会直接影响基表。另外，当视图的内容来自多个基表时，不允许添加和删除数据。

2. 创建视图

视图的数据来源于查询语句，在 Command Line Client 模式下创建视图的语法规则如下：

```
CREATE VIEW 视图名 [ 列名列表 ]
    AS 查询语句
    [WITH CHECK OPTION]
```

其中：

“CREATE VIEW”指创建视图的关键字。

视图名不能与表名或其他视图名相同。

“列名列表”指视图中包含的列名。

“查询语句”指用于定义视图中的数据。

“CHECK OPTION”指用于设置约束检查项。

创建视图时，可按视图所用基表的数量分为单源表和多源表两种形式。

（一）单源表视图的创建

单源表视图的数据全部来自一个基表，其是最简单的视图。

【单源表视图的创建示例】以成绩表 CJ 为基表，创建视图 view_cj，要求该视图中隐藏成绩的数值。

```
create view view_cj
as
select 学号 , 课程号 , 学分
from cj;
```

（二）多源表视图的创建与查询

多源表视图的数据来源于两个以上基表，这样的视图在实际中应用最为广泛。

【多源表视图的创建示例】创建视图 view_xsqk_cj，要求该视图中包含不及格学生的学号、姓名、性别、专业名、课程号、成绩。

分析 由于视图中要求包含的列既不能全由 XSQK 表提供，也不能全由 CJ 表提供，因此，该视图属于多源表视图。

创建视图 view_xsqk_cj 的语句：

```
mysql> create view view_xsqk_cj
    -> as
    -> select xsqk. 学号 , 姓名 , 性别 , 专业名 , 课程号 , 成绩
    -> from xsqk,cj
    -> where xsqk. 学号 =cj. 学号 and 成绩 <60;
```

3. 通过视图查询数据

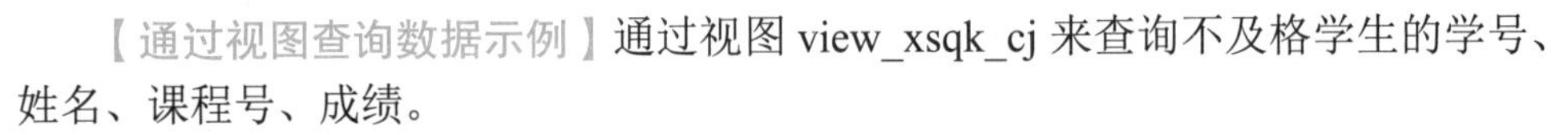

【通过视图查询数据示例】通过视图 view_xsqk_cj 来查询不及格学生的学号、姓名、课程号、成绩。

分析 要实现本例的查询功能，需要使用多表连接。在这里，可以通过查询前面定义的视图 view_xsqk_cj，就像查询单表数据那样很简单地就完成了。

```
mysql> select 学号 , 姓名 , 课程号 , 成绩 from view_xsqk_cj;
```

查询结果如图 4-8 所示。

学号	姓名	课程号	成绩
2020110101	朱军	103	58
2020110104	张小博	103	54
2020110106	李家琪	101	56
2020110106	李家琪	102	57
2020110204	周明悦	109	18
2020110401	陈勇	101	57

图 4-8　通过视图查询数据

4. 查看视图

（一）使用 DESC 语句查看视图

使用 DESC 语句可以查看视图字段信息的语法规则：

```
DESC 视图名
或 DESCRIBE 视图名
```

【使用 DESC 语句查看视图示例】使用 DESC 语句查看视图 view_cj 的字段信息。

```
mysql> desc view_cj;
```

查看结果如图 4-9 所示。

Field	Type	Null	Key	Default	Extra
学号	char(10)	NO		NULL	
课程号	char(3)	NO		NULL	
学分	tinyint	YES		NULL	

图 4-9　使用 DESC 语句查看视图

从图 4-9 中可见，视图的结构信息与创建该视图的表（CJ）中各字段的结构信息是完全一样的。

（二）使用 SHOW CREATE VIEW 语句查看视图

使用 SHOW CREATE VIEW 语句可查看视图的定义及采用的字符编码，语法规则如下：

```
SHOW CREATE VIEW 视图名 ;
```

【使用 SHOW CREATE VIEW 查看视图示例】使用 SHOW CREATE VIEW 查看视图 view_xsqk_cj 的定义及采用的字符编码等信息。

查看结果如图 4-10 所示。

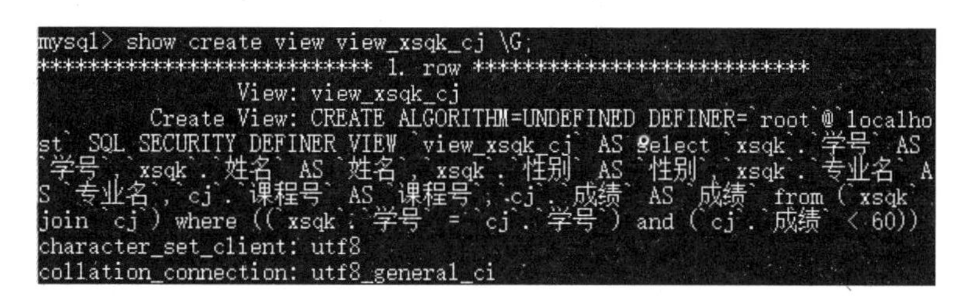
```
mysql> show create view view_xsqk_cj \G;
*************************** 1. row ***************************
                View: view_xsqk_cj
         Create View: CREATE ALGORITHM=UNDEFINED DEFINER=`root`@`localho
st` SQL SECURITY DEFINER VIEW `view_xsqk_cj` AS select `xsqk`.`学号` AS
`学号`,`xsqk`.`姓名` AS `姓名`,`xsqk`.`性别` AS `性别`,`xsqk`.`专业名` A
S `专业名`,`cj`.`课程号` AS `课程号`,`cj`.`成绩` AS `成绩` from (`xsqk`
join `cj`) where ((`xsqk`.`学号` = `cj`.`学号`) and (`cj`.`成绩` < 60))
character_set_client: utf8
collation_connection: utf8_general_ci
```

图 4-10 使用 SHOW CREATE VIEW 语句查看视图

5. 修改视图

对视图的修改可以使用 ALTER 语句，也可以使用 CREATE OR REPLACE VIEW 语句。

（一）使用 ALTER 语句修改视图

使用 ALTER 语句修改视图的语法规则如下：

```
ALTER VIEW 视图名
AS 查询语句
```

【使用 ALTER 语句修改视图示例】修改视图 view_xsqk_cj，要求该视图中包含成绩大于 80 分学生的学号、姓名、性别、专业名、课程号、成绩。

修改视图 view_xsqk_cj 的 SQL 语句：

```
mysql> alter view view_xsqk_cj
    -> as
    -> select xsqk. 学号 , 姓名 , 性别 , 专业名 , 课程号 , 成绩
    -> from xsqk,cj
    -> where xsqk. 学号 =cj. 学号 and 成绩 >80;
```

（二）使用 CREATE OR REPLACE VIEW 语句修改视图

使用 CREATE OR REPLACE VIEW 语句修改视图的语法规则：

```
CREATE [OR REPLACE]
  VIEW 视图名 [ 列名列表 ]
    AS 查询语句
    [WITH CHECK OPTION]
```

其中：

“OR REPLACE”表示在创建新视图的同时覆盖以前的同名视图，这种方式在开发过程中最为常用。

“WITH CHECK OPTION”用于表示视图上执行的所有数据修改语句都必须符合由查询语句设置的规则。

【使用 CREATE OR REPLACE VIEW 语句修改视图示例】修改视图 view_cj，要求该视图中显示成绩列，隐藏学分列。

```
mysql> create or replace view view_cj
    -> as
    -> select 学号 , 课程号 , 成绩
    -> from cj ;
```

6. 通过视图操作基表

除在 SELECT 语句中使用视图作为数据源进行查询以外，还可以通过视图对基表进行插入数据、修改数据和删除数据操作。

（一）插入数据

使用 insert 操作可以实现视图向基表中插入数据。

【插入数据示例】通过视图 view_cj 向表 CJ 添加一条新的记录。

分析 在视图 view_cj 中包含三个字段：学号、课程号和成绩。通过这个视图向表 CJ 中添加新记录时，最多只能添加这三个字段的数据。

```
mysql> insert into view_cj( 学号 , 课程号 , 成绩 )
    -> values('2020110401','111',69);
```

注意：

非空约束：进行通过视图向基表中添加数据的 insert 操作时，视图必须包含其基表的所有不能为空的列，在本例中，因为在定义基表 CJ 时，指定了学号、课程号两列不能为空，所以视图 view_cj 中就至少应包含这两列（这里在视图 view_cj 中包含三列：学号、课程号和成绩，满足要求），否则通过视图 view_cj 向基表 CJ 插入数据时，会产生非空约束错误。

参照完整性约束：在学生成绩管理数据库 XSCJ 中，“成绩表 CJ”是“学生情况表 XSQK”和“课程表 KC”的从表，是需要遵循参照完整性约束的，因此通过视图向基表 CJ 插入数据时，“学号”与“课程号”两列的值必须在 XSQK 表和 KC 表中已存在。

多基表限制：当视图依赖多个数据表时，不允许使用视图添加数据。

一般情况下，最好将视图作为查询数据的虚拟表，而不要通过视图来插入和更新数据。

（二）修改数据

使用 UPDATE 操作视图，可以实现修改基表中的数据。

【修改数据示例】通过视图将学号为 2020110401、课程号为 111 的成绩改为 73。

SQL 语句如下：

```
mysql> update view_cj
    -> set 成绩 =73
    -> where 学号 ='2020110401' and 课程号 ='111';
```

注意：如果一个视图依赖于多个基表，则一次通过该视图只能修改一个基表的数据。

（三）删除数据

如果视图的基表只有一个，则可以使用 DELETE 操作视图来删除基表中的数据。

【删除数据示例】通过视图删除成绩表 CJ 中的记录。

```
mysql> delete from view_cj
    -> where 学号 ='2020110401' and 课程号 ='111';
```

注意：对依赖于多个基表的视图，不能使用视图来删除数据。

7. 删除视图

删除视图的语法规则：

```
DROP VIEW [IF EXISTS]
    视图名 [, 视图名 ,…]
```

在删除视图时，使用 IF EXISTS 可以防止删除操作时因该视图不存在而出现错误。

【删除视图示例】删除视图 view_xsqk_cj。

```
mysql> drop view if exists
    -> view_xsqk_cj;
```

任务实施

【实施 1】由于在学生成绩管理系统的应用中，经常需要查询“学生学号、姓名、课程号、授课教师、成绩”这几列信息，因此需要创建一个名为 view_xscj 的视图，要求该视图中包含选修了课程号为“101”“102”的“学生学号、姓名、课程号、授课教师、成绩”列以便查询使用。

```
mysql> create view view_xscj
    -> as
    -> select xsqk. 学号 , 姓名 ,kc. 课程号 , 授课教师 , 成绩
    -> from xsqk,kc,cj
    -> where xsqk. 学号 =cj. 学号 and kc. 课程号 =cj. 课程号 and kc. 课程号 in('101','102');
```

【实施 2】通过视图 view_xscj 来查询不及格学生的学号、姓名、课程号和成绩。

```
mysql> select 学号 , 姓名 , 课程号 , 成绩
    -> from view_xscj;
    -> where 成绩 <60;
```

查询结果如图 4-11 所示。

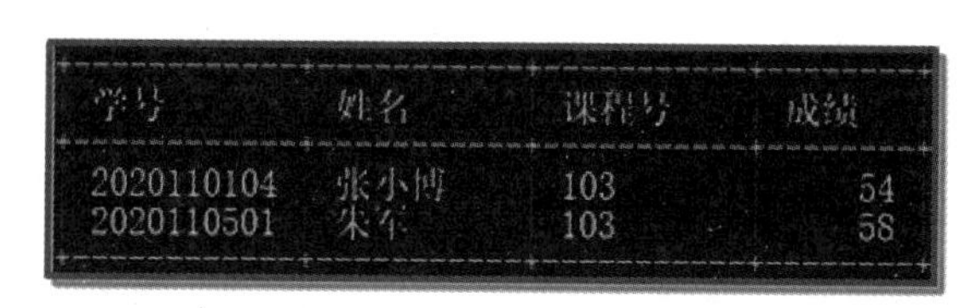

学号	姓名	课程号	成绩
2020110104	张小博	103	54
2020110501	朱军	103	58

图 4-11　查询结果

【实施 3】使用 DESC 语句查看视图 view_xscj 的字段信息。

```
mysql> desc view_xscj;
```

视图 view_xscj 的字段信息如图 4-12 所示。

Field	Type	Null	Key	Default	Extra
学号	char(10)	NO		NULL	
姓名	varchar(10)	NO		NULL	
课程号	char(3)	NO		NULL	
授课教师	varchar(10)	YES		NULL	
成绩	tinyint	YES		0	

图 4-12　视图 view_xscj 的字段信息

【实施 4】由于在学生成绩管理系统的应用中，学生选课时还需要了解该课程的开课学期，因此需要向视图 view_xscj 中添加“开课学期”列。

```
mysql> alter view view_xscj
    -> as
    -> select xsqk. 学号 , 姓名 ,kc. 课程号 , 开课学期 , 授课教师 , 成绩
    -> from xsqk,kc,cj
    -> where xsqk. 学号 =cj. 学号 and kc. 课程号 =cj. 课程号 and kc. 课程号 in('101','102');
```

【实施 5】删除视图 view_xscj。

```
mysql> drop view if exists
    -> view_xscj;
```

任务拓展

1. 使用工具软件创建视图并查询视图数据

【拓展 1】在工具软件 SQLyog 中完成本项目【任务 1】中创建的视图，并查询视图数据。

在 SQLyog 软件中创建视图的过程如下。

在 SQLyog 的“对象浏览器”窗口中，定位到要创建视图的数据库并展开树形结构，再在“视图”上单击右键，选择所弹出下拉菜单中的“创建视图”命令，如图 4-13 所示。

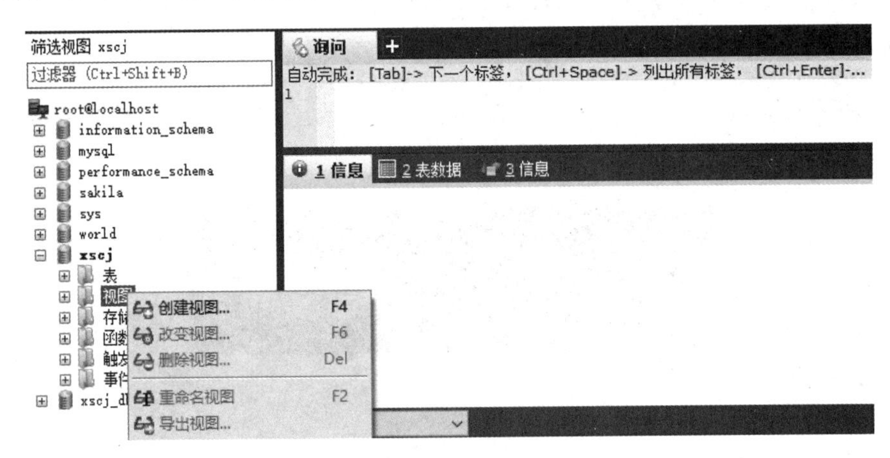

图 4-13　选择创建视图命令

出现如图 4-14 所示的“输入新视图名称”对话框。

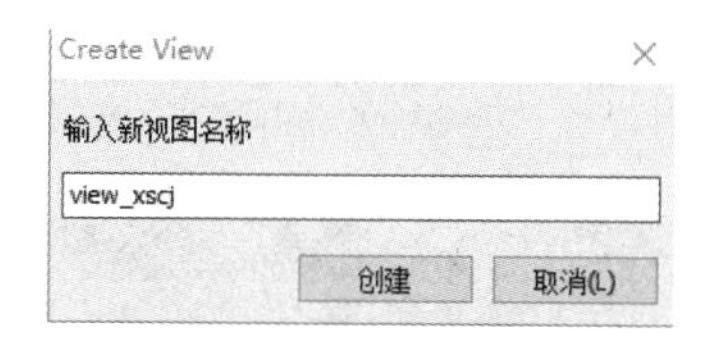

图 4-14 输入新视图名称

在图 4-14 中单击“创建”按钮，弹出如图 4-15 所示的代码界面。

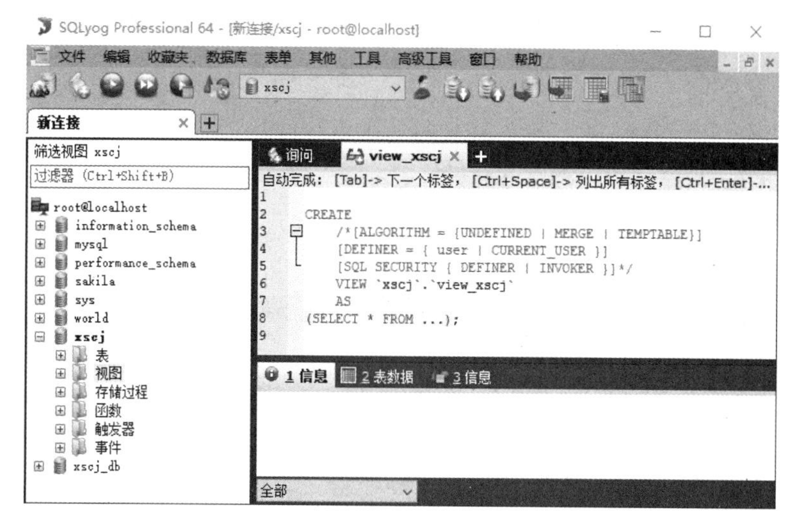

图 4-15 视图代码界面

对图 4-15 中的视图代码进行修改，修改后的视图代码如图 4-16 所示。

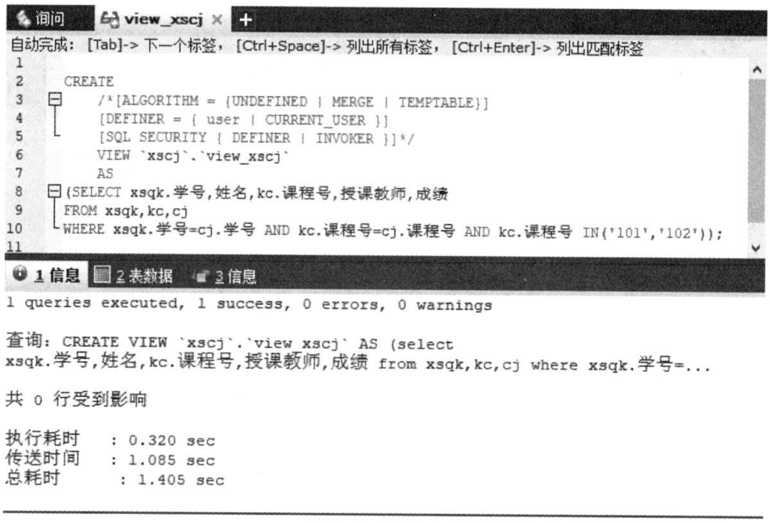

```
询问   view_xscj
自动完成: [Tab]-> 下一个标签, [Ctrl+Space]-> 列出所有标签, [Ctrl+Enter]-> 列出匹配标签
1
2   CREATE
3       /*[ALGORITHM = {UNDEFINED | MERGE | TEMPTABLE}]
4       [DEFINER = { user | CURRENT_USER }]
5       [SQL SECURITY { DEFINER | INVOKER }]*/
6       VIEW `xscj`.`view_xscj`
7       AS
8   (SELECT xsqk.学号,姓名,kc.课程号,授课教师,成绩
9   FROM xsqk,kc,cj
10  WHERE xsqk.学号=cj.学号 AND kc.课程号=cj.课程号 AND kc.课程号 IN('101','102'));
11
1 信息   2 表数据   3 信息
1 queries executed, 1 success, 0 errors, 0 warnings

查询: CREATE VIEW `xscj`.`view_xscj` AS (select
xsqk.学号,姓名,kc.课程号,授课教师,成绩 from xsqk,kc,cj where xsqk.学号=...

共 0 行受到影响

执行耗时   : 0.320 sec
传送时间   : 1.085 sec
总耗时     : 1.405 sec
```

图 4-16 修改后的视图代码

在 SQLyog 中查看视图数据信息的方式有两种：一种方式是通过在 SQLyog 中输入 SQL 语句来查询视图数据信息，如图 4-17 所示。

```
SELECT * FROM view_xscj;
```

学号	姓名	课程号	授课教师	成绩
2020110101	朱军	101	李平	83
2020110103	张庆国	101	李平	78
2020110105	钟鹏香	101	李平	65
2020110106	李家琪	101	李平	56
2020110401	陈勇	101	李平	57
2020110101	朱军	102	童华	64
2020110102	龙婷婷	102	童华	72
2020110106	李家琪	102	童华	57

图 4-17　在 SQLyog 中查询视图数据信息

另一种查看视图数据信息的方式更简单，直接在图 4-16 中单击“2 表数据”选项即可，如图 4-18 所示。

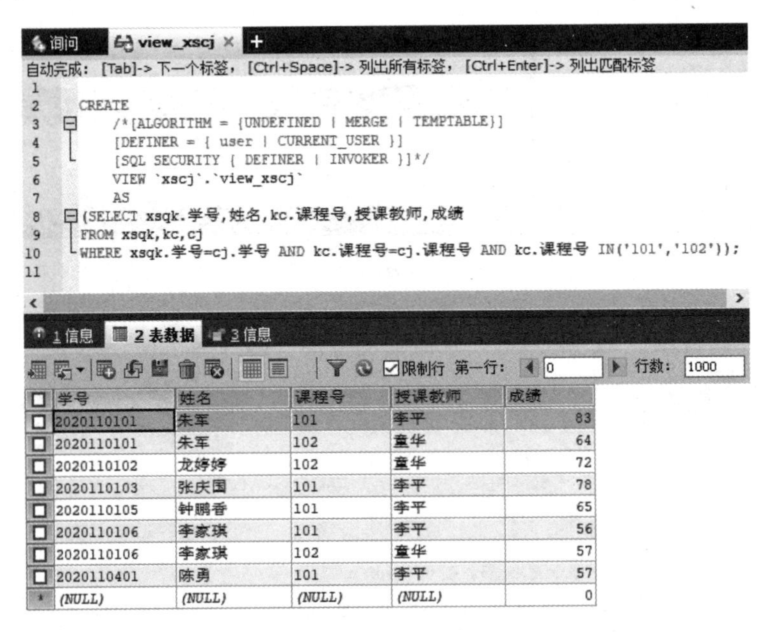

图 4-18　单击“2 表数据”选项查看视图数据信息

2. 使用工具软件查看视图

在工具软件 SQLyog 中，可以很方便地查看视图的结构信息和定义语句。

【拓展 2】在工具软件 SQLyog 中查看视图 view_xscj 的结构信息和定义语句。

在 SQLyog 的“对象浏览器”窗口中，定位并展开数据库 xscj，展开“视图”后，再定位到 view_xscj 视图上，然后选择“3 信息”，如图 4-19 所示。

在图 4-19 中，可以选择“文本 / 详细”选项以文本格式显示视图的信息。

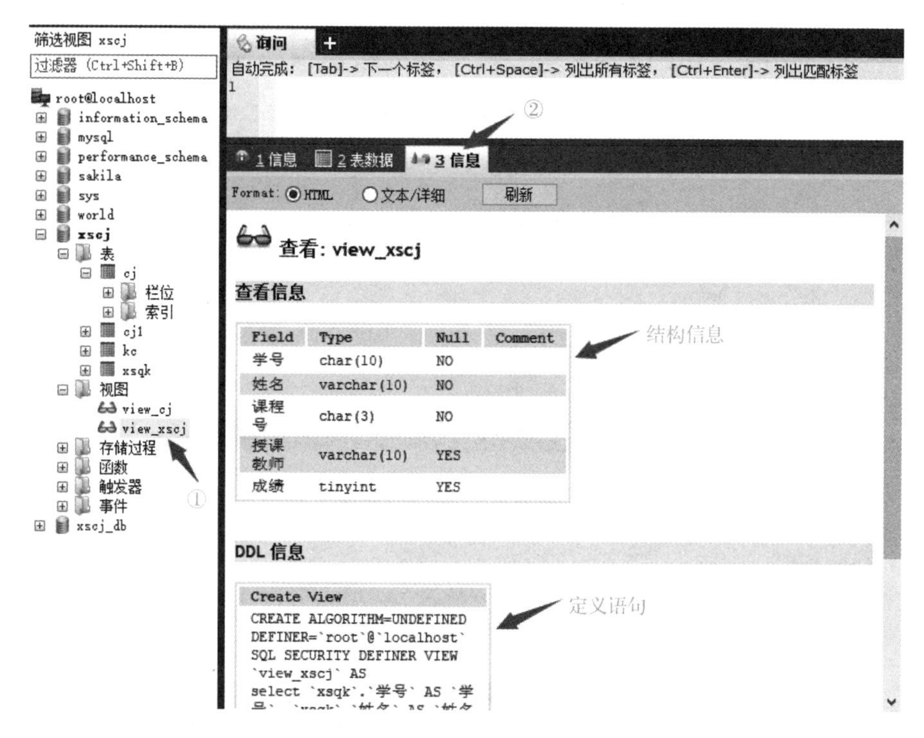

图 4-19　查看 view_xscj 视图的结构信息和定义语句

3. 使用工具软件修改视图

【拓展 3】在工具软件 SQLyog 中修改 view_xscj 视图，要求修改后的视图中包含除选修课程号为“101”“102”以外的其他课程号的学生学号、姓名、课程号、授课教师、成绩。

在 SQLyog 软件中修改视图的过程如下。

在 SQLyog 的“对象浏览器”窗口中，定位到 XSCJ 数据库并展开树形结构，并展开“视图”选项，然后在 view_xscj 上单击右键，选择弹出下拉菜单中的“改变视图”命令，如图 4-20 所示。

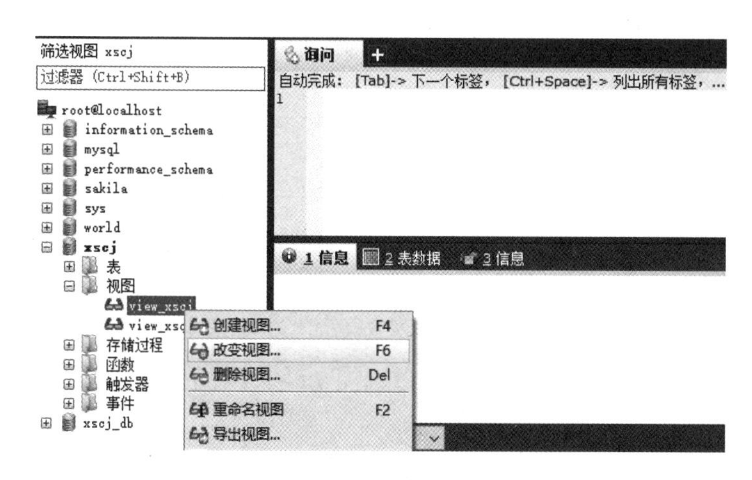

图 4-20　选择“改变视图”命令

出现如图 4-21 所示的视图代码界面。

```
询问    view_xscj ×  +
自动完成：[Tab]-> 下一个标签，[Ctrl+Space]-> 列出所有标签，[Ctrl+Enter]-> 列出匹配...
1   DELIMITER $$
2
3   ALTER ALGORITHM=UNDEFINED DEFINER=`root`@`localhost` SQL SECURITY DEF
4   SELECT
5     `xsqk`.`学号`     AS `学号`,
6     `xsqk`.`姓名`     AS `姓名`,
7     `kc`.`课程号`     AS `课程号`,
8     `kc`.`授课教师`   AS `授课教师`,
9     `cj`.`成绩`       AS `成绩`
10  FROM ((`xsqk`
11      JOIN `kc`)
12     JOIN `cj`)
13  WHERE ((`xsqk`.`学号` = `cj`.`学号`)
14         AND (`kc`.`课程号` = `cj`.`课程号`)
15         AND (`kc`.`课程号` IN('101','102')))$$
16
17  DELIMITER ;
1 信息   2 表数据   3 信息
```

图 4-21　视图代码界面

在图 4-21 中，按照新的要求，将代码进行修改，并单击界面中的按钮执行所有查询，得到如图 4-22 所示的结果。

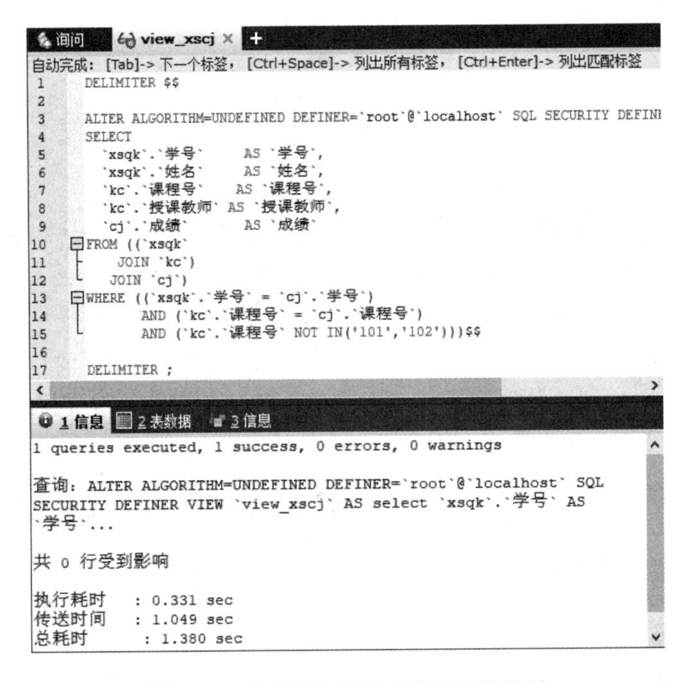

图 4-22　修改并执行所有查询后的界面

4. 在 SQLyog 中，通过视图对基表数据进行添加、更新和删除操作

【拓展 4】在工具软件 SQLyog 中，通过视图 view_cj 对基表 CJ 的数据进行添加、更新和删除操作。

按图 4-18 介绍的方法，打开视图 view_cj 的“2 表数据”选项，如图 4-23 所示。

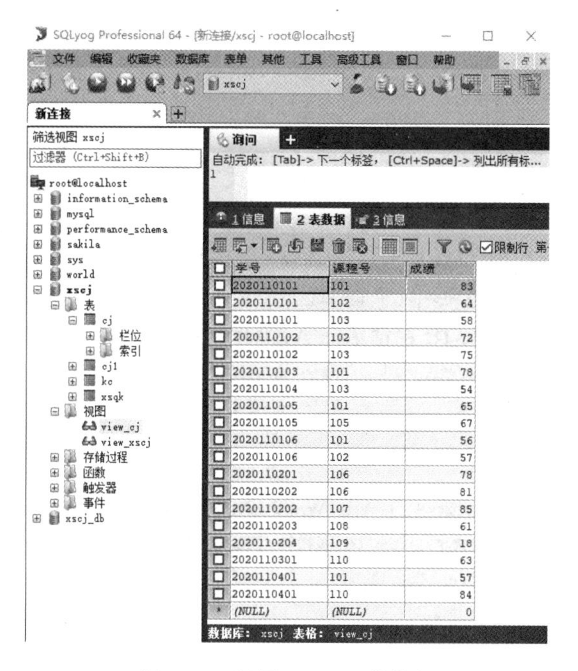

图 4-23 视图 view_cj 的数据

在图 4-23 中，可按照在 SQLyog 中对表数据添加、更新和删除的方法来完成视图对基表的操作。

注意：通过视图操作基表数据时，采用 SQLyog 工具软件所遵循的各种规则约束与采用命令行方式是完全一样的，包括遵循非空约束、参照完整性约束、多基表限制等。

5. 在 SQLyog 中删除视图

【拓展 5】在工具软件 SQLyog 中删除视图 view_cj。

展开数据库 xscj 及视图，在要删除的视图 view_cj 上单击右键，再在弹出的下拉菜单中选择“删除视图”命令，如图 4-24 所示。

图 4-24 选择“删除视图”命令

在弹出的对话框中单击“是”按钮确认即可。

任务小结

在本任务中完成了索引和视图的创建及管理，包括以下几个方面：

- 使用 CREATE INDEX 命令创建索引。
- 使用 SHOW CREATE TABLE 或 SHOW INDEX FROM 命令查看索引。
- 使用 DROP INDEX 或 ALTER TABLE 命令删除索引。
- 在 SQLyog 中完成索引的创建和管理。
- 使用 CREATE VIEW 命令创建索引。
- 使用 DESC 或 SHOW CREATE VIEW 命令查看视图。
- 使用 ALTER 或 CREATE OR REPLACE VIEW 命令修改视图。
- 使用 DROP VIEW 命令删除视图。
- 在 SQLyog 中完成视图的创建和管理。

课堂实训

【实训目的】

1. 掌握索引的创建与管理方法。
2. 掌握视图的创建与管理方法。

【实训内容】

在测试数据库 XSCJ_db 中完成以下练习。

1. 在 XSQK_db 表的“专业名”列上建立一个升序索引 index_1。

```
mysql> create index index_1
    -> on xsqk_db( 专业名 );
```

2. 在 XSQK_db 表的“所在学院”列上建立一个降序索引 index_2。

```
mysql> create index index_2
    -> on xsqk_db( 所在学院 desc);
```

3. 在 XSQK_db 表的“专业名”和“所在学院”列上建立一个复合索引 index_3。

```
mysql> create index index_3
    -> on xsqk_db( 专业名 , 所在学院 );
```

4. 在 KC_db 表的“课程名”列上建立一个唯一索引 index_4。

```
mysql> create index index_4
    -> on kc_db( 课程名 );
```

5. 在 XSQK_db 表的“备注”列上建立一个全文索引 index_5。

```
mysql> create unique index index_5
    -> on xsqk_db( 备注 );
```

6．查看 XSQK_db 表上定义了哪些索引。

```
mysql>show index from xsqk_db;
```

7．删除 XSQK_db 表上的索引 index_1。

```
mysql> drop index index_1
    -> on xsqk_db;
```

8．在数据库 XSCJ_db 中建立视图 view_1，视图中包括学号、课程号和成绩列。

```
mysql> create view view_1
    -> as
    -> select 学号 , 课程号 , 成绩
    -> from cj_db;
```

9．在数据库 XSCJ_db 中建立视图 view_2，视图中包含 xsqk_db 表的所有列。

```
mysql> create view view_2
    -> as
    -> select *
    -> from xsqk_db
```

10．在数据库 XSCJ_db 中建立视图 view_3，视图中包括 2002 年以后出生的学生学号、姓名、课程号、课程名和成绩列。

```
mysql> create view view_3
    -> as
    -> select xsqk_db. 学号 , 姓名 ,kc_db. 课程号 , 课程名 , 成绩
    -> from xsqk_db,cj_db,kc_db
    -> where xsqk_db. 学号 =cj_db. 学号 and kc_db. 课程号 =cj_db. 课程号 and 出生日期 >='20020101';
```

11．通过视图 view_1 向 CJ 中添加一条成绩记录。

```
mysql> insert into view_1( 学号 , 课程号 , 成绩 )
    -> values('20200101','101',65);
```

12．修改视图 view_3，使该视图中包含 2002 年以后出生且是云计算专业的学生学号、姓名、课程号和成绩列。

```
alter view view_3
as
select xsqk_db. 学号 , 姓名 , 课程号 , 成绩
from xsqk_db,cj_db
where xsqk_db. 学号 =cj_db. 学号 and 出生日期 >='20020101' and 专业名 =' 云计算 ';
```

13．对视图 view_3 进行查询。

```
mysql> select * from view_3;
```

14．删除 view_2 中女同学的记录。

```
delete from view_2
where 性别 =' 女 ';
```

思考与练习

一、填空题

1．视图是从 ________ 中导出的表，数据库中实际存放的是视图的 ________。

2．如果在视图中删除或修改一条记录，则相应地 ________ 也会发生变化。

3．当对视图进行 UPDATE、INSERT 和 DELETE 操作时，要求所有的操作都必须符合由查询语句设置的规则，可以在视图定义中加上 ________。

4．在 MySQL 中，有两种基本类型的索引，即 ________ 和唯一索引。

5．创建唯一索引时，如果创建索引的列有重复值，应先将其 ________，否则索引不能创建成功。

6．每次访问视图时，视图都是从 ________ 中提取所包含的列的。

7．________ 就是在创建索引时，不附加任何限制条件。

8．唯一索引要求索引列的值是唯一的，需要使用关键字 ________ 来标明其是唯一索引。

9．每个表都有一个 ________，并且只有一个，一般是在为表创建主键时自动创建的。

10．MySQL 中提供了一种称为 ________ 的技术，主要关联在数据类型为 CHAR、VARCHAR 和 TEXT 等长字符字段上。

11．可以使用关键字 SHOW CREATE TABLE 或关键字 ________ 来查看索引信息。

12．删除索引可以使用 DROP 关键字，也可以使用 ________ 关键字。

13．当视图的内容来自 ________ 基表时，不允许添加和删除数据。

14．创建视图的关键字是 ________。

15．一般情况下最好将视图作为查询数据的虚拟表，而不要通过视图 ________。

二、选择题

1．以下不属于视图特点的是（　　）。

A．物理数据独立　　B．数据视点集中

C．简化操作　　D．提高安全性

2．数据库中的物理数据存储在下列哪种对象里？（　　）

A．视图　　B．表　　C．查询　　D．索引

3．下列关于视图的描述，错误的是（　　）。

A．视图只是一个虚拟的表

B．视图中没有存放物理数据

C．在一个 UPDATE 语句中，一次可以修改多个视图对应的基表

D．当对视图进行修改时，相应的基表数据也会发生变化

4．为数据表创建索引的目的是（　　）。

A．提高查询的效率　B．创建主键　　C．创建约束　　D．创建唯一索引

5．为提高查询性能，并要求数据库中保存排好序的物理数据，可以进行的操作是（　　）。

A．创建一个唯一索引　　B．创建一个约束

C．创建一个视图　　D．创建一个聚集索引

6．下面关于索引的描述正确的是（　　）。

A．使用索引可以提高数据的查询速度和更新速度

B．使用索引对数据的查询速度和更新速度都没有影响

C．使用索引可以提高数据的查询速度，但会降低数据的更新速度

D．在一个表中应大量使用索引

7．创建索引的关键字是（　　）。

A．CREATE VIEW　　B．CREATE INDEX

C．CREATE DATABASE　　D．CREATE TABLE

8．删除一个视图的关键字是（　　）。

A．DROP VIEW　　B．ALTER VIEW

C．CREATE OR REPLACE VIEW　　D．UPDATE VIEW

三、按要求写 SQL 语句

1．创建一个名为“V_不及格学生信息”的视图，在该视图中包含所有不及格学生的学号、姓名、专业名、课程号、成绩信息。

2．在 xsqk 表中创建一个名为“V_选课信息”的视图，显示“网络工程”学生的选课信息，包括学号、姓名和课程名。

3．创建一个名为“V_开课信息”的视图，在该视图中包含课程号、课程名、开课学期和学时列，并要求包含前 3 个学期所开课程。

4．为 kc 表的课程名字段创建唯一索引，索引名为 INDEX_课程名。

任务 2 创建存储过程和存储函数

任务描述

在学生成绩管理系统中，学生需要查询授课教师、课程、成绩及学分等信息；老师需要了解学生的基本信息，查询学生成绩、名次、学分、选课情况等，并且这些查询需求需要多次反复被执行。

任务分析

为了使学生成绩管理系统能够具有重复查询与统计的功能，开发团队需要完成以下工作：

✧ 创建存储过程处理重复性的复杂业务。

✧ 使用和管理存储过程。

✧ 创建存储函数处理重复性的复杂业务。

✧ 使用和管理存储函数。

4.2.1 创建和使用存储过程

任务储备

在使用学生成绩管理系统的过程中，有众多学生和老师们需要查询数据库中的各项信息，往往这些查询是重复性的操作，因此在进行数据库系统开发的时候，针对这种提供重复性操作的功能，开发人员可以通过创建存储过程实现。

1. 什么是存储过程

在用户对数据表的操作过程中，往往不能利用单条 SQL 语句实现一个完整操作目的，通常需要一组 SQL 语句来实现，存储过程（或函数）就是一组 SQL 语句的预编译集合，即将一组对数据表操作的 SQL 语句当作一个整体来执行。通过应用程序调用存储过程（或函数），可以接收参数、输出参数、返回单个或多个结果集。

存储过程是一种独立的数据库对象，其是在服务器上创建和运行的。存储过程与存储在客户机的本地 SQL 语句相比有以下优点。

➢ 提高执行效率

采用批处理的 Transaction-SQL 语句，需要在每次运行时进行编译和优化，因此执行效率较低；而存储过程是系统在首次运行时就会对其进行分析和优化，并将其驻留在高速缓存中，从而提高了执行效率。

➢ 模块化程序设计

一个存储过程和函数就是一个模块，用于封装并实现特定的功能，在以后的程序中可多次重复被调用，从而改进了应用程序的可维护性。

➢ 降低网络流量

客户端调用存储过程和函数时，网络中传送的只是该调用语句，而不必从客户端发送大量 SQL 语句，从而大大降低了网络流量和网络负载。

➢ 存储过程提供了一种安全机制

系统管理员通过执行某一存储过程的权限限制，能够实现对相应数据的访问权限限制，避免了非授权用户对数据的访问，从而保证了数据的安全。

2. 创建存储过程

创建存储过程的语法规则如下：

```
CREATE PROCEDURE 存储过程名 ([ 参数 [，…]])
    存储过程体
```

其中：

参数：在存储过程中，可以有 0 个、1 个或多个参数，每个参数的形式如下：

```
[IN|OUT|INOUT] 参数名 类型
```

每个参数由三部分组成：

（1）“IN|OUT|INOUT”：表示三种类型的参数，即输入参数 IN、输出参数 OUT，以及输入 / 输出参数 INOUT，默认为输入参数 IN。

（2）参数名：指参数的名称。

（3）类型：可以是 MySQL 软件所支持的任意一种数据类型。

存储过程体：指存储过程实现的功能，由若干条 SQL 语句组成，这若干条 SQL 语句以 BEGIN 开始，以 END 结束。

在创建存储过程之前，需要先了解一下 DELIMITER 命令，这是一个非常有用的命令：在 MySQL 服务器处理 MySQL 语句时，默认以分号为结束标志。但是在创建存储过程中，可能包含多个 MySQL 语句，每个 MySQL 语句都以分号为结尾，这会使服务器在处理到第一个分号时就会认为程序结束，从而导致后面的 MySQL 语句不能被执行。因此，在 MySQL 中提供了 DELIMITER 命令，将 MySQL 的结束标志修改为其他符号。

修改 MySQL 语句结束标志的语法格式如下：

```
DELIMITER $$
```

其中，$$ 是用户定义的结束符，也可以用其他一些符号，如“##”“//”等。

注意：在完成对存储过程的定义后，一般需要将 MySQL 语句的结束标志恢复为默认的“；”，运行命令“DELIMITER;”即可。

【创建存储过程示例】编写一个存储过程，其功能是删除数据库 XSCJ 的 CJ1 表中指定学号的学生成绩。

```
mysql> use xscj;
mysql> delimiter ##
mysql> create procedure del_cj(in xh char(10))
      -> begin
      -> delete from cj1 where 学号 =xh;
      -> end ##
mysql> delimiter ;
```

3. 存储过程体

在组成存储过程体的 SQL 语句中，可以使用与其他语言程序类似的常量、局部变量，以及较为复杂的程序设计流程控制结构。如上面【创建存储过程示例】中，在 begin 和 end 之间的语句就是存储过程体。

（一）常量

常量是指在程序运行过程中保持不变的量。在 SQL 程序设计中，常量的格式取决于其表示值的数据类型。在 MySQL 中，常用的常量类型及说明如表 4-5 所示。

表 4-5　常用的常量类型及说明

常量类型	示　例
实型常量	12.3，-56.4，12E3
整型常量	342，-32，0×2aef（十六进制）
字符串常量	括在单引号或双引号内的，由大小写字母、数字、符号组成，如‘abc#’‘abc%’“abc-def！”
日期常量	‘2016-04-20’’2016/04/21’
布尔常量	TRUE（对应数值为 1），FALSE（对应数值为 0）
NULL 值	表示“无数据”，不同于空字符串和数字 0

（二）变量

变量是指在程序执行过程中其值可以改变的量。变量用于存储程序执行过程中的输入值、中间结果和最后计算结果，与数学中的变量概念基本一样。变量在命名时要满足对象标识符的命名规则。

在 MySQL 中有 4 种类型的变量：全局变量、会话变量、用户变量和局部变量。其中，局部变量就是在存储过程体中使用的变量。

由于存储过程体是在 begin 和 end 之间的语句块，因此，局部变量就是在 begin...end 语句块中所定义的变量，其作用域仅限于该语句块，在该语句块执行完毕后，局部变量就消失了。

在 MySQL 中定义局部变量的语法规则如下：

```
DECLARE 局部变量名 类型 [DEFAULT 值 ];
```

说明　如果没有为定义的变量赋默认值，则默认值为 NULL；
局部变量只能在 begin...end 语句中定义，并且只能在 begin...end 语句中的第一行。

在定义完局部变量之后，可以用 SET 语句为变量赋值，其语法格式是：

```
SET 局部变量名 = 表达式
```

变量的值可以使用 SELECT 语句输出，其语法格式是：

```
SELECT 局部变量名
```

【定义局部变量示例】编写一个存储过程 sum_add，其功能是完成两个整数的相加。

```
mysql> DELIMITER //
mysql> create procedure sum_add(in x int,in y int)
    -> begin
    -> declare z int default 0;
    -> set z=x+y;
    -> select z;
```

```
    -> end //
Query OK, 0 rows affected (0.02 sec)
mysql> delimiter ;
```

4．调用存储过程

存储过程可以被程序、触发器或其他存储过程调用。其调用的语法规则如下：

```
CALL 存储过程名 ([ 参数 [，…]])
```

其中：

存储过程名：要调用某个特定数据库的存储过程，需要在存储过程名前指明该数据库名。

参数：参数的个数等于定义该存储过程的参数个数。

【调用存储过程示例 1】调用存储过程 proc_del_cj()。

```
mysql> call proc_del_cj('2020110401');
Query OK, 0 rows affected (0.01 sec)
```

【调用存储过程示例 2】调用存储过程 sum_add。

```
mysql> call sum_add(12,24);
+------+
| z    |
+------+
|   36 |
+------+
1 row in set (0.00 sec)
Query OK, 1 row affected (0.01 sec)
```

5．查看存储过程

有两种方式可以查看存储过程。

（一）查看在数据库中已创建的存储过程

其语法规则如下：

```
SHOW PROCEDURE STATUS ;
```

（二）查看存储过程的定义代码

其语法规则如下：

```
SHOW CREATE PROCEDURE 存储过程名 \G;
```

6．修改存储过程

使用 ALTER 语句可以对存储过程或函数进行修改，但一般常用的修改存储过程的方法是先删除原存储过程，再重新定义。

应用技巧：

可以用“SHOW CREATE PROCEDURE 存储过程名 \G;”语句查看代码，复制到文本编辑器或工具软件 SQLyog 中进行修改，在运行修改后的存储过程之前删除原来的存储过程即可。

7. 删除存储过程

当 MySQL 数据库中存在废弃的存储过程时，可以将它从数据库中删除。

删除存储过程的语法格式如下：

```
DROP PROCEDURE   [ IF EXISTS ] 存储过程名
```

其中：

IF EXISTS：用于防止因删除不存在的存储过程而引发错误。

注意：在删除该存储过程之前，必须确认该存储过程没有任何依赖关系，否则会导致与之关联的其他存储过程无法运行。

8. 流程控制语句

在 MySQL 语言中，可以使用流程控制语句来控制语句的执行，但是其只能在存储过程或函数、触发器或事务中定义使用。

（一）IF 条件控制语句

IF 条件控制语句具有多种结构，是流程控制中最常用的判断语句。其使用条件表达式的布尔运算结果来决定 SQL 将执行什么样的语句。

IF 条件控制语句的语法格式如下：

```
IF 条件表达式 THEN
   语句块 1
[ELSEIF   条件表达式 2 THEN 语句块 2]...
[ELSE 语句块 n]
END IF;
```

其中：

条件表达式是一个布尔值，用于决定 IF 执行的分支；

语句块是前面的条件表达式成立时要执行的语句。

【IF 条件控制语句示例】在存储过程 proc1 中使用 IF 条件控制语句。

```
mysql> delimiter //
mysql> create procedure proc1(in xh char(10))
       -> reads sql data
       -> begin
       -> if(select 学号 from xsqk where xsqk. 学号 =xh) is NULL then
       -> select ' 无此学生信息 ' as 学生信息 ;
       -> else
       -> select 学号 , 姓名 , 性别 , 专业名 from xsqk where xsqk. 学号 =xh;
       -> end if;
       -> end //
Query OK, 0 rows affected (0.01 sec)
```

调用存储过程 proc1 来查看 IF 条件语句的执行情况，其结果如图 4-25 所示，条件表达式的值决定了 IF 条件语句的执行分支。

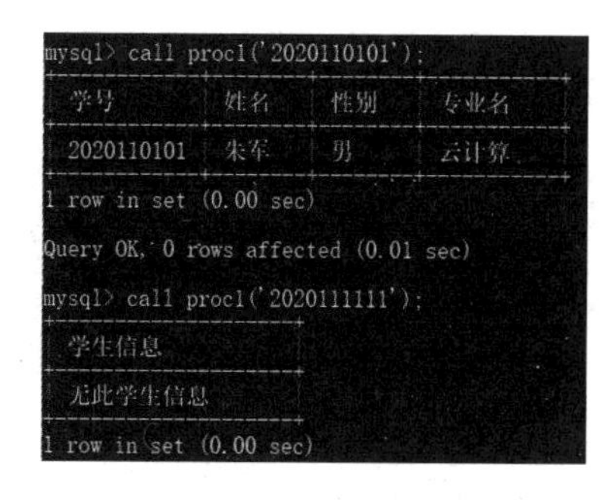

```
mysql> call proc1('2020110101');
+------------+------+------+--------+
| 学号       | 姓名 | 性别 | 专业名 |
+------------+------+------+--------+
| 2020110101 | 朱车 | 男   | 云计算 |
+------------+------+------+--------+
1 row in set (0.00 sec)

Query OK, 0 rows affected (0.01 sec)

mysql> call proc1('2020111111');
+----------------+
| 学生信息       |
+----------------+
| 无此学生信息   |
+----------------+
1 row in set (0.00 sec)
```

图 4-25　IF 条件语句的执行结果

（二）CASE 分支结构

CASE 分支结构可以提供多个条件进行选择，其效果与 IF 条件语句类似。CASE 分支结构的语法规则如下：

```
CASE case_ 值
    WHEN when_ 值 1 THEN 语句 1
    [WHEN when_ 值 2 THEN 语句 2]...
    [ELSE 语句 n]
END CASE
```

其中，“case_ 值”是使用 CASE 语句时的表达式，当 WHEN 后的某个“when_ 值 *i*”与“case_ 值”相同时，则执行对应的语句 *i*，当所有的“when_ 值”与“case_ 值”都不相同时，则执行 ELSE 后的语句。

【CASE 分支结构示例】使用 CASE 分支结构来判断学生成绩等级。

```
mysql> delimiter //
mysql> create procedure proc2(in xh char(10),in kch char(3))
    -> begin
    -> declare fs tinyint;
    -> if(select 学号 from cj where 学号 =xh and 课程号 =kch) is NULL then
    -> select '无此学生成绩' as 学生成绩;
    -> else
    -> select 成绩 into fs from cj where 学号 =xh and 课程号 =kch;
    -> set fs=floor(fs/10);                    #floor 是 MySQL 的一个取整函数
    -> case fs
    -> when 9||10 then select '优秀'   as '成绩等级';
    -> when 8 then select '良好'   as '成绩等级';
    -> when 7 then select '中等'   as '成绩等级';
    -> when 6 then select '及格'   as '成绩等级';
    -> else
    -> select '不及格'   as '成绩等级';
    -> end case;
    -> end if;
    -> end //
Query OK, 0 rows affected (0.01 sec)
```

查看该 CASE 分支结构的执行结果，如图 4-26 所示。

```
mysql> call proc2('2020110101','101');
+-----------+
| 成绩等级  |
+-----------+
| 良好      |
+-----------+
1 row in set (0.01 sec)

Query OK, 0 rows affected (0.01 sec)

mysql> call proc2('2020110101','106');
+--------------+
| 学生成绩     |
+--------------+
| 无此学生成绩 |
+--------------+
1 row in set (0.00 sec)
```

图 4-26　CASE 分支结构的执行结果

（三）LOOP 循环控制语句

LOOP 语句的作用是循环地执行指定的语句序列。在基本的 LOOP 和 END LOOP 语句之间没有包含中止循环条件，一般采用与其他条件控制语句一起使用（如 IF 语句）的方式。在 MySQL 中使用 LEAVE 来中断 LOOP 循环控制语句。

LOOP 循环控制语句的语法规则：

```
[begin_label:]
LOOP
   语句序列；
   [ITERATE begin_label;]
   [LEAVE begin_label1;]
END LOOP;
```

其中：

“begin_label”是开始循环标签，当 LOOP 与 END LOOP 间的“语句序列”执行完成后，再次返回循环标签处开始执行。

“语句序列”中一般含有 IF 判断语句，用于判断是迭代循环（用“ITERATE begin_label”回到标签处进行下一次循环）还是跳出循环（执行“LEAVE begin_label1”语句）。

【LOOP 循环控制语句示例】使用 LOOP 循环控制语句，完成输入一个正整数并求从 1 到该正整数的累加和。

```
mysql> delimiter //
mysql> create procedure addsum(in x int)
     -> begin
     -> set @i=1,@sum=0;
     -> add_sum:loop
     -> begin
     -> set @sum=@sum+@i;
     -> set @i=@i+1;
     -> end;
     -> if @i>x then
     -> leave add_sum;
     -> end if;
     -> end loop;
     -> select @sum as 累加和；
     -> end //
```

```
mysql> delimiter ;
```

查看 LOOP 循环控制语句的执行结果，这里输入的数是“100”，执行结果如图 4-27 所示。

（四）WHILE 循环控制语句

WHILE 循环控制语句用于设置重复执行 SQL 语句序列的条件，当条件为真时，重复执行循环语句。和 LOOP 循环语句一样，可以在循环体内设置 LEAVE 和 ITERATE 语句来控制循环语句的执行过程。WHILE 循环控制语句的语法规则如下：

```
[begin_label:]WHILE 布尔表达式 DO
语句序列；
  [ITERATE begin_label;]
  [LEAVE begin_label1;]
END WHILE;
```

其中：

“begin_label”是循环标签，当 WHILE 与 END WHILE 间的“语句序列”执行完成后，再次返回循环标签处开始执行。

“语句序列”中一般含有 IF 判断语句，用于判断是继续循环（用 ITERATE begin_label 回到标签处进行下一次循环）还是跳出循环（执行 LEAVE begin_label1 语句）。

【WHILE 循环控制语句示例】使用 WHILE 循环控制语句求 1+2+…+100 的和。

```
mysql> delimiter //
mysql> create procedure addsum1()
    -> begin
    -> declare i int default 1;
    -> declare sum int default 0;
    -> while i<=100 do
    -> set sum=sum+i;
    -> set i=i+1;
    -> end while;
    -> select sum;
    -> end //
mysql> delimiter ;
```

查看 WHILE 循环控制语句的执行结果，如图 4-28 所示。

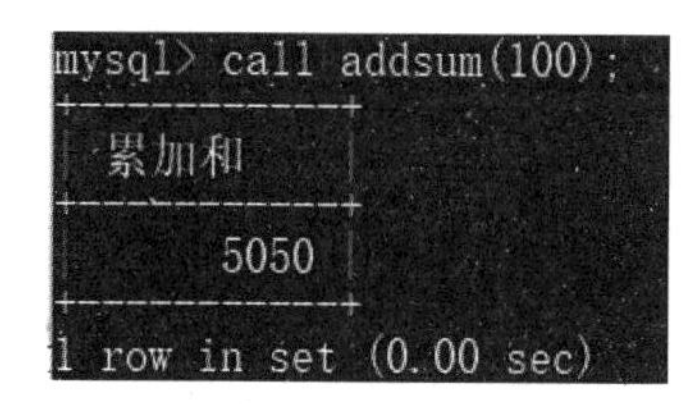

图 4-27 LOOP 循环控制语句的执行结果

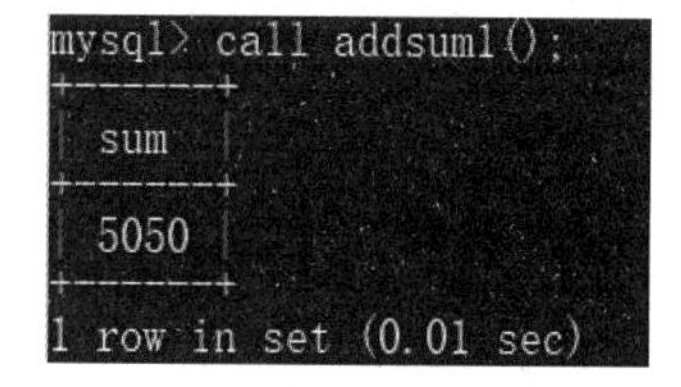

图 4-28 WHILE 循环控制语句的执行结果

任务实施

1. 创建不带参数的存储过程并调用

【实施 1】创建一个存储过程 proc_xsqk，从数据库 XSCJ 的 XSQK 表中查询出所有专业名为“信息安全”的人数。

```
mysql> use xscj;
mysql> delimiter //                          # 改变 MySQL 语句的结束标志为 //
mysql> create procedure proc_xsqk()
    -> reads sql data
    -> begin
    -> select count(*) 信息安全专业人数 from xsqk
    -> where 专业名 =' 信息安全 %' ;
    -> end //
mysql> delimiter ;                           # 把 MySQL 语句的结束标志还原为默认的 ";"
```

【实施 2】调用存储过程 proc_xsqk()。

```
mysql> call proc_xsqk();
```

存储过程执行后的结果如图 4-29 所示。

2. 创建带参数的存储过程并调用

【实施 3】创建一个存储过程 proc_drop_cj，用于删除成绩表 cj 中某个学生的所有成绩信息。

```
mysql> delimiter//
mysql> create procedure proc_drop_cj(in xh char(10))
    -> begin
    -> delete from cj
    -> where 学号 =xh;
    -> end//
mysql> delimiter ;
```

其中：

xh 是输入变量，在调用该存储过程时，该变量用于接收输入的学号。

【实施 4】调用存储过程 proc_drop_cj。

```
mysql> call proc_drop_cj('2020110401');
Query OK, 2 row affected (0.66 sec)
```

可见，在执行存储过程后有两行数据受到影响，意味着学号为“2020110401”的学生，在 CJ 表中原有两门课程的选修信息现已通过存储过程删除了。

【实施 5】创建一个带有输入 / 输出参数的存储过程 proc_count，用于统计 xsqk 表中某个指定专业名的学生人数。

```
mysql> delimiter //
mysql> create procedure proc_count(in ZYM varchar(20),out count_num int)
    -> reads sql data
    -> begin
    -> select count(*) into count_num from xsqk
    -> where 专业名 =ZYM;
    -> end //
Query OK, 0 rows affected (0.01 sec)
mysql> delimiter ;
```

其中：

ZYM 是输入变量，用于接收需要查询的专业名；

count_num 是输出变量，用于存放由统计函数 count(*) 统计出来的学生人数。

【实施 6】调用存储过程 proc_count，并显示出指定专业名的学生人数。

```
mysql> call proc_count('信息安全',@num);
Query OK, 1 row affected (0.00 sec)
```

信息安全专业的学生人数如图 4-30 所示。

```
+------------------+
| 信息安全专业人数 |
+------------------+
|                5 |
+------------------+
```

图 4-29 存储过程 proc_xsqk() 执行后的结果

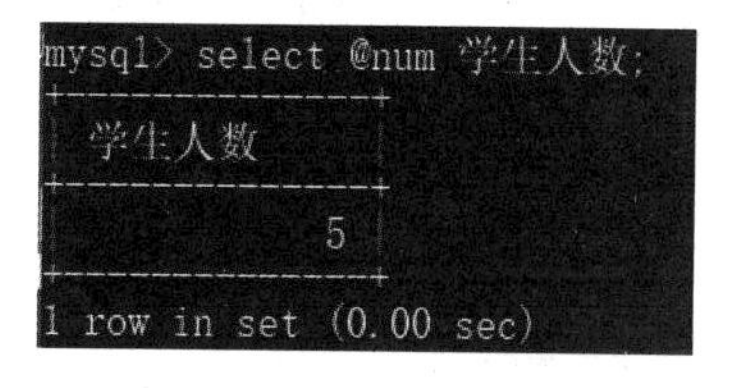

```
mysql> select @num 学生人数;
+----------+
| 学生人数 |
+----------+
|        5 |
+----------+
1 row in set (0.00 sec)
```

图 4-30 信息安全专业的学生人数

任务拓展

【拓展 1】使用工具软件 SQLyog 创建一个存储过程，用于查询选修了某门课程号的男生人数。

操作步骤：

在 SQLyog 的“对象资源管理器”窗口中的数据库 XSCJ 节点下，右击“存储过程”选项，在弹出的菜单中选择“创建存储过程”命令，如图 4-31 所示。再在弹出的对话框中输入新建的存储过程名称“count_kch”，如图 4-32 所示。

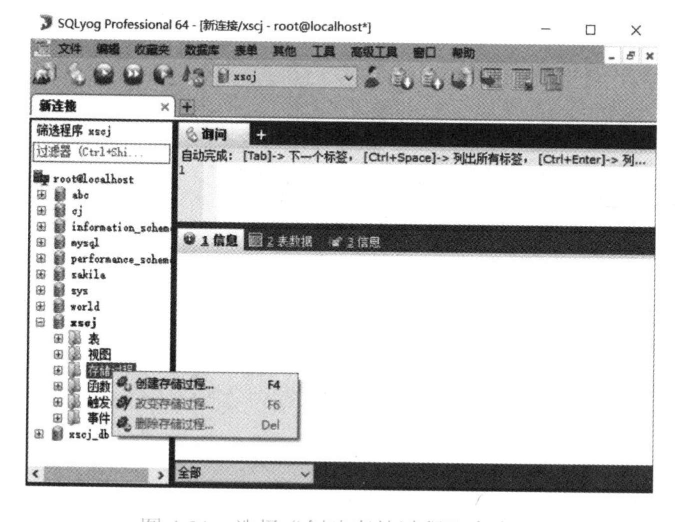

图 4-31 选择“创建存储过程”命令

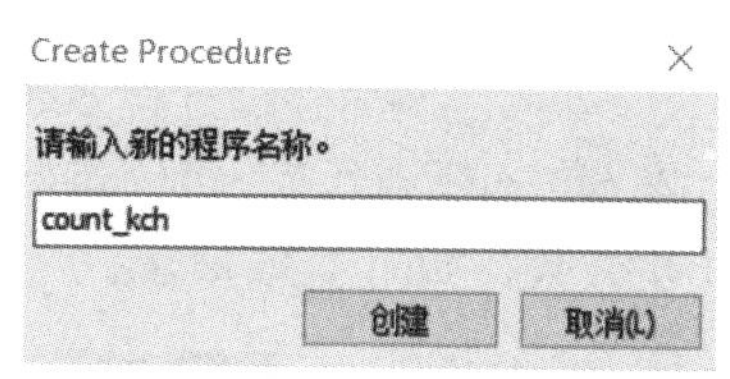

图 4-32 新建存储过程

单击“创建”按钮，得到如图 4-33 所示的存储过程设计模板。

在 proc_xskc 设计模板窗口中，修改设计模板的内容，如图 4-34 所示，然后单击界面中的按钮执行 SQL 语句。

```
DELIMITER $$

CREATE
    /*[DEFINER = { user | CURRENT_USER }]*/
    PROCEDURE `xscj`.`count_kch`()
    /*LANGUAGE SQL
    | [NOT] DETERMINISTIC
    | { CONTAINS SQL | NO SQL | READS SQL DATA | MODIFIES SQL DATA }
    | SQL SECURITY { DEFINER | INVOKER }
    | COMMENT 'string'*/
    BEGIN

    END$$

DELIMITER ;
```

图 4-33　存储过程设计模板

```
DELIMITER $$

CREATE
    PROCEDURE `xscj`.`count_kch`(IN kch CHAR(3),OUT number INT)
    READS SQL DATA
    COMMENT '查询选修了某门课程的男生人数'
    BEGIN
SELECT COUNT(*) INTO number
FROM xsqk,cj
WHERE cj.`学号`=xsqk.`学号` AND cj.课程号=kch AND 性别='男';
    END$$
```

```
1 queries executed, 1 success, 0 errors, 0 warnings
```

图 4-34　修改存储过程的设计模板内容并执行查询

从图 4-34 可见，在 SQLyog 软件中，存储过程 count_kch 已经创建成功。

【拓展 2】调用存储过程 count_kch。

在 SQLyog 中新建一个“询问”窗口，通过存储过程 count_kch 查询选修了课程号为“101”的男生人数，如图 4-35 所示。

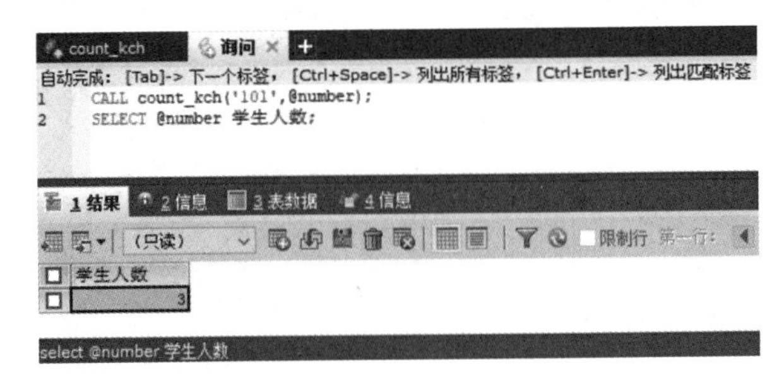

图 4-35　在 SQLyog 中调用存储过程

注意：在 SQLyog 中创建存储过程或函数时，可以在“询问”窗口中直接输入 SQL 语句创建，而无须使用“对象资源管理器”，因为使用“对象资源管理器”并不会使创建存储过程更简单。

4.2.2 创建和使用存储函数

任务储备

在学生成绩管理系统的开发过程中，很多操作都是重复性的，对于这些重复性操作的功能，开发人员可以通过创建存储函数来实现。

1. 什么是存储函数

存储函数的作用与存储过程相似，都是由 SQL 语句组成的语句块，并且可以从应用程序中调用，但其与存储过程是有区别的：

- 存储函数没有输出参数，因为函数本身就有返回值，且只能返回一个值，而存储过程可以有多个返回值。
- 不用 call 来进行存储函数调用。
- 存储函数体中有一条“return 值”语句，而存储过程没有。

2. 创建存储函数

创建存储函数的语法规则如下：

```
CREATE FUNCTION 存储函数名 ([ 参数 [，…]])
RETURNS 返回值类型
函数体 ;
```

其中：

存储函数名：指函数的名称。

参数：在存储函数中，可以有多个参数，每个参数包括名称和类型两部分。

RETURNS 返回值类型：用于声明函数返回值的数据类型。

函数体：表示存储函数实现的功能，和存储过程一样是由若干条 SQL 语句组成的，同样的流程控制方法，同样以 BEGIN 开始，以 END 结束，并且 END 结束之前必须有一条“return 值”语句用于返回存储函数的值。

【创建存储函数示例】创建一个存储函数 func_xs，要求输入学生的学号，并返回该学生的姓名。

```
mysql> DELIMITER //
mysql> CREATE FUNCTION func_xs(xh CHAR(10))
    -> RETURNS VARCHAR(10)
    -> READS SQL DATA
    -> BEGIN
    -> RETURN(SELECT 姓名
    -> FROM xsqk
    -> WHERE 学号 =xh);
    -> END //
Query OK, 0 rows affected (0.01 sec)
```

```
mysql> DELIMITER ;
```

3. 调用存储函数

存储函数的调用方法与系统使用的内置函数相同，其基本语法格式如下：

```
SELECT 存储函数名 ([ 参数 [,…]])
```

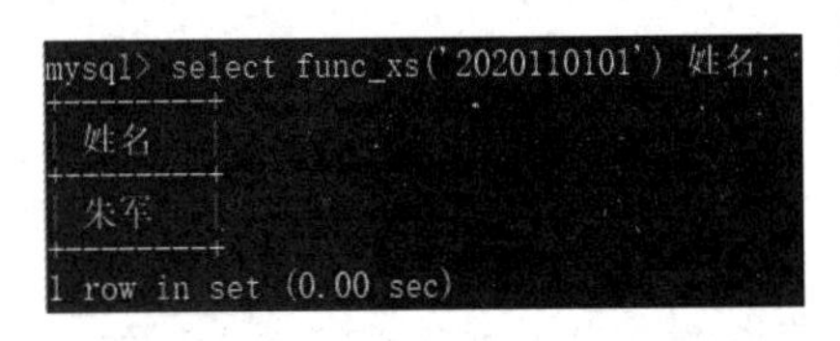

图 4-36　调用存储函数

【调用存储函数示例】调用存储函数 func_xs。

调用结果如图 4-36 所示。

4. 查看存储函数

有两种方式可以查看存储函数。

（一）查看在数据库中已创建的存储函数

其语法规则如下：

```
SHOW FUNCTION STATUS ;
```

（二）查看存储函数的定义代码

其语法规则如下：

```
SHOW CREATE FUNCTION 存储函数名 \G;
```

5. 删除存储函数

删除存储函数的基本语法格式如下：

```
DROP FUNCTION [IF EXISTS] 存储函数名
```

【删除存储函数示例】删除存储函数 func_xs。

```
mysql> drop function if exists func_xs;
Query OK, 0 rows affected (0.01 sec)
```

任务实施

【实施 1】创建存储函数 func_cj，要求输入该学生的学号和课程号后，返回该学生这门课程的成绩。

```
mysql> DELIMITER $$
mysql> CREATE FUNCTION func_cj (xh CHAR(10),kch VARCHAR(3))
    -> RETURNS DOUBLE(5,1)
    -> READS SQL DATA
    -> BEGIN
    -> RETURN(SELECT 成绩
    -> FROM cj
    -> WHERE cj. 学号 =xh AND cj. 课程号 =kch);
    -> END $$
Query OK, 0 rows affected, 1 warning (0.01 sec)
mysql> DELIMITER ;
```

【实施 2】调用存储函数 func_cj。

调用结果如图 4-37 所示。

【实施 3】创建一个函数 func_count，用于统计选了某门课程的学生人数。

```
mysql> DELIMITER //
mysql> CREATE FUNCTION func_count(kch CHAR(3))
    -> RETURNS INT
    -> READS SQL DATA
    -> BEGIN
    -> RETURN(SELECT COUNT(*)
    -> FROM cj
    -> WHERE 课程号 =kch);
    -> END //
Query OK, 0 rows affected (0.01 sec)
mysql> DELIMITER ;
```

【实施 4】调用存储函数 func_count。

调用结果如图 4-38 所示。

```
mysql> select func_cj('2020110101','101') 成绩;
+----------+
| 成绩     |
+----------+
|   83.0   |
+----------+
1 row in set (0.00 sec)
```

图 4-37 调用存储函数 func_cj

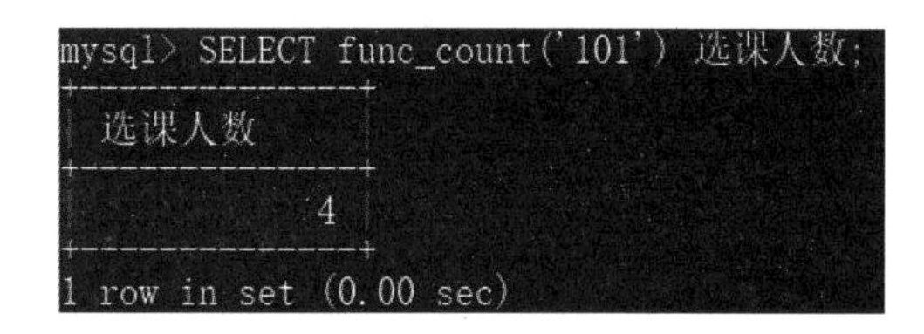

图 4-38 调用存储函数 func_count

任务拓展

【拓展 1】 使用工具软件 SQLyog 来创建一个存储函数 func_kscj，通过调用存储函数 func_cj 获得学生成绩，如果该生的这门课程成绩及格，则输出该成绩，否则提示“成绩不及格”。

操作步骤：

在 SQLyog 的“询问”窗口中，直接输入创建存储函数 func_kscj 的 SQL 语句，如图 4-39 所示。

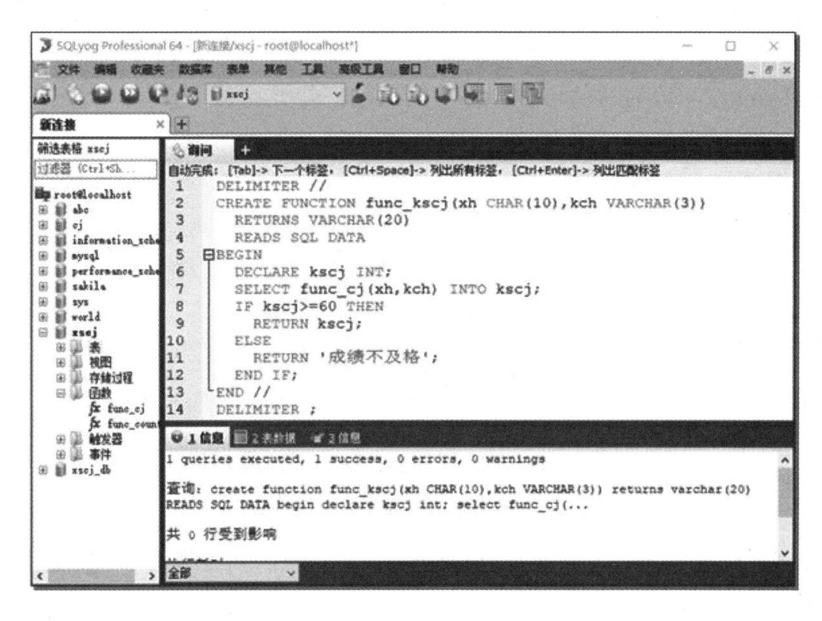

图 4-39 创建存储函数 func_kscj

【拓展 2】调用存储函数 func_kscj。

在 SQLyog 中新建一个询问窗口，通过存储函数 func_kscj 查询学号为“2020110106”、课程号为“101”的成绩情况，如图 4-40 所示。

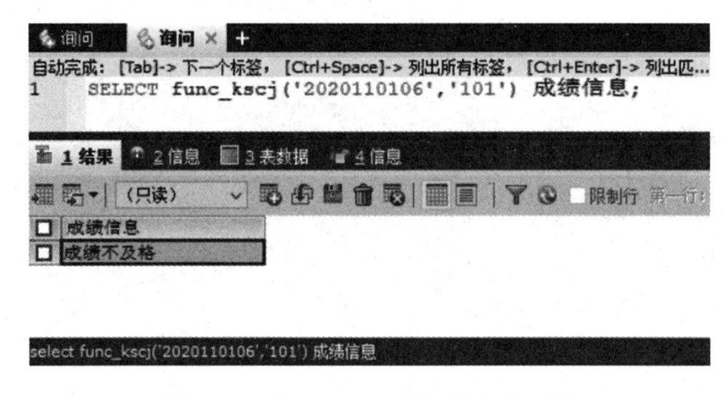

图 4-40 在 SQLyog 中调用存储函数

任务小结

在本任务中，完成了存储过程和存储函数的创建及管理，包括以下几个方面：

- 使用 CREATE PROCEDURE 命令创建存储过程。
- 使用 CALL 命令调用存储过程。
- 使用 SHOW PROCEDURE STATUS 命令或 SHOW CREATE PROCEDURE 命令查看存储过程。
- 使用 DROP PROCEDURE 命令删除索引。
- 在存储过程或存储函数中使用流程控制语句。
- 使用 CREATE FUNCTION 命令创建存储函数。
- 使用 SHOW FUNCTION STATUS 命令或 SHOW CREATE FUNCTION 命令查看视图。
- 使用 DROP FUNCTION 命令删除视图。
- 在 SQLyog 中完成对存储过程和存储函数的创建。

课堂实训

【实训目的】

1. 掌握存储过程的创建与管理方法。
2. 掌握存储过程的调用方法。
3. 掌握存储函数的创建与管理方法。
4. 掌握存储函数的调用方法。

【实训内容】

（1）通过工具软件 SQLyog 创建一个存储过程，并命名为“proc_ 人数”，用于查询选修了某门课程的学生人数。

在工具软件 SQLyog 的询问窗口中，输入：

```
DELIMITER //
CREATE PROCEDURE proc_ 人数 (IN zym VARCHAR(20),OUT number INT)
READS SQL DATA
BEGIN
SELECT COUNT(*) INTO number
FROM xsqk
WHERE 专业名 =zym;
END //
DELIMITER ;
```

（2）调用存储过程 proc_ 人数，查询选修了“计算机文化基础”课程的学生人数。

调用存储过程：

```
CALL proc_ 人数 (' 计算机文化基础 ',@number);
```

查看执行结果：

```
SELECT @number 学生人数 ;
```

（3）创建存储过程 proc_rs，分别统计成绩在 90 分以上，80~90 分，70~80 分，60~70 分和 60 分以下的某门课程的人数。

```
DELIMITER //
CREATE PROCEDURE proc_rs(IN kch CHAR(3),OUT num90 INT,OUT num80 INT,OUT num70 INT,OUT
num60 INT ,OUT numother INT)
READS SQL DATA
BEGIN
SELECT COUNT(*) INTO num90 FROM cj WHERE 课程号 =kch AND 成绩 >=90;
SELECT COUNT(*) INTO num80 FROM cj WHERE 课程号 =kch AND 成绩 <90 AND 成绩 >=80;
SELECT COUNT(*) INTO num70 FROM cj WHERE 课程号 =kch AND 成绩 >=70 AND 成绩 <80;
SELECT COUNT(*) INTO num60 FROM cj WHERE 课程号 =kch AND 成绩 >=60 AND 成绩 <70;
SELECT COUNT(*) INTO numother FROM cj WHERE 课程号 =kch AND 成绩 <60;
END //
DELIMITER ;
```

（4）调用存储过程 proc_rs，查询课程号为“101”的各段成绩的学生人数。

调用存储过程：

```
CALL proc_rs('101',@n90,@n80,@n70,@n60,@nother);
```

查看执行结果：

```
SELECT @n90 90 分以上 ,@n80 80 分以上 ,@n70 70 分以上 ,@n60 60 分以上 ,@nother 60 分以下 ;
```

（5）创建一个存储过程 proc_xsxx，用于查询选了某门课程的学生学号、姓名、性别和专业名。

```
mysql> DELIMITER //
mysql> CREATE PROCEDURE proc_xsxx(IN kch CHAR(3))
    -> READS SQL DATA
    -> BEGIN
    -> SELECT xsqk. 学号 , 姓名 , 性别 , 专业名   FROM cj,xsqk WHERE 课程号 =kch AND cj.` 学号 `=xsqk.` 学号 `;
    -> END //
```

```
mysql> DELIMITER ;
```

（6）调用存储过程 proc_xsxx。

```
mysql> CALL proc_xsxx('101');
```

（7）在命令行模式下创建一个函数，函数名为“func_rs”，要求输入该专业名后，查询出该专业的学生人数。

```
mysql> DELIMITER //
mysql> CREATE FUNCTION func_rs(zym VARCHAR(20))
    -> RETURNS INT
    -> READS SQL DATA
    -> BEGIN
    -> RETURN(SELECT COUNT(*) FROM xsqk WHERE 专业名 =zym);
    -> END //
mysql> DELIMITER ;
```

（8）调用存储函数 func_rs，查询“云计算”专业的学生人数。

```
mysql> SELECT func_rs(' 云计算 ');
```

思考与练习

一、填空题

1．创建存储过程的关键字是 ________。

2．创建函数的关键字是 ________。

3．存储过程的调用需要使用 ________ 语句。

4．存储过程的参数可以有 IN、OUT 和 ________ 三种类型，而函数只能有 IN 一种类型。

5．函数体中必须包含一个有效的 ________ 语句。

6．存储过程一般是作为一个独立部分来执行的，而函数可以作为查询语句的一个部分使用 ________ 语句来调用。

7．要查看存储过程和函数的定义信息可以使用关键字 ________。

8．在 Command Line Client 模式中使用 ________ 语句，可以实现对 MySQL 中定义的存储过程和函数进行删除。

二、选择题

1．下面对存储过程的描述正确的是（　　）。

A．存储过程一经创建便不可以修改

B．存储过程在数据库中只能应用一次

C．对存储过程的修改相当于是先删除原有存储过程，再重新创建

D．以上说法都正确

2．存储过程可以有（　　）个参数。

A．0　　B．1　　C．多　　D．以上都正确

3．在存储过程中，声明变量的关键字是（　　）。

A．SET　　　B．SELECT　　　C．DECLARE　　　D．ALTER

4．存储过程和存储函数的定义存放在 ________ 数据库中。

A．Performance_schema　　　B．Information_schema

C．mysql　　　D．XSCJ

5．下列关于存储过程和存储函数的说法不正确的是（　　）。

A．存储过程不可以直接执行，需要使用 SELECT 语句来调用

B．存储过程是可以被修改的

C．定义存储函数时需要声明返回类型

D．存储过程中可以定义变量

三、操作题

1．创建一个存储过程，用于删除一个指定学号的学生信息。

2．创建一个存储过程，用于返回选定了某门课程的学生数量。

3．创建一个存储函数，用于返回指定学生的学生姓名。

4．创建一个存储函数，用于返回某个专业的学生人数。

5．创建一个存储过程，如果某个学生的某门课程成绩小于 60 分，则提示“该门课程未获得学分！”，否则提示“您已取得该门课程的学分！”。

任务3　创建和管理触发器

任务描述

在学生成绩管理系统中，数据表之间的数据具有相关性，如果修改了其中一个数据表中的信息，那么需要将其他表中相关信息也做同步修改，从而确保整个数据库中数据的完整性与一致性。

任务分析

要确保数据库系统中数据的完整性和一致性，数据库开发团队可以通过创建触发器来实现，需要完成的工作任务如下：

✧ 为不同的应用需求创建触发器。

✧ 管理触发器。

4.3.1　创建触发器

任务储备

MySQL 的触发器用于保护表数据，当有操作影响到触发器所保护的数据时，触发器就会自动执行，以便实现更为复杂的业务规则。

1．什么是触发器

触发器是一个特殊的存储过程，其与表紧密相连。基于表或视图定义了触发器后，当表或视图中的数据有对应操作事件发生时，激活触发器，从而可以执行触发器中所定义的语句。

在 MySQL 中，只有触发 INSERT、DELETE 和 UPDATE 语句时，才会自动执行所设置的操作，而其他 SQL 语句不会激活触发器。在实际应用中，通过使用触发器，可以实现对数据的同步操作，提高数据的安全性，从而实现更为复杂的数据完整性规则，以及对用户的操作进行跟踪等功能。

2．触发器的创建

创建触发器的语法规则如下：

```
CREATE TRIGGER 触发器名
   BEFORE|AFTER 触发事件
        ON 表名 FOR EACH ROW 触发器动作
```

其中：

“触发器名”表示触发器的名称，由用户设定。

“BEFORE|AFTER”表示触发器执行的时间，BEFORE 是指在触发器事件之前执行触发器语句，AFTER 是指在触发器事件之后执行触发器语句。

“触发事件”表示触发器执行的条件，包括 INSERT、UPDATE 和 DELETE 三种事件。

“INSERT”表示向表中插入新行时激活触发器；“UPDATE”表示更改表数据时激活触发器；“DELETE”表示删除表数据时激活触发器。

“表名”表示对哪个表进行操作时产生触发事件。

“FOR EACH ROW”表示对 table_name 表中任何一条记录进行的操作满足触发条件时都会触发该触发器。

“触发器动作”表示触发器被激活后要执行的语句。

在触发器的 SQL 语句中，可以关联表中的任何列，在对列进行标识时，可能会用到“OLD. 列名”和“NEW. 列名”。其中，“OLD. 列名”关联现有行的一列在被更新或删除前的值，用于 DELETE 语句和 UPDATE 语句；“NEW. 列名”关联新一行的插入或更新现有行的一列值，用于 INSERT 语句和 UPDATE 语句。

任务实施

【实施 1】在 XSCJ 数据库中创建一个 number 表，用于统计选修了各门课程的学生人数，要求在 CJ 表中添加学生选课信息时，在 number 表中该门课程的选课人数会自动增加。

分析　这需要使用 INSERT 触发器，当向 CJ 表中插入数据时激活触发器，使 number 表中对应课程的选课人数加 1。本任务按以下步骤来完成。

第一步：做准备工作，创建用于存放统计人数的 number 表。

首先创建一个 number0 表，用于存放每门课程已有的选课人数。

```
mysql> create table number0
    -> select 课程号 ,count(*) 选课人数
    -> from cj
    -> group by 课程号 ;
Query OK, 9 rows affected (0.07 sec)
```

然后创建 number 表，用于存放所有课程的选课人数。

```
mysql> create table number
    -> select kc. 课程号 , 选课人数
    -> from kc left join number0
    -> on kc. 课程号 =number0. 课程号 ;
```

把 number 表中选课人数 =NULL 的行改为选课人数 =0：

```
mysql> update number set 选课人数 =0 where 选课人数 is NULL;
```

查看 number 表现在已存放的数据情况：

```
mysql> select * from number;
```

查询结果如图 4-41 所示。

第二步：创建触发器。

```
mysql> create trigger insert_cj after insert
    -> on cj
    -> for each row
    -> begin
    -> update number set 选课人数 = 选课人数 +1 where 课程号 =new. 课程号 ;
    -> end //
```

其中：

触发器名是 insert_cj，表示在 CJ 表上创建的触发器；类型是 insert 触发器；after 表示触发时间在 insert 操作之后；触发器的动作是当 CJ 表有数据插入时，使 number 表对应的选课人数增加 1；new. 课程号表示在 CJ 表中新添加学生选课记录中的课程号。

第三步：向 CJ 表中插入数据，验证触发器功能。

```
mysql> insert into cj values('2020110106','114',67,0),('2020110201','110',93,0);
Query OK, 2 rows affected (0.01 sec)
```

查看现在的 number 表数据存放情况，如图 4-42 所示。

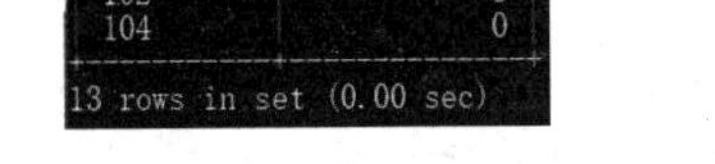

mysql> select * from number;

课程号	选课人数
114	0
112	0
110	1
111	0
106	2
109	1
105	1
107	1
103	3
108	1
101	4
102	3
104	0

13 rows in set (0.00 sec)

图 4-41　原来的 number 表数据存放情况

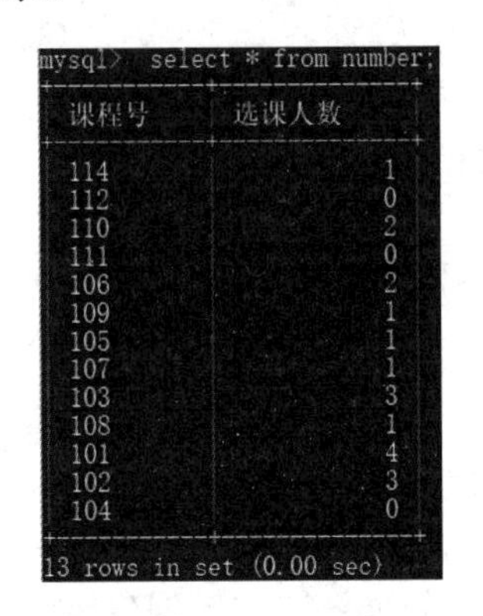

mysql> select * from number;

课程号	选课人数
114	1
112	0
110	2
111	0
106	2
109	1
105	1
107	1
103	3
108	1
101	4
102	3
104	0

13 rows in set (0.00 sec)

图 4-42　现在的 number 表数据存放情况

可见，课程号为“114”和“110”的选课人数都增加了一个，insert 触发器创建完成。

【实施 2】在 XSCJ 数据库中，创建 Delete 触发器，要求实现在 XSQK 表中删除某个学生信息（以主键学号作为删除条件）的同时在 CJ 表中也将该学生的选课信息删除。

```
mysql> delimiter //
mysql> create trigger delete_xs before delete
    -> on xsqk
    -> for each row
    -> begin
    -> delete from cj where 学号 =old. 学号 ;
    -> end //
Query OK, 0 rows affected (0.01 sec)
mysql> delimiter ;
```

分析：

触发器名是 delete_xs，表示在 XSQK 表上创建的触发器；类型是 delete 触发器；before 表示触发时间在 delete 操作之前；触发器的动作是当删除 XSQK 表中的学生记录时，先删除 CJ 表中该生的成绩信息。

验证触发器功能：

假设需要删除 XSQK 表中学号为“2020110101”的学生，则在 XSQK 表中删除该学生之前，先查看该学生在 CJ 表中的成绩信息，如图 4-43 所示。

```
mysql> select * from CJ where 学号='2020110101';
+------------+--------+------+------+
| 学号       | 课程号 | 成绩 | 学分 |
+------------+--------+------+------+
| 2020110101 | 101    |   83 |    2 |
| 2020110101 | 102    |   64 |    5 |
| 2020110101 | 103    |   58 |    0 |
+------------+--------+------+------+
3 rows in set (0.00 sec)
```

图 4-43　学号为“2020110101”的学生成绩信息

在 XSQK 表中删除学号为“2020110101”的学生：

```
mysql> delete from xsqk where 学号 ='2020110101';
Query OK, 1 row affected (0.02 sec)
```

从运行后的提示信息可见，该学生已被删除了。

再查看该学生在 CJ 表中的成绩信息：

```
mysql> select * from CJ where 学号 ='2020110101';
Empty set (0.00 sec)
```

从运行后的提示信息可见，在 CJ 表中已经没有学号为“2020110101”的成绩信息了。delete 触发器创建完成。

【实施 3】在 XSCJ 数据库中，创建 update 触发器，要求实现在 XSQK 表中修改某个学生学号的同时在 CJ 表中同步完成该学生学号的修改。

```
mysql> delimiter //
mysql> create trigger update_xsqk after update
    -> on xsqk
    -> for each row
    -> begin
    -> if new. 学号 !=old. 学号 then
    -> update cj set 学号 =new. 学号 where 学号 =old. 学号 ;
    -> end if;
    -> end //
Query OK, 0 rows affected (0.02 sec)
mysql> delimiter ;
```

分析：

触发器名是 update_xsqk，表示在 XSQK 表上创建的触发器；类型是 update 触发器；after 表示触发时间为 update 操作之后；触发器的动作是修改 XSQK 表中的学生学号之后修改 CJ 表中对应的学号。

验证触发器功能：

这里使用 update 操作，通过把 XSQK 表中的学号“2020110102”改为“2020110109”来验证 update 触发器的功能。

需要注意的是，如果 XSQK 表和 CJ 表以学号作为主、外键关联的主表和从表，那么在 XSQK 表上执行学号的修改操作之前，需要先解除主表和从表的关联关系：

```
mysql> alter table cj drop foreign key FK_xsqk_XH;
Query OK, 0 rows affected (0.03 sec)
```

其中，FK_xsqk_XH 是 CJ 表上建立的外键约束名。

在使用 update 操作 XSQK 表之前，先查看一下 CJ 表学号为“2020110102”的数据记录，如图 4-44 所示。

然后在 XSQK 表中将学号“2020110102”修改为“2020110109”：

```
mysql> update xsqk set 学号 ='2020110109' where 学号 ='2020110102';
Query OK, 1 row affected (0.01 sec)
```

最后查看 CJ 表中的数据记录，如图 4-45 所示。

```
mysql> select * from CJ;
+------------+--------+------+------+
| 学号       | 课程号 | 成绩 | 学分 |
+------------+--------+------+------+
| 2020110102 | 102    |   72 |    5 |
| 2020110102 | 103    |   75 |    4 |
| 2020110103 | 101    |   78 |    2 |
| 2020110104 | 103    |   54 |    0 |
| 2020110105 | 101    |   65 |    2 |
| 2020110105 | 105    |   67 |    4 |
| 2020110106 | 101    |   56 |    0 |
| 2020110106 | 102    |   57 |    0 |
| 2020110106 | 114    |   67 |    0 |
| 2020110201 | 106    |   78 |    4 |
| 2020110201 | 110    |   93 |    0 |
| 2020110202 | 106    |   81 |    4 |
| 2020110202 | 107    |   85 |    4 |
| 2020110203 | 108    |   61 |    2 |
| 2020110204 | 109    |   18 |    0 |
| 2020110301 | 110    |   63 |    4 |
+------------+--------+------+------+
16 rows in set (0.00 sec)
```

图 4-44　修改前的 CJ 表

```
mysql> select * from CJ;
+------------+--------+------+------+
| 学号       | 课程号 | 成绩 | 学分 |
+------------+--------+------+------+
| 2020110103 | 101    |   78 |    2 |
| 2020110104 | 103    |   54 |    0 |
| 2020110105 | 101    |   65 |    2 |
| 2020110105 | 105    |   67 |    4 |
| 2020110106 | 101    |   56 |    0 |
| 2020110106 | 102    |   57 |    0 |
| 2020110106 | 114    |   67 |    0 |
| 2020110109 | 102    |   72 |    5 |
| 2020110109 | 103    |   75 |    4 |
| 2020110201 | 106    |   78 |    4 |
| 2020110201 | 110    |   93 |    0 |
| 2020110202 | 106    |   81 |    4 |
| 2020110202 | 107    |   85 |    4 |
| 2020110203 | 108    |   61 |    2 |
| 2020110204 | 109    |   18 |    0 |
| 2020110301 | 110    |   63 |    4 |
+------------+--------+------+------+
16 rows in set (0.00 sec)
```

图 4-45　修改后的 CJ 表

从图 4-45 可以看出，在 update 操作 XSQK 表之后，CJ 表的学号也随之修改了，update 触发器创建完成。

任务拓展

【拓展】使用工具软件 SQLyog 创建触发器。

在前面的任务中，已经创建了一个 number 表，用于统计 CJ 表中选修了各门课程的学生人数。在此，使用工具软件 SQLyog 来创建一个触发器 insert_kc，此触发器的功能是：当学校有新开设的课程时，在向 KC 表中增加课程信息的同时需要向 number 表中插入相应的课程号，并将对应的选课人数初始值设为 0。

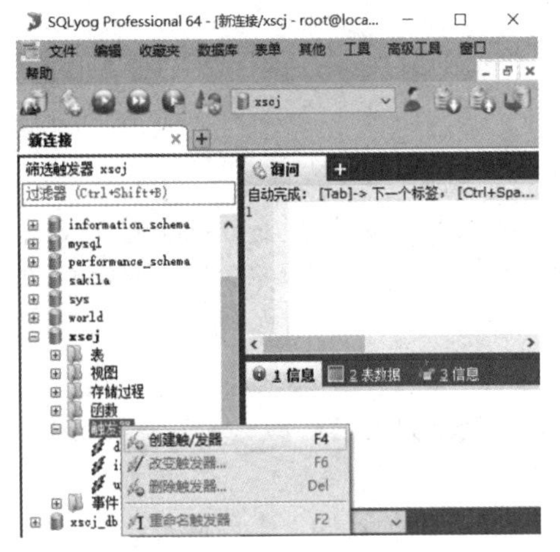

图 4-46　选择“创建触发器”命令

操作步骤如下：

在 SQLyog 的“对象资源管理器”窗口中的数据库 xscj 节点下，右击“触发器”选项，在弹出的菜单中选择“创建触发器”命令，如图 4-46 所示。

再在弹出的对话框中输入触发器的名称 insert_kc，然后单击“创建”按钮，进入触发器设计模板界面，在此可以修改触发器设计模板的内容，单击界面中的按钮执行 SQL 语句，如图 4-47 所示。

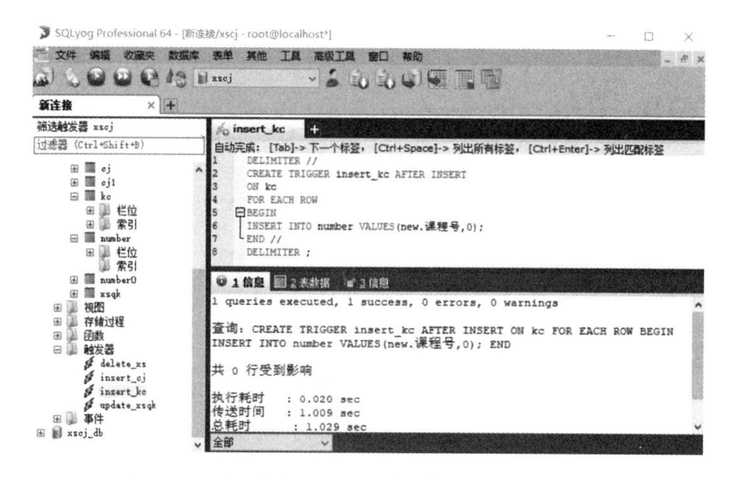

图 4-47　修改触发器设计模板的内容并执行查询

从图 4-47 可见，在 SQLyog 软件中，触发器 insert_kc 已经创建完成。

验证触发器 insert_kc 的功能：

首先通过 SQLyog 向 kc 表中插入一门课程号为“113”的课程信息，如图 4-48 所示。

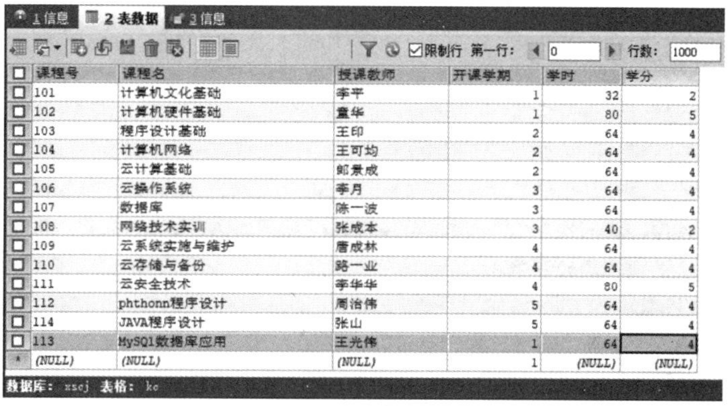

课程号	课程名	授课教师	开课学期	学时	学分
101	计算机文化基础	李平	1	32	2
102	计算机硬件基础	董华	1	80	5
103	程序设计基础	王印	2	64	4
104	计算机网络	王可均	2	64	4
105	云计算基础	邮景成	2	64	4
106	云操作系统	李月	3	64	4
107	数据库	陈一波	3	64	4
108	网络技术实训	张成本	3	40	2
109	云系统实施与维护	唐成林	4	64	4
110	云存储与备份	路一业	4	64	4
111	云安全技术	李华华	4	80	5
112	phthonn程序设计	周治伟	5	64	4
114	JAVA程序设计	张山	5	64	4
113	MySQl数据库应用	王光伟	1	64	4
(NULL)	(NULL)	(NULL)	1	(NULL)	(NULL)

数据库：xscj　表格：kc

图 4-48　向 kc 表中添加新课程

然后查看 number 表数据，如图 4-49 所示。

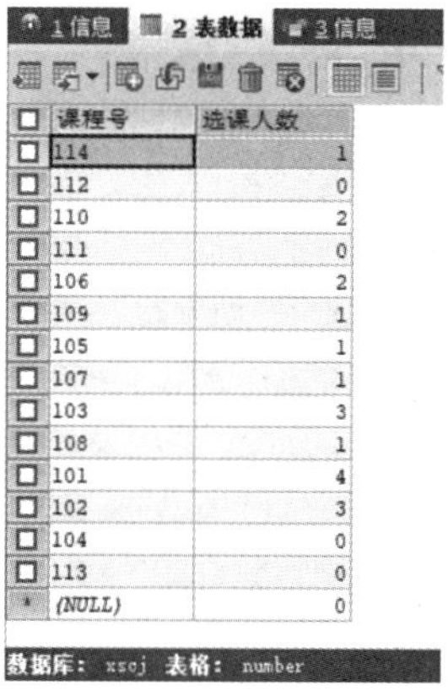

课程号	选课人数
114	1
112	0
110	2
111	0
106	2
109	1
105	1
107	1
103	3
108	1
101	4
102	3
104	0
113	0
(NULL)	0

数据库：xscj　表格：number

图 4-49　查看 number 表数据

在 number 表中新增了课程号“113”及其选课人数，说明触发器 insert_kc 已经创建成功。

4.3.2 管理触发器

任务储备

触发器的管理包括查看触发器和删除触发器。

1. 查看触发器

在 Command Line Client 模式下，可以通过 SHOW TRIGGERS 命令查看触发器的基本信息，其基本语法规则如下：

```
SHOW TRIGGERS;
```

2. 删除触发器

在 Command Line Client 模式下，可以通过 DROP TRIGGER 来删除触发器，其基本语法规则如下：

```
DROP   TRIGGER 触发器名
```

任务实施

【实施 1】查看在 XSCJ 数据库中的触发器。

```
mysql> show triggers \G;
*************************** 1. row ***************************
             Trigger: insert_cj
               Event: INSERT
               Table: cj
           Statement: begin
update number set 选课人数 = 选课人数 +1 where 课程号 =new. 课程号 ;
end
              Timing: AFTER
             Created: 2021-04-01 09:02:10.39
            sql_mode: STRICT_TRANS_TABLES,NO_ENGINE_SUBSTITUTION
             Definer: root@localhost
character_set_client: utf8mb4
collation_connection: utf8mb4_0900_ai_ci
  Database Collation: utf8mb4_0900_ai_ci
*************************** 2. row ***************************
             Trigger: insert_kc
               Event: INSERT
               Table: kc
......
*************************** 3. row ***************************
             Trigger: update_xsqk
               Event: UPDATE
               Table: xsqk
```

```
......
*************************** 4. row ***************************
             Trigger: delete_xs
               Event: DELETE
               Table: xsqk
......
4 rows in set (0.01 sec)
```

可见，在 XSCJ 数据库中，现在创建了四个触发器，通过 show triggers 命令，可以查看触发器的定义及相关信息（这里省略后面三个触发器的部分信息）。

【实施 2】删除 XSCJ 数据库中的 insert_kc 触发器。

```
mysql> drop trigger insert_kc;
Query OK, 0 rows affected (0.02 sec)
```

任务拓展

【拓展 1】使用工具软件 SQLyog 管理数据库 XSCJ 中的触发器。

操作步骤如下：

在 SQLyog 的“对象资源管理器”窗口中，展开 xscj 数据库节点下的“触发器”节点，可见有三个触发器，右击任意一个触发器，如图 4-50 所示。

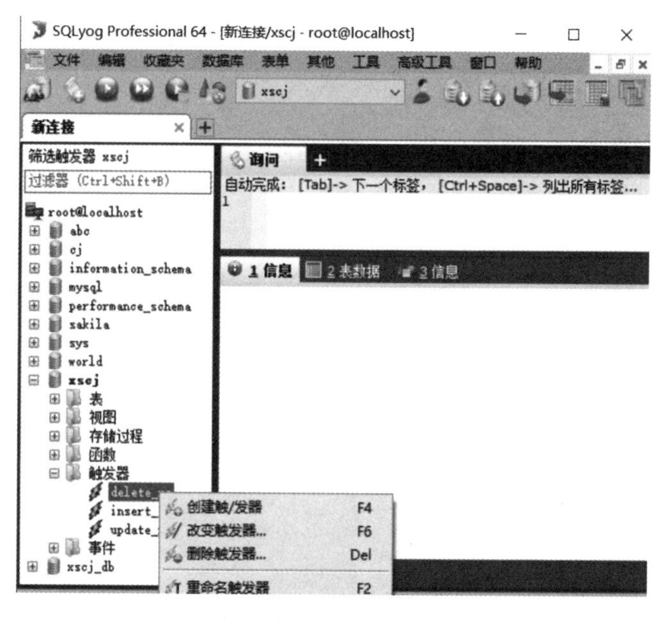

图 4-50　管理触发器

在图 4-50 中，可以创建、改变、删除触发器，也可以对触发器进行重命名操作。这里，假设选择“改变触发器”命令，则可以修改触发器，如图 4-51 所示。

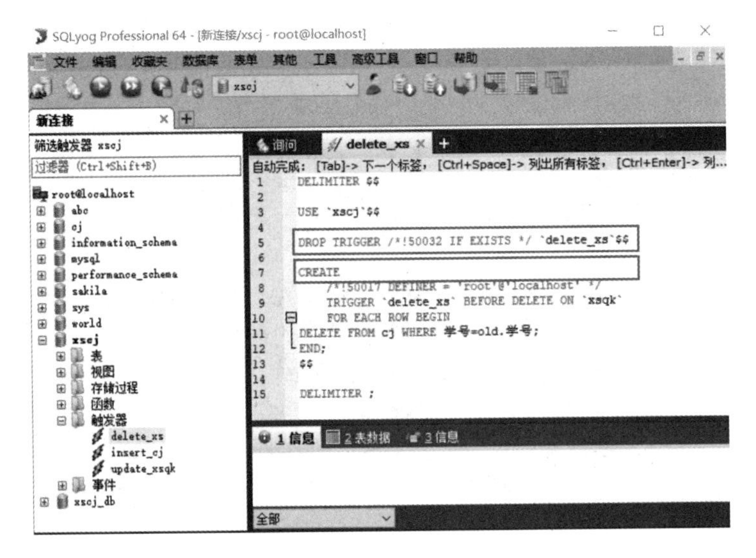

图 4-51 修改触发器

由图 4-51 可见，通过 SQLyog 修改触发器实际上就是先删除原来的触发器，然后重新创建一个同名触发器，从而完成对触发器的修改操作。

任务小结

在本任务中，主要学习了以下几个方面的内容：

- 创建触发器。
- 管理触发器。
- 在 SQLyog 中创建和管理触发器。

课堂实训

【实训目的】

掌握触发器的创建方法。

【实训内容】

1. 在命令行方式下，创建【拓展 1】中的触发器。

```
mysql> DELIMITER //
mysql> CREATE TRIGGER insert_kc AFTER INSERT
    -> ON kc
    -> FOR EACH ROW
    -> BEGIN
    -> INSERT INTO number VALUES(new. 课程号 ,0);
    -> END //
mysql> DELIMITER ;
```

2．创建一个 delCJ 的数据表，其表结构与 CJ 表的结构相同，用于存放从 CJ 表中删除的学生成绩信息。

```
mysql> create table delCJ select * from CJ where 成绩 <0;
Query OK, 0 rows affected (0.07 sec)
```

3．创建一个触发器 tri_del，当从 CJ 表中删除学生信息时，把删除的学生信息存入 delCJ 表中。

```
mysql> DELIMITER //
mysql> CREATE TRIGGER tri_del AFTER delete
    -> ON CJ
    -> FOR EACH ROW
    -> BEGIN
    -> insert into delCJ values(old. 学号 ,old. 课程号 ,old. 成绩 ,old. 学分 );
    -> END //
mysql> DELIMITER ;
```

4．测试触发器 tri_del 的功能。

```
mysql> delete from CJ where 学号 ='2020110104' and 课程号 ='103';
mysql> select * from delCJ;
```

思考与练习

一、填空题

1．在 MySQL 中，只有触发 ________、________ 和 ________ 语句时，才会自动执行所设置的操作，而其他 SQL 语句不会激活触发器。

2．在触发器的 SQL 语句中，使用 ________ 关联新一行的插入或更新现有行的一列的值。

3．在 MySQL 中，触发器的执行时间有两种，即 BEFORE 和 ________。

4．在 Command Line Client 模式下可以通过 ________ 命令在 Triggers 表中查看触发器的定义、状态及语法等相关信息。

二、选择题

1．触发器的触发事件有 3 种，下列哪一种不是触发事件？（　　）

A．UPDATE　　B．INSERT　　C．ALTER　　D．DELETE

2．删除触发器 update_xsqk1 的语句是（　　）。

A．drop trigger update_xsqk1　　B．alter trigger update_xsqk1

C．drop * from update_xsqk1　　D．select * from xscj where drop update_xsqk1

3．一个表中可以定义（　　）种类型的触发器。

A．1　　B．2　　C．3　　D．4

4．下列对触发器的说法正确的是（　　）。

A．触发器一经定义，就不能再删除

B．触发器是当有某种符合触发条件的事件产生时触发，不用调用也能使用

C．触发器必须要调用才能使用

D．创建好触发器后不能修改，要实现新功能就只能重新创建新的触发器

5．在创建触发器时，如果要创建在删除表中的数据后触发触发器，应该基于下面哪个事件？（　　）

A．INSERT　　B．DELETE　　C．UPDATE　　D．以上事件都可以

三、创建和管理触发器

1．创建 INSERT 触发器。

要求：触发器名为 insert_tri，在 XSQK 表中，每当有新记录添加时就触发 count 表，使 count 表中“专业名”所对应的“人数”添加一人。

2．创建 DELETE 触发器。

要求：触发器名为 delete_tri，在 XSQK 表中删除某个学生的选课信息的同时在 XSKC 表中也将该学生的选课信息删除。

3．创建 DELETE 触发器。

要求：触发器名为 tri_del，用于实现：当学校决定不再开设某门课程时，需要从 KC 表中删除该课程信息，number 表中该课程的统计信息也需要随之删除。

4．创建 UPDATE 触发器。

要求：触发器名为 update_tri，在 KC 表中修改某门课程的课程号的同时在 CJ 表中也会修改该课程的课程号。

5．查看数据库 XSCJ 中定义的触发器的基本信息。

6．删除触发器 tri_del。

项目 5

数据库安全管理

项目介绍

在学生成绩管理系统中，不同的用户对数据库的使用权限不同，例如，学籍管理老师需要向学生信息表中添加学生信息，任课教师需要查询所授课程的成绩信息，而学生需要查询自己的学分、各科成绩等。另外学生成绩管理系统在应用过程中还面临一些可能的破坏情况，包括有意、无意或意外导致数据丢失等。这些都要求学生成绩管理系统提供安全管理功能。

任务安排

任务 1　用户与权限管理

任务 2　数据备份与还原

学习目标

✧ 掌握创建与管理用户的方法

✧ 掌握授予和回收用户权限的方法

✧ 掌握数据备份的方法

✧ 掌握数据还原的方法

任务 1　用户与权限管理

任务描述

在学生成绩管理系统中存在多种角色的用户：当新生进校时，学籍管理老师需要向学生信息表中添加学生信息；每个学期学生需要在系统中选课，期末还需要查询自己的学分、各科成绩；任课教师需要查询所授课程及学生的成绩信息等。

任务分析

在学生成绩管理系统中，针对不同角色的用户，需要授予对数据库不同的使用权限。开发团队需要完成以下工作：

✧ 创建与管理用户。

✧ 授予和回收用户权限。

5.1.1　用户管理

知识储备

MySQL 提供了对用户进行管理的功能，包括创建用户、删除用户及密码管理等内容。用户要访问 XSCJ 数据库，就必须拥有登录 MySQL 服务器的用户名和密码。

1. MySQL 用户

MySQL 是一个多用户数据库，其用户分为普通用户和 root 用户。root 用户是超级管理员，拥有所有权限，包括创建用户、删除用户，以及修改用户名和密码等管理权限，普通用户只拥有被授予的权限。

2. 添加用户

root 用户拥有 MySQL 数据库管理的最高权限，可以完成所有操作，其密码是在安装 MySQL 服务器时设置的。在具体的数据库开发应用中，不应该使用 root 用户账户，因为该用户的权限太大，一不小心有可能破坏数据库的正常功能，这就需要为具体的应用创建一系列专门用于管理的用户账户和用于开发人员使用的用户账户。

在 MySQL 中，使用 CREATE USER 语句创建用户账户，其基本语法格式如下：

```
CREATE USER 用户名 [IDENTIFIED BY [PASSWORD]' 密码 ']
```

其中：

“用户名”的格式为 user_name@host_name。其中，user_name 为用户名；host_name 用于指定创建用户所使用的 MySQL 连接来自的主机。

“密码”是新建用户对应的密码。如果使用 IDENTIFIED BY 子句，则可以为用户指定一个密码。PASSWORD 表示使用哈希值设置密码，该参数可选，如果要在纯文本中指定密码，须忽略 PASSWORD 关键词。

3. 修改用户名

修改用户名的基本语法格式：

```
RENAME USER 旧用户名 to 新用户名 [,…]
```

其中：

“旧用户名”是已经存在的用户名。

“新用户名”是修改后的用户名。

要修改用户名，必须拥有全局的 CREATE USER 权限或 UPDATE 权限。

4. 删除用户账户

删除用户账户的基本语法格式：

```
DROP USER user1[,user2…]
```

使用 DROP USER 语句可以一次删除一个或多个用户账户，并取消其权限。

要使用 DROP USER，必须具有 MySQL 数据库全局的 CREATE USER 权限或 DELETE 权限。

任务实施

【实施 1】使用 CREATE USER 创建一个名为 user1 的用户，密码是 123456，主机名是 localhost。

```
mysql> create user 'user1'@'localhost' identified by '123456';
Query OK, 0 rows affected (0.00 sec)
```

如果指定用户登录时不需要密码，则可以省略 IDENTIFIED BY 部分：

```
mysql> create user 'user2'@'localhost';
Query OK, 0 rows affected (0.00 sec)
```

在系统数据库 mysql 的 user 表中查看用户：

```
mysql> use mysql;
mysql> select host,user,authentication_string from user;
```

看到的用户如图 5-1 所示。

host	user	authentication_string
localhost	mysql.infoschema	A005$THISISACOMBINATIONOFINVALIDSALTANDPASSWORDTHATMUSTNEVERBRBEUSED
localhost	mysql.session	A005$THISISACOMBINATIONOFINVALIDSALTANDPASSWORDTHATMUSTNEVERBRBEUSED
localhost	mysql.sys	A005$THISISACOMBINATIONOFINVALIDSALTANDPASSWORDTHATMUSTNEVERBRBEUSED
localhost	root	*81F5E21E35407D884A6CD4A731AEBFB6AF209E1B
localhost	user1	*6BB4837EB74329105EE4568DDA7DC67ED2CA2AD9
localhost	user2	

图 5-1 查看 user 表中的用户账户

由图 5-1 可见，在 user 表中有 6 个账户，其中，前 3 个是 MySQL 服务器自带的系统用户；root 是超级用户；user1 和 user2 是新建用户。

authentication_string 字段是用户密码的哈希值。由于 user2 没有指定密码，所以这里的

authentication_string 字段下就是空的。

【实施 2】将用户名 user1 改为 myname。

```
mysql> rename user user1@localhost to myname@localhost;
Query OK, 0 rows affected (0.01 sec)
```

【实施 3】删除用户 user2。

```
mysql> drop user user2@localhost;
Query OK, 0 rows affected (0.00 sec)
```

注意：① 在删除用户时，需要指明该用户所在的主机名 localhost。

② 被删除用户所建的表及其他数据库对象，在删除用户后仍然存在。

任务拓展

【拓展 1】在图形工具软件 SQLyog 中创建用户 user1，密码为 123456，主机名是 localhost。

操作步骤如下：

单击 SQLyog 的“工具”菜单，选择“用户管理”命令（或者单击工具条上的 按钮），如图 5-2 所示。

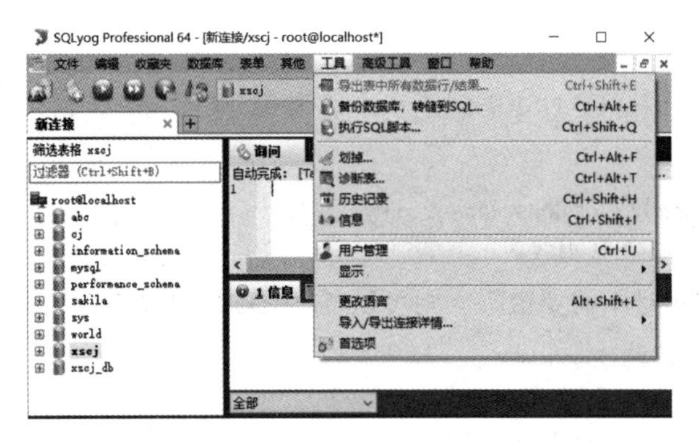

图 5-2　选择“用户管理”命令

在打开的“用户管理”对话框中单击“添加新用户”按钮，按提示填入用户名 user1、主机 localhost 和密码 123456，如图 5-3 所示。

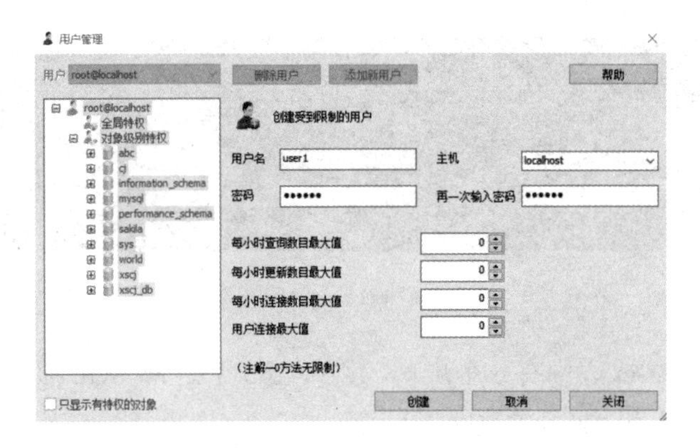

图 5-3　创建用户 user1

然后单击“创建”和“关闭”按钮，即完成 user1 用户的创建。

【拓展 2】在 SQLyog 中用 user1 连接数据库。

操作步骤：

在 SQLyog 的“文件”菜单中，单击“新连接”命令（或单击工具条上的按钮），在弹出的对话框中按要求输入主机地址、用户名、密码等，如图 5-4 所示。

图 5-4 用 user1 连接数据库

然后单击“连接”按钮，即完成用户 user1 与数据库的连接，如图 5-5 所示。

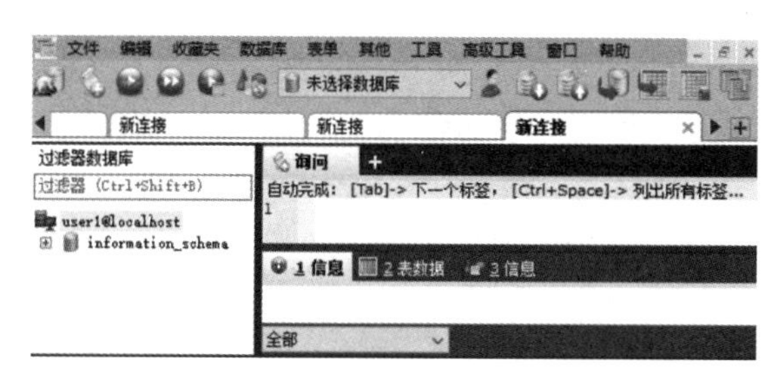

图 5-5 user1 已连接数据库

5.1.2 权限管理

任务储备

对于连接到数据库服务器的用户，在执行 SQL 语句时，MySQL 服务器将会对该用户是否有执行该 SQL 语句的权限进行检测。作为数据库管理员，需要对所有用户的权限进行合理的规划设计。

1. 授权

授权就是为某个用户授予数据库操作权限。因为对一个新的 SQL 用户而言，在没有授予相应权限时，不允许访问属于其他 SQL 用户的表，也不能创建表。合理的授权可以保证数据库的安全。

MySQL 的用户权限可以分为多个层级。

（1）全局层级：全局权限适用于一个给定服务器中的所有数据库。这些权限存储在 MySQL.user 表中。

（2）数据库层级：数据库权限适用于一个给定数据库中的所有目标，这些权限存储在 MySQL.db 和 MySQL.host 表中。

（3）表层级：表权限适用于一个给定表中的所有列，这些权限存储在 MySQL.tables_priv 表中。

（4）列层级：列权限适用于一个给定表中的一列，这些权限存储在 MySQL.columns_priv 表中。

（5）子程序层级：CREATE ROUTINE、ALTER ROUTINE、EXECUTE 和 GRANT 权限适用于已存储的子程序。这些权限也可以授予全局层级和数据库层级。除 CREATE ROUTINE 外，这些权限可以被授予子程序层级，并存储在 MySQL.procs_priv 中。

2. MySQL 的各种权限

账户权限信息被存储在 MySQL 数据库的 user、db、host、tables_priv、columns_priv 和 procs_priv 权限表中，在 MySQL 启动时，服务器将这些数据库权限信息的内容读入内存。在 MySQL 中使用 GRANT 语句和 REVOKE 语句对用户权限进行操作，其操作权限如表 5-1 所示。

表 5-1　GRANT 语句和 REVOKE 语句中可以使用的权限

权　限	权限层级	权限的作用
CREATE	数据库、表或索引	创建数据库、表或索引权限
DROP	数据库或表	删除
GRANT OPTION	数据库或表	授权
REFERENCES	数据库或表	—
ALTER	表	表的修改
DELETE	表	删除数据权限
INDEX	表	索引权限
INSERT	表	插入权限
SELECT	表	查询权限
UPDATE	表	更新权限
CREATE VIEW	视图	创建视图权限
SHOW VIEW	视图	查看视图权限
CREATE ROUTINE	存储过程	创建存储过程权限
ALTER ROUTINE	存储过程	修改存储过程权限
EXECUTE	存储过程	执行存储过程权限
FILE	文件访问	文件访问权限
CREATE TEMPORARY	服务器	创建临时表权限
LOCK TABLES	服务器	锁表权限

续表

权 限	权限层级	权限的作用
CREATE USER	服务器	创建用户权限
PROCESS	服务器	查看进程权限
RELOAD	服务器	执行 flush、refresh 和 reload 等命令的权限
REPLICATION CLIENT	服务器	复制权限
REPLICATION SLAVE	服务器	复制权限
SHOW DATABASES	服务器	查看数据库权限
SHUTDOWN	服务器	关闭数据库权限
SUPER	服务器	执行 Kill 权限

3. 为用户授权

对新添加的用户而言，必须要为其授权才能使用户具有相关的操作权限。在 MySQL 中，对用户的授权就是通过 SQL 语句 GRANT 来实现的，其语法规则如下：

```
GRANT prive_type [(column_list)] ON database.table | FUNCTON | PROCEDURE TO
  user [IDENTIFIED BY [PASSWORD]]'password']
        [,IDENTIFIED BY [PASSWORD]]'password']...
[WITH   [with_option]...]
```

其中：

prive_type 表示权限类型。

column_list 表示在哪个列上赋予此权限，如果没有指明列名，则表示本表的所有列。

database.table 用于指定被授权的表或函数或存储过程。

user 表示用户账户和主机名，形式是“username@hostname”。

IDENTIFIED BY 用于设置密码。

with_option 的取值范围有 5 个。

GRANT OPTION：可以将自己的权限授予其他用户。

MAX_QUERIES_PER_HOUR count：设置每小时可以执行 count 次查询。

MAX_UPDATES_PER_HOUR count：设置每小时可以执行 count 次登录。

MAX_CONNECTIONS_PER_HOUR count：设置每小时可以建立 count 个连接。

MAX_USER_CONNECTIONS count：设置单个用户可以同时建立 count 个连接。

4. 收回权限

收回权限就是取消已经赋予用户的某些权限。通过收回用户一些多余的权限可以更好地保证系统的安全性。在 MySQL 系统中，可以使用 REVOKE 语句来取消某些用户的权限。

语法规则如下：

```
REVOKE prive_type1 [(column_list1)] [,prive_type2 [(column_list2)] ]...
ON database1.table1,database2.table2
    FROM user1 [,user2...]
```

其中：

prive_type 表示收回的权限类型。

column_list 表示收回哪个列上的权限，如果没有指明列名，则表示本表的所有列。

database.table 用于指定被收回授权的表。

user 表示用户账户和主机名，形式是“username@hostname”。

除收回部分权限外，在 MySQL 中还可以一次性将某用户的权限全部收回。

语法规则如下：

```
REVOKE ALL PRIVILEGES,GRANT OPTION    FROM user1 [,user2...]
```

注意：使用 REVOKE 语句收回权限并不是删除该用户。

要使用 REVOKE 语句，用户必须具有 MySQL 系统数据库的全局 CREATE USER 权限或 UPDATE 权限。

任务实施

对新创建的 user1 用户，如果没有授予权限，则该用户无法对数据库进行相关操作，因此，需要在 root 用户中，授予 user1 用户所需要的各项权限。

【实施 1】授予 user1 用户在 xscj.xsqk 表上的 select 权限。

```
mysql> use xscj;
Database changed
mysql> grant select on xsqk to user1@localhost;
Query OK, 0 rows affected (0.01 sec)
```

向 user1 用户授予了查询 xsqk 表的权限后，user1 用户就可以使用 select 语句来查询 xsqk 表了。

注意：在 MySQL8.0 之前的版本中，可以在创建用户的同时向用户授予权限，而在 MySQL8.0 以上版本中，在对用户授权之前需要先创建该用户。

【实施 2】授予 user1 用户在 xsqk 表的“姓名”列和“学号”列的 update 权限。

```
mysql> use xscj;
Database changed
mysql> grant update( 学号 , 姓名 ) on xsqk to user1@localhost;
Query OK, 0 rows affected (0.02 sec)
```

向 user1 用户授予了 xsqk 表的 update 权限后，user1 用户就可以使用 update 语句来查询 xsqk 表中具有修改权限的列了，这里是 root 用户向 user1 用户授予了修改“姓名”和“学号”列的权限，而其他列则无权修改。

【实施 3】授予 user1 用户在 XSCJ 数据库中所有表的查询权限。

```
mysql> grant select on xscj.* to user1@localhost;
Query OK, 0 rows affected (0.01 sec)
```

向 user1 用户授予了查询 XSCJ 数据库所有表的权限后，user1 用户就可以使用 select 语句来查询 XSCJ 数据库中的所有表了（user1 用户需要重新连接服务器）。

【实施 4】授予 user1 用户在 XSCJ 数据库中的所有数据库权限。

```
mysql> use xscj;
Database changed
mysql> grant all on * to user1@localhost;
```

```
Query OK, 0 rows affected (0.00 sec)
```

向用户 user1 授予了所有数据库权限后，user1 用户就拥有了对数据库 XSCJ 的各项操作权限，如查询、修改、删除等（user1 用户需要重新连接服务器）。

【实施 5】授予 user1 用户创建新用户的权限。

```
mysql> grant create user on *.* to user1@localhost;
Query OK, 0 rows affected (0.00 sec)
```

向用户 user1 授予了创建新用户权限后，user1 用户就可以创建新用户了。

【实施 6】收回 user1 用户修改 xsqk 表的权限。

```
mysql> revoke update on xsqk from user1@localhost;
Query OK, 0 rows affected (0.00 sec)
```

收回 user1 用户修改 xsqk 表的权限后，user1 用户就不能修改 xsqk 表了。

任务拓展

【拓展 1】在图形工具软件 SQLyog 中创建用户 user2，密码是 123456，主机名是 localhost。

（1）将 XSCJ 数据库中的 xsqk 表的 select 权限授予 user2。

（2）将 XSCJ 数据库中的 xsqk 表的 update 权限授予 user2。

（3）授予 user2 用户创建新用户的权限。

操作步骤：创建 user2 用户，其过程参照图 5-2 和图 5-3 所示。然后单击 SQLyog 的“工具”菜单，选择“用户管理”命令（或者单击工具条上的 按钮）进入“用户管理”对话框，选择“用户”中的“user2@localhost”，如图 5-6 所示。

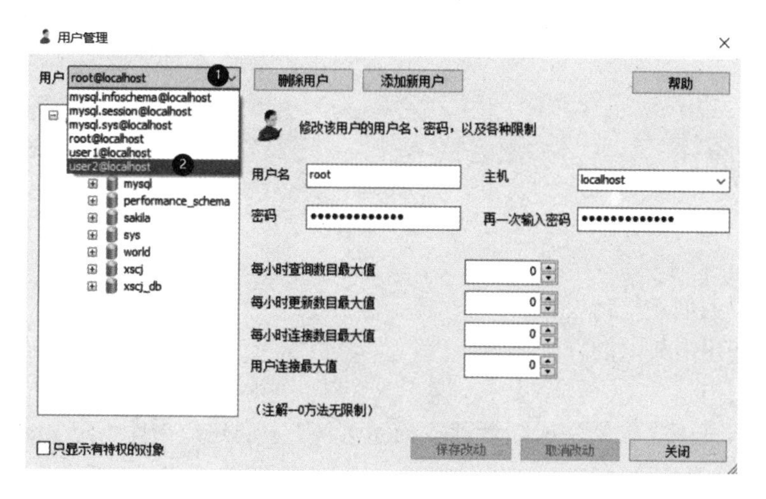

图 5-6　选择用户

在 user2 用户的全局权限中，勾选“CREATE USER”项，表示向 user2 用户授予创建用户权限，然后按图 5-7 所示选择数据库 XSCJ 中的数据表 XSQK，然后向 user2 用户授予查询和修改权限。

如果需要更改授权，如增加 user2 用户的权限，或收回 user2 用户的某些权限，则再次打开图 5-7 所示的用户管理界面进行操作即可。

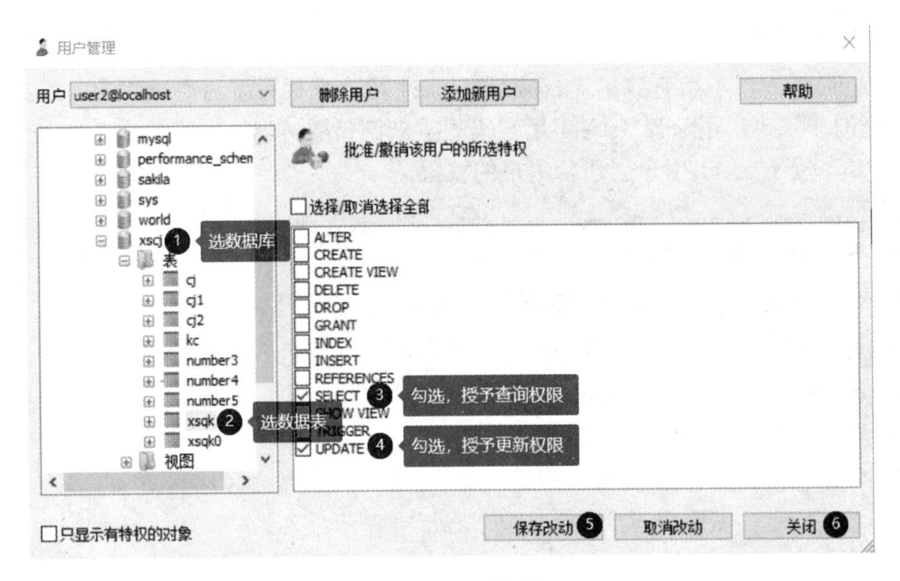

图 5-7　为用户授权

任务小结

在本任务中，完成了用户创建及其权限管理，包括如下几个方面：

- 使用 MySQL 命令创建和管理用户。
- 在 SQLyog 中创建和管理用户。
- 使用 MySQL 命令授予用户权限。
- 在 SQLyog 中授予用户权限。

课堂实训

【实训目的】

1. 掌握用户的创建与管理方法。
2. 掌握授予用户权限的方法。

【实训内容】

1. 命令行方式下，在学生成绩管理数据库 XSCJ 中创建数据库用户 ZhangHua，密码是 123456，主机名是 localhost。

```
mysql> CREATE USER ZhangHua@localhost IDENTIFIED BY '123456';
```

2. 命令行方式下，在学生成绩管理数据库 XSCJ 中创建数据库用户 LiTi，密码是 123456，主机名是 localhost。

```
mysql> CREATE USER LiTi@localhost IDENTIFIED BY '123456';
```

3. 把用户 ZhangHua 重命名为 LiMing。

```
mysql> rename user ZhangHua@localhost to LiMing@localhost;
```

4．删除用户 LiTi。

```
mysql> drop user LiTi@localhost;
```

5．授予用户 LiMing 查询学生成绩管理数据库 XSCJ 中成绩表 CJ 的权限。

```
mysql> grant select on cj to LiMing@localhost;
```

6．授予用户 LiMing 对学生成绩管理数据库 XSCJ 中学生情况表 XSQK 的所有权限。

```
mysql> grant all on XSCJ.xsqk to LiMing@localhost;
```

7．执行 SQL 语句查看用户 user1 的权限。

```
mysql> use mysql;
mysql> show grants for 'user1'@'localhost' \G;
```

8．在 SQLyog 中，创建用户 LingBo，密码是 123456，主机名是 localhost，并授予对学生成绩管理数据库 XSCJ 的所有权限。

操作思路：打开 SQLyog 的“用户管理”对话框，创建用户名为“LingBo”的用户后，选择 XSCJ 数据库，勾选图 5-8 所示的“选择 / 取消选择全部”前的复选框。

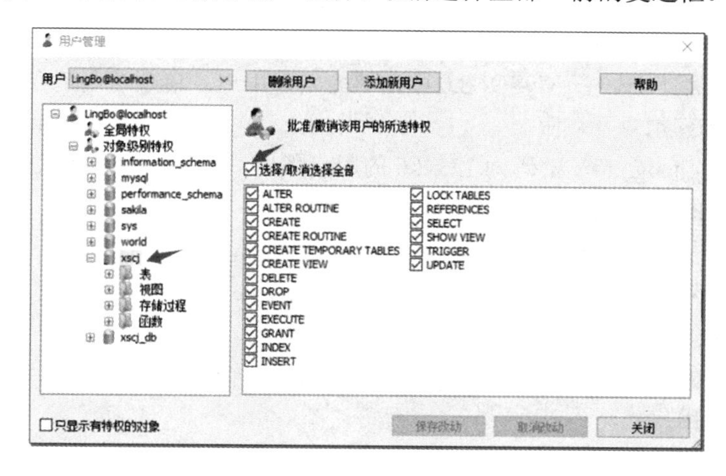

图 5-8 用户管理

注意：在 MySQL8.0 以上版本中，对用户授权之前，需要先创建该用户。因此在 SQLyog 中，创建用户后需要先关闭“用户管理”对话框，再重新进入“用户管理”对话框进行授权操作。

9．查询当前服务器中有哪些用户。

```
mysql> use mysql;
mysql> select host,user from user;
```

思考与练习

一、填空题

1．添加一个或多个用户的 MySQL 关键字是________________。

2．修改已有的 MySQL 用户名的关键字是________________。

3．在 MySQL 中删除用户名的关键字是________________。

4．在 MySQL 中授予用户权限的关键字是________________。

5．在 MySQL 中收回用户权限的关键字是________________。

6．在 MySQL 中查看用户 user1 权限的关键字是________________。

二、选择题

1．要修改 root 用户账户的密码，需要在（　　）账户下才具有权限。

A．user　　B．mysql.sys　　C．root　　D．普通

2．删除用户的关键字是（　　）。

A．drop user　　B．delete user　　C．drop root　　D．truncate user

3．命令“grant select,update,delete on XSCJ.* to 'user3'@'localhost'”的作用是（　　）。

A．使用 GRANT 语句创建名为 user3 的用户账户，设置该账户对 XSCJ 数据库中所有表具有 insert、update 和 delete 权限

B．使用 GRANT 语句修改 user3 的用户账户，去掉该账户对 XSCJ 数据库中所有表具有的 insert、update 和 delete 权限

C．使用 GRANT 语句修改 user3 的用户账户，设置该账户具有对包含字符“XSCJ”的表具有 insert、update 和 delete 权限

D．以上说法都不对，在 MySQL8.0 中需要先创建用户，再授予用户权限

三、创建和管理用户及权限

1．创建名为 ZhangSan，密码为 123456 的用户账户，设置该账户对 XSCJ 数据库中所有表具有 insert、update 和 delete 权限。

2．使用查询语句查看 ZhangSan 的用户权限。

3．创建一个名为 LiSi 的新用户，密码为 123456，要求新用户对 XSCJ 数据库中的 xsqk 表具有查询、插入、修改权限。

4．收回 LiSi 的所有用户权限。

5．删除 LiSi 用户。

任务 2　数据备份与还原

任务描述

在使用学生成绩管理系统的过程中，可能会有一些意外的情况发生，如误操作、病毒感染、自然灾害、蓄意破坏等，都可能导致数据库中的数据损坏或丢失。这就需要数据库系统具有尽可能避免数据丢失的能力。

任务分析

为了避免由于各种意外情况导致数据库中数据损坏或丢失，数据库管理员需要事先对数据进行备份，在需要的时候可以进行数据还原。为此，开发团队需要完成以下工作：

✧ 提供数据库的备份功能。

✧ 提供数据库的还原功能。

5.2.1　数据备份

任务储备

如果保存在计算机中的数据遭遇自然灾害、电源故障、软 / 硬件故障、有意或无意的破坏性操作及病毒等，则可能会影响系统的正常运行，甚至造成整个系统的完全瘫痪。因此，MySQL 管理员应该对数据进行有计划的备份，以减小各种破坏带来的损失。

数据备份的任务与意义在于当各种破坏发生后，通过备份的数据可完整、快速、可靠地恢复原有系统，尽可能地将由于数据库故障而引发的各种损失降到最小。

1. 使用 MySQLdump 命令备份

MySQLdump 命令是 MySQL 提供的用于数据备份的工具。通过执行 MySQLdump 命令可以将数据库保存到一个文本文件中，这个文本文件中包含的 create 语句用于创建该数据库中所有的表结构，以及包含的 insert into 语句用于插入数据内容。在进行数据还原时，通过执行该文本文件中的 create 语句和 insert into 语句可以将数据还原到备份时的状态。

使用 mysqldump 命令进行数据备份时分为 3 种形式：

- 备份一个数据库中的某个表。
- 备份一个或多个数据库。
- 备份所有数据库。

（1）备份一个数据库中的某个表

基本语法规则如下：

```
mysqldump –u username -h hostname –p databasename tablename [ tablename…] >backupname.sql
```

其中：

databasename 表示要备份的表所在的数据库名。

tablename 表示要备份的表名。

backupname.sql 表示备份文件的名称，包括路径名和备份文件名。

（2）备份一个或多个数据库

基本语法规则如下：

```
mysqldump –u username –p databasename [    databasename…]> backupname.sql
```

备份数据库与备份表的区别就是少了指定某个具体的表名，作用是将指定数据库中的所有表全部备份。

（3）备份所有数据库

基本语法规则如下：

```
mysqldump –u username –p –all-databases> backupname.sql
```

其中，用“–all-databases”代表所有数据库，而不需要再指定具体的数据库名。

2. 复制 data 目录进行备份

这种方法属于冷备份，为了保持备份的一致性，需要先将 mysql 数据库停下来或进行 LOCK TABLE 的加锁操作，再直接复制 C:\ProgramData\MySQL\MySQL Server 8.0\Data 文件夹到新目录中。

这种备份方式对 InnoDB 存储引擎的表不适用，并且要求在恢复时只能恢复到相同版本的服务器中，版本不同可能不兼容。

任务实施

【实施 1】备份数据库 XSCJ 中的 kc 表，备份文件为 xscj_kc.sql，存放到 D:\mysqlback 文件夹中。

首先建立 D:\mysqlback 文件夹，然后使用备份命令：

```
C:\Users\Administrator>mysqldump -u root -p xscj kc>d:\mysqlback\xscj_kc.sql
Enter password: ******
```

注意：① 此备份操作是在 DOS 界面下输入命令完成的，mysqldump 命令在 MySQL 安装路径下的 bin 目录中，如果在“项目 1”中已完成环境变量的配置，则可以在“C:\Users\Administrator>”下直接输入 mysqldump 命令进行备份，否则需要进入 MySQL 安装路径中的 bin 目录下才能使用 mysqldump 命令。

② 在 Enter password 后，需要输入“root”用户账户的密码。

上述是备份数据库 XSCJ 中的一个表，如果需要备份多个表，则在每个表之间用空格隔开，注意不要使用“,”来分隔。例如，备份数据库 XSCJ 中的 kc、cj、xsqk 三个表，使用的备份命令如下：

```
C:\Users\Administrator>mysqldump -u root -p xscj kc cj xsqk>d:\mysqlback\xscj_kcn.sql
Enter password: ******
```

【实施 2】使用 mysqldump 命令备份 XSCJ 数据库，备份文件为 xscj.sql，存放到 D:\mysqlback 文件夹中。

备份命令如下：

```
C:\Users\Administrator>mysqldump -u root -p xscj>d:\mysqlback\xscj.sql
```

```
Enter password: ******
```

说明：这里是备份一个数据库，如果需要备份多个数据库，则与备份多个表一样，在各个数据库之间使用空格分隔。

【实施3】使用 mysqldump 命令备份 MySQL 服务器中的所有数据库，存放到 D:\mysqlback 文件夹中。

备份命令如下：

```
C:\Users\Administrator>mysqldump -u root -p --all-databases>d:\mysqlback\xscj2.sql
Enter password: ******
```

说明：

（1）备份完成后，在 D:\mysqlback\xscj2.sql 中包含对服务器数据库系统中所有数据库的备份，即包括系统数据库和用户数据库在内的所有数据库。

（2）如果打开 xscj2.sql 备份文件（可用任何文字处理软件打开）查看其内容，可以发现该备份文件中包含对所有数据库的恢复命令。

任务拓展

同使用 MySQLdump 命令对数据库进行备份一样，使用工具软件 SQLyog 也可以对数据库中的表、数据库或服务器中整个 MySQL 数据库系统进行备份。

【拓展1】备份数据库 XSCJ 中的 xs_kc2 表。

在 SQLyog 连接到服务器后，找到“对象浏览器”窗口中的 XSCJ 数据库，然后在 XSCJ 上单击右键，得到如图 5-9 所示的快捷菜单。

在图 5-9 中选择“备份 / 导出”→“计划备份”命令，得到如图 5-10 所示的界面（或执行 SQLyog 的“数据库”菜单→“备份 / 导出”命令）。

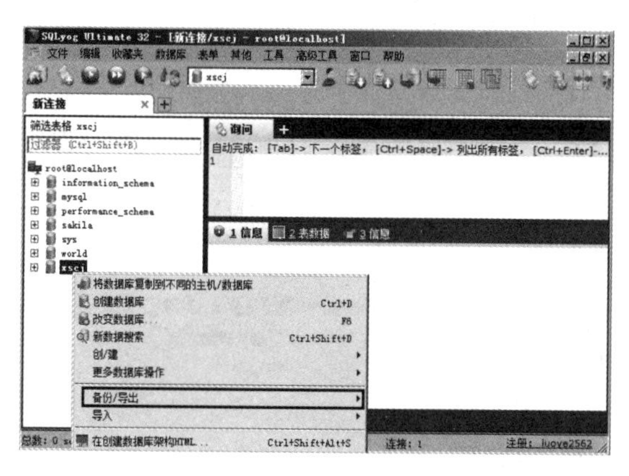

图 5-9　数据库 XSCJ 的快捷菜单

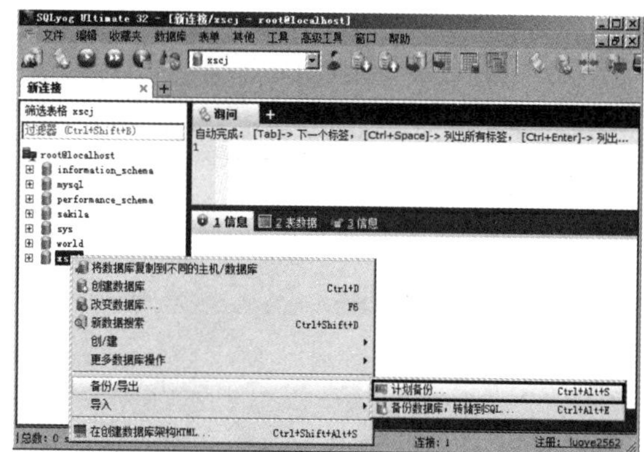

图 5-10　执行“计划备份”命令

弹出“以批处理脚本向导导出数据”的备份安装向导界面，如图 5-11 所示。选中“开始新工作”选项，单击“下一步”按钮，进入如图 5-12 所示界面。

在图 5-12 中，单击“下一步”按钮，进入如图 5-13 所示的“选择想要导出的对象”界面。这里选择“xs_kc2”表，然后单击“下一步”按钮，进入如图 5-14 所示的界面。

在图 5-14 中，选中“所有目标使用同一文件”选项，在“Archive name”后的文本框中输入存放备份文件的压缩文件名及其存放路径。进入如图 5-15 所示的“你要生成什么”界面，确定生成的备份文件包含的内容，然后依次单击“下一步”按钮（均可采用默认值），最后得到如图 5-16 所示的完成界面。

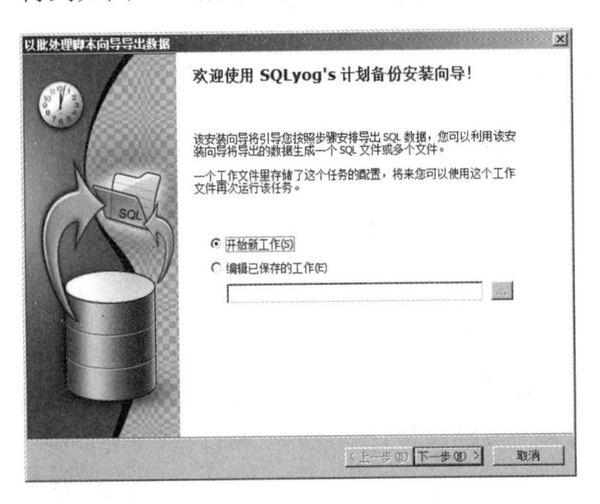

图 5-11　备份安装向导界面图

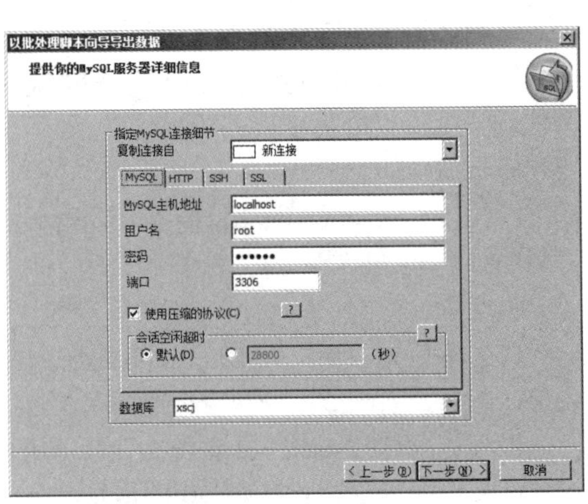

图 5-12　以批处理脚本向导导出数据

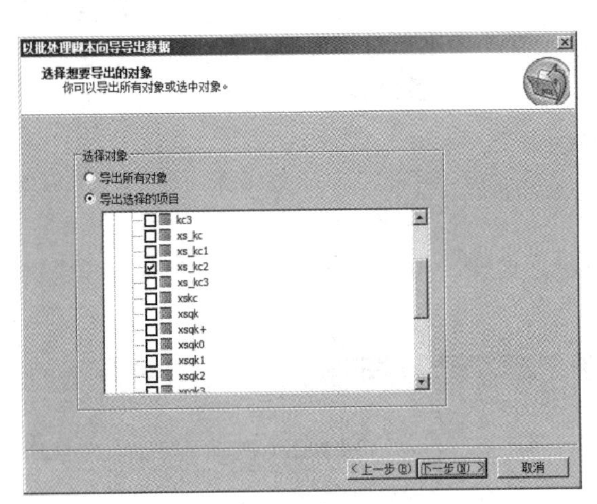

图 5-13　选择想要导出的对象

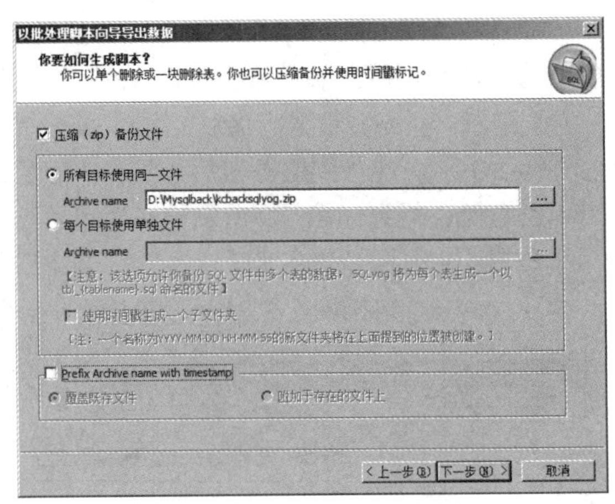

图 5-14　备份文件存放的位置

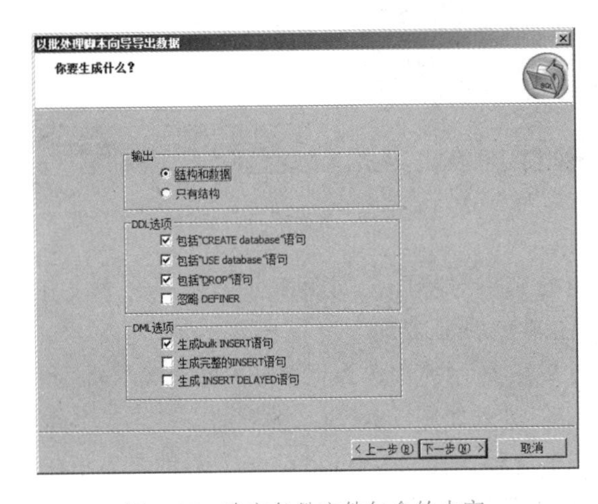

图 5-15　确定备份文件包含的内容

图 5-16　完成界面

在图 5-16 中，单击“完成”按钮，备份完毕。

【拓展 2】备份数据库与 MySQL 系统数据库。

在 SQLyog 中备份数据库与备份数据表的方法类似，只是在选择备份对象时有所区别，选择方法如图 5-17 所示。

图 5-17 选择备份对象

在图 5-17 中，如果是备份某个数据库，则在“数据库”选项中选择相应的数据库即可；如果是备份用户数据库，则在“数据库”选项中选择“全部 - 不包括 mysql 系统数据库”；如果是备份整个 MySQL 系统数据库，则在“数据库”选项中选择“全部 - 包括 mysql 系统数据库”。

其余操作步骤与备份数据表相同。

5.2.2 数据还原

任务储备

当数据库受到破坏时，可利用备份文件将数据还原到备份时的状态，从而尽可能降低数据被破坏带来的损失。

1. 使用 MySQL 命令还原

使用 MySQL 命令可以在需要时将前面备份的 sql 文件导入数据库中，从而实现数据库的还原，其基本语法格式如下：

```
mysql –u user –p [databasename] <filename.sql
```

其中：

user 是执行备份操作时使用的用户名，如“root”；

-p 是输入的用户密码；

databasename 是数据库名，如果 filename.sql 是 mysqldump 工具创建的包含创建数据库

create 语句的文件，则执行的时候不需要指定 databasename。

2. 使用 source 命令还原

如果已经登录到 MySQL 服务器，则可以使用 source 命令导入 sql 文件，其基本语法规则如下：

```
source filename.sql
```

3. 通过复制数据库目录还原

如果数据库备份是通过复制数据库文件来实现的，那么在还原时可以直接将备份的文件复制到原 MySQL 数据库目录下实现恢复。这种恢复方式的条件是备份文件的版本号应与现有数据库系统的版本号相同，在还原前需先关闭 MySQL 服务，将备份文件覆盖 MySQL 的 data 目录即可。

任务实施

【实施 1】使用 MySQL 命令将备份文件“D:\Mysqlback\xscj_kc.sql”还原到数据库 XSCJ 中。

任务分析：“D:\Mysqlback\xscj_kc.sql”是备份数据表 kc 的备份文件，因为是对数据表的备份，所以在“D:\Mysqlback\xscj_kc.sql”中没有 Create 语句创建数据库 XSCJ，所以需要在 MySQL 命令中包含数据库名 XSCJ，否则导入将会失败，例如：

```
C:\Users\Administrator>mysql -u root -p <D:\Mysqlback\xscj_kc.sql
Enter password: ******
ERROR 1046 (3D000) at line 22: No database selected
```

错误提示是没有加上数据库名！因此在还原时需要指定该备份应还原到哪一个数据库中：

```
C:\Users\Administrator>mysql -u root -p xscj <D:\Mysqlback\xscj_kc.sql
Enter password: ******
C:\Users\Administrator>
```

加上数据库名 XSCJ 后才能还原成功。

【实施 2】使用 source 导入备份文件 D:\Mysqlback\xscj_kc.sql。

```
mysql> use xscj
Database changed
mysql> source D:\Mysqlback\xscj_kc.sql
Query OK, 0 rows affected (0.00 sec)
Query OK, 0 rows affected (0.00 sec)
…
```

其中：

（1）在执行 source D:\Mysqlback\xscj_kc.sql 命令之前，需要先使用 use 命令打开数据库，否则可能导致导入失败，这是因为在 xscj_kc.sql 文件中，没有指明将内容导入哪个数据库。

（2）在命令被成功执行时，会出现“Query OK, 0 rows affected (0.00 sec)”提示信息。每成功执行一个命令，就会产生一个这样的信息，针对复杂的数据库，将会有大量的提示信息产生。

任务拓展

【拓展 1】使用工具软件 SQLyog 还原数据库 XSCJ，备份文件为“D:\Mysqlback\ xscj.sql”。

操作步骤如下：

首先在 SQLyog 中将数据库 XSCJ 删除，删除后的界面如图 5-18 所示。

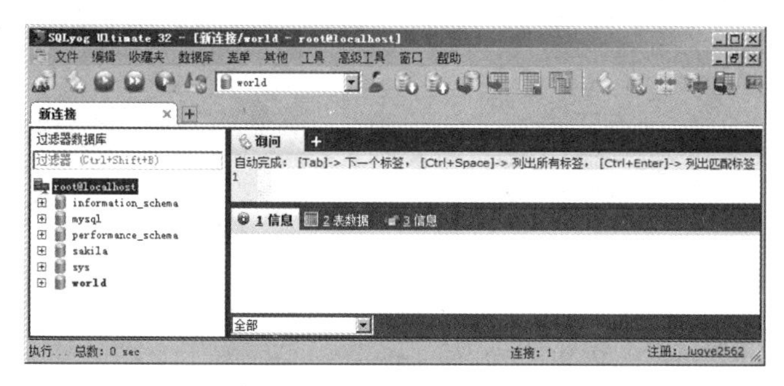

图 5-18　已删除 XSCJ 数据库

然后重新创建一个 XSCJ 数据库，还原后的数据将存放在新建的 XSCJ 数据库中，如图 5-19 所示。新建数据库后，执行 SQLyog“数据库”菜单中的“导入”→“执行 SQL 脚本”命令，如图 5-20 所示。得到如图 5-21 所示的对话框。

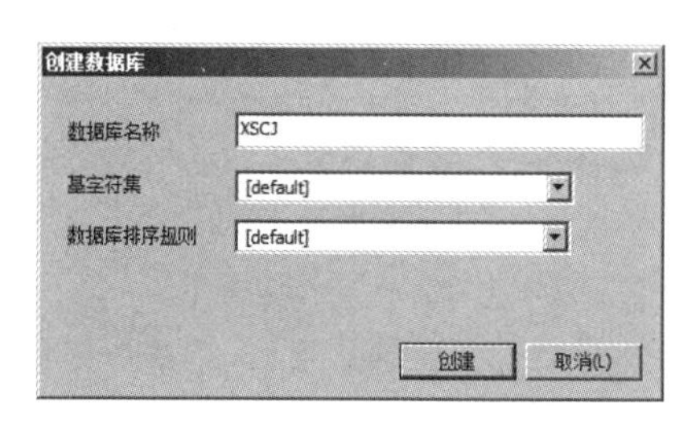

图 5-19　新建 XSCJ 数据库

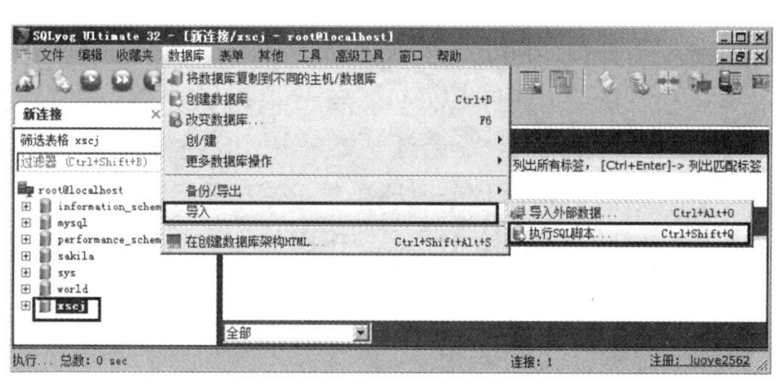

图 5-20　选择导入命令

在图 5-21 中，可以看到当前数据库为 XSCJ，表示导入的数据将存入 XSCJ 数据库中。在“文件执行”下的输入框中输入备份文件名“D:\Mysqlback\xscj.sql”，再单击“执行”按钮，弹出一个如图 5-22 所示的提示信息。

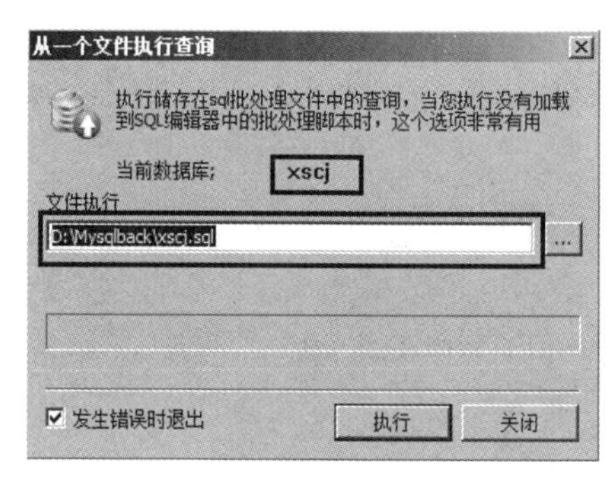

图 5-21　选择备份文件

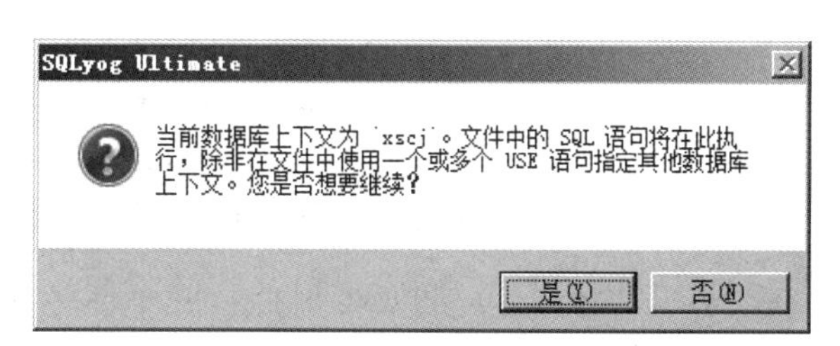

图 5-22　提示信息

图 5-22 的意思是将以 XSCJ 数据库作为当前使用的数据库。在图 5-22 中单击“是”按钮确认后，SQLyog 即开始还原操作。图 5-23 所示是正在执行第 81 条还原语句。

导入完成后，出现如图 5-24 所示的导入成功的提示信息。

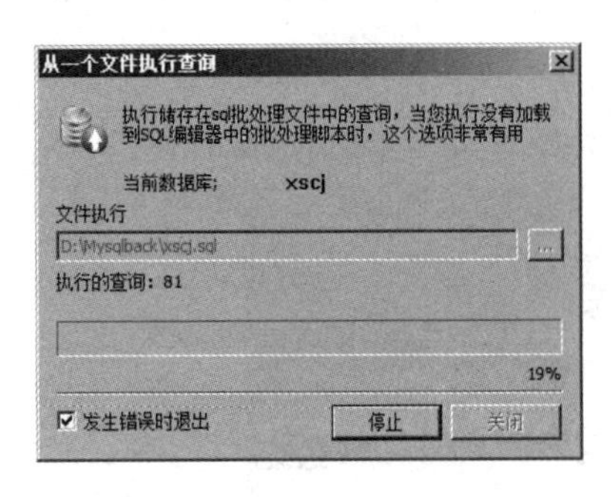

图 5-23　执行还原

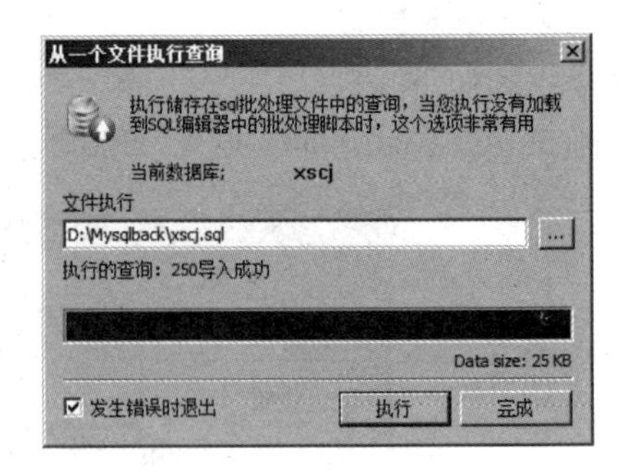

图 5-24　导入成功

在图 5-24 中单击“完成”按钮即导入完毕。

任务小结

本任务学习了如下几点：

- 使用 mysqldump 命令备份数据表和数据库。
- 使用工具软件 SQLyog 备份数据表和数据库。
- 使用 MySQL 命令还原数据表和数据库。
- 使用 source 命令还原数据表和数据库。
- 使用工具软件 SQLyog 还原数据表和数据库。

课堂实训

【实训目的】

1．掌握备份数据库的方法。

2．掌握还原数据库的方法。

【实训内容】

1．使用 mysqldump 命令备份数据库 XSCJ 中的 xsqk 表和 kc 表到“e:\mysqlbackup\xsqk_kc.sql”文件中。

```
C:\WINDOWS\system32>mysqldump -u root -p xscj xsqk>e:\mysqlbackup\xsqk_kc.sql;
Enter password: ****
```

2．使用 mysqldump 命令备份数据库 XSCJ 到“e:\mysqlbackup\xscj.sql”文件中。

```
C:\WINDOWS\system32>mysqldump -u root -p xscj>e:\mysqlbackup\xscj.sql;
Enter password: ****
```

3．使用 MySQL 命令将备份文件“e:\mysqlbackup\xsqk_kc.sql”还原到数据库 XSCJ 中。

```
C:\Users\Administrator>mysql -u root -p xscj <e:\mysqlbackup\xscj_kc.sql
Enter password: ******
```

4．使用 source 命令导入备份文件 e:\mysqlbackup\xscj.sql。

```
mysql> use xscj
mysql> source e:\mysqlbackup\xscj.sql
```

5．使用工具软件 SQLyog 备份数据库 XSCJ，备份文件为“e:\ mysqlbackup\xscjback.sql”。

6．在工具软件 SQLyog 中，利用备份文件“e:\ mysqlbackup\xscjback.sql”还原数据库 XSCJ。

实训内容中 5 和 6 的操作过程见本任务的“任务拓展”部分。

思考与练习

一、填空题

1．通过执行 MySQLdump 命令可以将数据库保存到一个 ____________ 中。

2．如果需要备份多个数据库，则与备份多个表一样，在各个数据库之间使用 ____________ 隔开。

3．通过复制数据库目录进行备份，要求在恢复时，只能恢复到 ____________ 版本的服务器中。

4．使用 MySQL 命令还原时，如果用 mysqldump 命令创建的文本文件中没有包含创建数据库的 ____________ 语句，则执行的时候就需要指定数据库名。

5．在进行数据库备份时，如果已经登录到 MySQL 服务器，则可以使用 ____________ 命令导入 sql 文件。

6．对使用 mysqldump 命令进行备份的数据库还原时，使用的命令关键字是 ____________。

二、选择题

1．下列命令中，用于备份一个数据库的是（　　）。

A．MySQLdump -u root -p xscj kc>d:\mysqlback\xscj_kc.sql

B．MySQLdump -u root -p xscj kc kc2 kc3>d:\mysqlback\xscj_kcn.sql

C．MySQLdump -u root -p xscj>d:\mysqlback\xscj.sql

D．MySQLdump -u root -p --all-databases>d:\mysqlback\xscj2.sql

2．备份数据库的命令是（　　）。

A．MYSQLDUMP　B．COPY　C．BACKUP　D．REPEATER

3．恢复数据库的命令是（　　）。

A．BACK　B．SOURCE　C．REVERSE　D．REPEATER

4．用 mysqldump 命令备份数据库产生的备份文件类型是（　　）。

A．exe　B．bat　C．dat　D．sql

三、备份数据库和还原数据库

1．用 mysqldump 命令备份数据库 XSCJ 中的 xs_kc 表和 kc 表，备份文件为 kc_xs_kc.sql，存放到 D 盘的 back 文件夹中。

2．用 mysqldump 命令将整个数据库系统备份到 backmysql.sql 文件中，存放到 D 盘的 back 文件夹中。

3．利用 backmysql.sql 文件产生的备份文件还原数据库系统。

4．利用工具软件 SQLyog 备份 XSCJ 数据库中的 xsqk 表，备份文件名为 xsqk.sql。

5．在工具软件 SQLyog 中，利用备份文件 xsqk.sql 还原 xsqk 表。

项目 6

数据库综合应用

项目介绍

在学生成绩管理系统的主体功能开发完成后，为使在校师生有一个相互交流的平台，现开发一个网站留言板。

任务安排

任务　PHP/MySQL 设计留言板

学习目标

✧ 掌握使用 PHP 技术开发动态 Web 页面的方法。

✧ 掌握使用 MySQL 作为后台数据库的方法。

任务　PHP/MySQL 设计留言板

任务描述

网站留言板作为网站的组成部分，在网站中的重要性越来越突出，利用网站留言板的交互特性，建立起网站与用户之间沟通的桥梁。在本项目中，为使在校师生有一个相互交流的平台，需要开发一个网站留言板。

任务分析

PHP 是一种简单、面向对象、安全高效的动态脚本语言，MySQL 是快速和开源的网络数据库系统，二者是目前 Web 开发的黄金组合。本项目开发团队采用 PHP 结合 MySQL 的方式来完成网站留言板的开发工作。开发团队需要完成以下工作任务：

✧ 配置开发环境。

✧ 使用 PHP 技术开发动态 Web 页面。

✧ 使用 MySQL 数据库作为后台数据库。

6.1.1　开发平台的搭建

任务储备

在使用 PHP 服务器脚本语言结合 MySQl 数据库开发网站留言板之前，需要先搭建好网站的开发环境。

1. 了解 PHP 与 MySQL

PHP 是非常普遍的服务器端脚本语言，它和 MySQL（个人用途）一样属于开放源代码，具有完全免费、稳定、快速、跨平台，以及面向对象等优点，PHP 和 MySQL 的结合是目前 Web 开发中的黄金组合，因此在本书中，选用 PHP 来连接 MySQL。

PHP 是如何操作 MySQL 数据库的呢？通过 Web 访问数据库的过程如下：

① 用户使用浏览器对某个页面发出 HTTP 请求。

② 服务器端接收到请求，并发送给 PHP 程序进行处理。

③ PHP 解析代码，在代码中有连接 MySQL 数据库的命令和请求特定数据库的 SQL 命令。根据这些代码，PHP 可以打开一个和 MySQL 的连接，并且发送 SQL 命令到 MySQL 数据库。

④ MySQL 数据库接收到 SQL 命令后加以执行，执行完毕后返回执行结果到 PHP 程序中。

⑤ PHP 执行代码，并根据 MySQL 返回的请求数据，生成特定格式的 HTML 文件，然后传递给浏览器，HTML 经过浏览器渲染即为用户请求的展示结果。

2. 安装 Apache 服务器

Apache 是一种开源的 HTTP 服务器软件，可以在包括 UNIX、Linux、Windows 在内的大多数主流计算机操作系统中运行，由于其支持多平台和良好的安全性而被广泛使用。

Apache 网站服务器的主要工作在于编译 PHP 网页，并回传编译后的 PHP 网页至使用者计算机的浏览器接口。

Apache 的主配置文件通常为 httpd.conf，但是由于这种命名方式为一般惯例，并非强制要求，因此提供 rpm 或 deb 包的第三方，Apache 的发行版本可能使用不同的命名机制。另外，httpd.conf 文件可能是单一文件，也可能是通过使用 Include 指令包含不同配置文件的多个文件集合。有些发行版本的配置非常复杂。httpd.conf 文件是一个文本文件，由指令、容器和注释组成，在系统启动时被逐行解析，在该文件内允许有空行和空格，它们在解析时被忽略不计。

安装 Apache 服务器的首要工作是到 Apache 的官方网站下载 Apache 的最新版本。

安装完成 Apache 服务器后，首先要测试一下安装与设定是否成功，由于是在本机安装的 Apache 服务器，因此它的 HTTP 地址的预设路径是 http://localhost。

注意：如果操作系统已经安装了网站服务器，如 IIS 网站服务器等，则用户必须先停止这些服务器，才能正确安装 Apache 服务器。

任务实施

【实施 1】安装与配置 PHP。

PHP 的安装与配置有多种方法，这里使用 PHP 官方提供的安装包来进行安装，步骤如下：

（1）下载

（2）安装

将下载的 zip 程序包解压，并放在 D 盘，命名为 php，如 D:\php5\。该目录下应该包含 dev、ext、lib 等目录及大量的文件。

（3）配置 PHP

进入 D:\php\ 目录，找到 php.ini-development 文件，此文件是 php 的配置文件，将这个文件复制一份，重命名为 php.ini（注意扩展名的改变）；再用记事本打开该文件，修改部分参数，由于参数较多，故可以使用记事本的查找功能，快速查找参数并修改。

查找 extension_dir 参数，并将其值修改为“D:\php5\ext”，即“extension_dir = D:\php5\ext”，此参数为 php 扩展函数的查找路径，其中“D:\php5\”是 PHP 的安装路径，用户可以根据自己的安装路径来修改 extension_dir 参数。

采用同样的方法修改参数“cgi.force_redirect=0”。

另外，可以根据需要去掉 extension 前面的注释“ ; ”，如加载 PDO、MySQL，把下面参数值前的分号去掉即可。

```
;extension=php_pdo.dll
;extension=php_pdo_mysql.dll
```

（4）配置环境变量

若想让系统运行 PHP 时找到上面的安装路径，则需要将 PHP 的安装目录添加到系统环境的 Path 变量中。

【实施 2】配置 Apache 支持 PHP。

安装完成 PHP 后并不能直接在 Apache 中运行 PHP 文件，还要进一步配置 Apache 才可以支持 PHP 的运行：

```
LoadModule php5_module "C:\PHP\php5apache2_2.dll"
AddType application/x-httpd-php  .php
PHPIniDir "C:\php"
```

其中：

第 1 行代码表示要加载的模块在哪个位置存储。

第 2 行代码表示将一个 MIME 类型绑定到某个或某些扩展名。.php 只是一种扩展名，这里可以设定为 .html、.php2 等。

第 3 行代码表示 PHP 所在的初始化路径。

此时 PHP 环境就配置完成了。

同样查找“DirectoryIndex”这个代码，并将其后面的代码修改如下：

```
DirectoryIndex index.php default.php index.html
```

表示默认访问站点打开时的首页顺序是 index.php、default.php、index.html。

现在有一些整合了 Apache 服务器、PHP 解释器、Mysql 数据库的资源包，如 phpStudy、WampServer、XAMPP 等，安装简单且使用方便，本章将采用 phpStudy。

任务拓展

【拓展 1】使用 phpStudy 配置开发环境。

分 析 phpStudy 是一个 PHP 调试环境的程序集成包。该程序包集成最新的 Apache+PHP+ MySQL+phpMyAdmin+ZendOptimizer，一次性安装完成，无须配置即可使用，是非常方便、好用的 PHP 调试环境。对学习 PHP 的新手来说，在 Windows 环境下配置是一件很困难的事，对老手来说也是一件烦琐的事。因此无论你是新手还是老手，该程序包都是一个不错的选择。

操作步骤：

（1）下载 phpStudy。

（2）安装 phpStudy。在安装时，为减少出错，安装路径不要出现汉字，如有防火墙开启，会提示是否信任 httpd、mysqld 运行，请选择全部允许。

（3）启动 Apache 服务器和 MySQL 数据库服务。

如果启动失败，可能原因有三点：一是防火墙拦截；二是 80 端口已经被别的程序占用，如 IIS、迅雷等；三是没有安装 VC9 运行库，而 PHP 和 Apache 都是用 VC9 编译的。只要解决了以上三个问题，安装基本能一次性成功。安装成功后会在桌面生成快捷方式，启动后显示 phpStudy 2018 主界面，如图 6-1 所示，单击“启动”按钮，则会同时启动 Apache 和 MySQL 服务器。

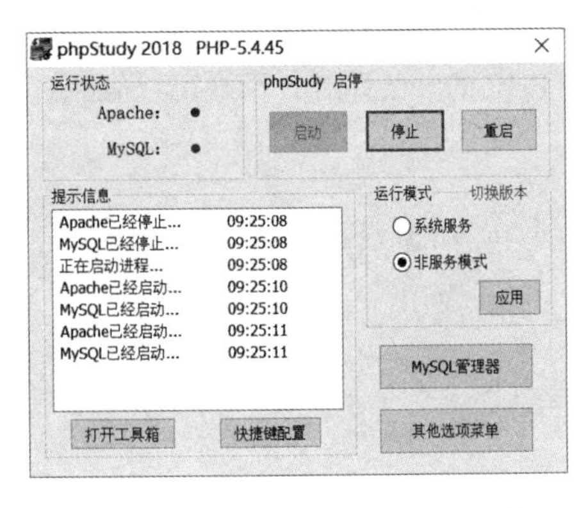

图 6-1 phpStudy 2018 的启动界面

6.1.2 网站留言板的制作

任务储备

要完成网站留言板的制作，需要先创建站点，规划留言板界面，建立好数据库和数据表，然后使用 PHP 脚本语言访问 MySQL 数据库完成网站留言板的制作。

1. 了解 Web 站点工具：Dreamweaver 8

Dreamweaver 8 是建立 Web 站点和应用程序的专业工具，其为专业人员提供了一个集成、高效的环境中所需的工具，并将可视布局工具、应用程序开发功能和代码编辑支持组合在一起。其功能强大，使得各个层次的开发人员和设计人员都能够快速创建基于标准网站和应用程序的优美界面。

2. 创建站点

在服务器中建立站点，可用于存放网页文档，并方便网页文档的管理。一个服务器的 IIS 可以架设多个网站，建立站点可以对各网站进行独立管理。

任务实施

【实施 1】在 Dreamweaver 8 中建立名为“lyb”的站点。

实施步骤：启动 Dreamweaver 8，单击“站点”菜单，在弹出的下拉菜单中选择“新建站点”命令，创建名为“lyb”的站点，站点地址用本机地址 http://127.0.0.1 或 http://localhost/，如图 6-2 所示。单击“下一步”按钮，在弹出的如图 6-3 所示的对话框中选择“是，我想使用服务器技术”选项，再在“哪种服务器技术”下拉列表中选择“PHP MySQL”选项。

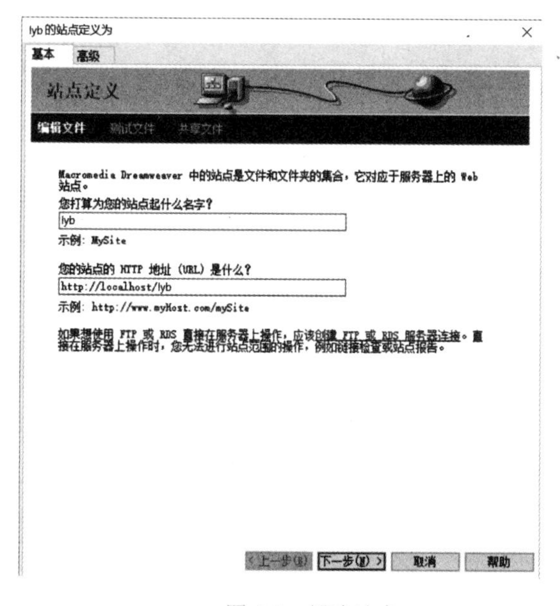

图 6-2 新建站点

图 6-3 选择服务器技术

单击“下一步”按钮，弹出如图 6-4 所示的对话框，在对话框中选择“在本地进行编辑和测试”选项，并将文件存储在“c:\phpStudy\www\”路径下，单击“下一步”按钮，弹出如图 6-5 所示的对话框，在对话框中输入使用“http://localhost/”路径来浏览站点根目录。

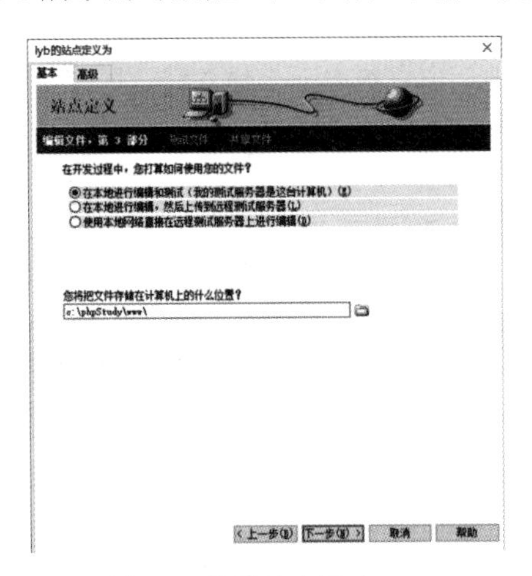

图 6-4　设置站点目录

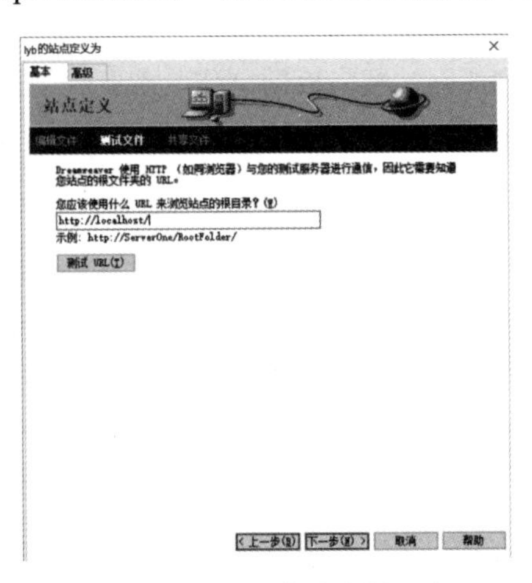

图 6-5　设置浏览站点根目录

为了检查站点是否创建成功，可以新建一个测试页面 test.php 进行测试，把代码放入测试页面中，并在浏览器中输入“http://localhost/news/test.php”，如果页面输出“Hello World”，则说明站点创建成功，否则表示站点创建失败。

```
<?php
echo "Hello World";
?>
```

【实施 2】留言板（Message Board）界面设计。

网页浏览者可以通过留言板张贴留言给站主或其他浏览者，如图 6-6 所示。

在图 6-6 中，将要制作的留言板采用分页显示，每页显示 5 行记录，当然也可以根据实际情况自行调整。网页中间显示页数的超链接，只要单击相应的页数链接，就会显示该页的记录内容，最后输入的留言显示在最前面。

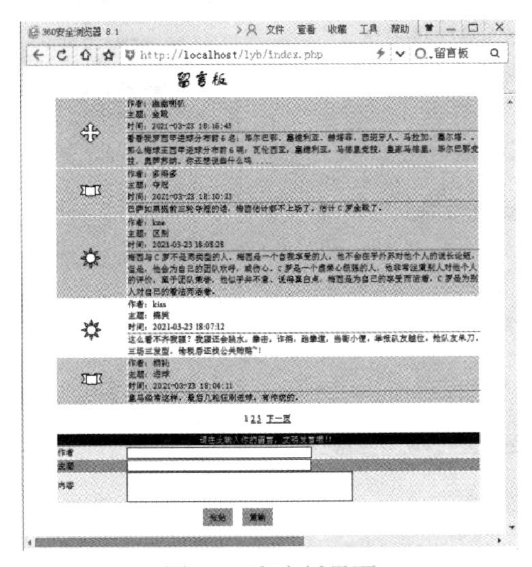

图 6-6　留言板界面

【实施 3】规划组成网站留言板所需的文件。

组成本网页页面需要的文件如表 6-1 所示。

表 6-1 组成本网页页面需要的文件列表

文 件 名	文件作用
0.jpg~5.jpg	6 个 jpg 图形文件用来作为留言板左边的插图标识
Index.php	留言板的主程序，负责从数据库中读取留言、以分页方式显示留言，以及提供表单让浏览者输入新留言
transmit.php	负责读取浏览者在 < Index. php> 表单中输入的作者、主题及内容等，然后写入数据库，最后重新定向到 < Index. Php>
Message 数据库	留言板使用的数据库

【实施 4】创建 Message 数据库和设计 info 数据表。

在 MySQL 服务器中，创建 Message 数据库，然后在该数据库下创建一个名叫“info”的数据表，用于存储留言板中的数据，info 表的字段结构如表 6-2 所示。

表 6-2 info 表的字段结构

名 称	字 段 名	数据类型	长 度	是否为空	备 注
编号	id	int	—	Not NULL	主键，自动编号
作者	author	varchar	20	Not NULL	
主题	subject	tinytext	—	NULL	
内容	content	text	—	Not NULL	
日期	date	datetime	—	Not NULL	

创建 Message 数据库：

```
mysql> create database message ;
Query OK, 1 row affected (0.06 sec)
```

在 Message 数据库中创建 info 表。

```
mysql> use message;
mysql> create table info(
    -> id int primary key auto_increment,
    -> author varchar(20) not NULL,
    -> subject tinytext,
    -> content text not NULL,
    -> date datetime not NULL);
Query OK, 0 rows affected (0.75 sec)
```

【实施 5】访客留言板主程序 index.php 的设计。

index.php 是访客留言板的主程序，用于读取 info 数据表中的所有记录，并将数据表中的各项内容，包括作者、主题、内容和日期分页显示出来，每页设置显示个数为 5 个，时间距当前越近的留言在显示时越靠前。

代码如下：

```
001:<doctype html
```

```
002:<htm|>
003: <head>
004:    <meta charset="utf-8">
005:    <title> 访客留言表 </title>
006 :   <script type="text/javascript">
007:    function check_data()
008:       {
009:    if(document. my Form. author value length ==0)
010:          altert(" 作者字段不可以空白哦 !");
011:    else if(document. my Form content value length ==0)
012:       alert(" 内容字段不可以空白哦 ! ");
013:    else
014:       myform.submit();
015:       }
016:    </script>
017:    </head>
018:    <body>
019:       <p align=center" ><img src="fig. jpg"></p>
020:        <?php
021:          require once("dbtools inc. php");
022:          // 指定每页显示几行记录
023:       $Records per_page =5;
024:       // 显示第几页的记录
025:    if(isset($_GET["page"]))
026:       $page=$_GET["page"];
027:       else
028:        $page =1;
029:        // 建立数据连接
030:       $link= create connection();
032:       // 执行 SQL 命令，按降序日期方式排序
033:       $sql="SELECT *FROM info ORDER BY date DESC";
034:       $Result execute sql(slink, "message", $sql);
035:    // 获取记录数
036:    $total_records= mysqli_ num rows($result);
037:    // 计算总页数
038:       $total_pages= ceil(Stotal records/ Records_per_page);
038:       // 计算本页第一个记录的序号
040:       $tarted record= Records_per_page *($page-1);
041:        // 将记录指针移至本页第一个记录的序号
042:       mysqli_data_seek($Result, $tarted_record);
043:    // 使用 $bg 数组来存储表格背景颜色
044:    $bg[0]="#D9D9FF";
045:    $bg[1]="#FFCAEE";
046:    $bg[2]="#FFFFCC";
047:    $bg[3]="#B9EEB9";
048:    $bg[4]="#B9E9FF";
049:       echo"<table width=800 align=center'cellspacing=3'>";
050:    // 显示记录
051:    $j=1;
052:    while($Row=mysqli_fetch_assoc($Result) and $j<= $Records_per_ page)
053:    {
054:    echo"<tr bgcolor="'$bg[$j-1]. "' >";
```

```
055:    echo"<td width='120' align='center'>
056:        <img src='".mt_ rand(0, 9).".gif'><td>";
057:    echo"<td> 作者 : ".$Row["author"]."<br>";
058:    echo" 主题 :".$row" subject'"]."<br>";
059:    echo" 时间 :". $rowl"date"]."<hr>";
060:    echo $row["content"]."</td></tr>";
061:    $j++;
062:    }
063:    echo"</table>";
064:    // 产生导航条
065:    echo "<p align='center'>";
066:
067:    if ($page >1)
068:    echo"< a href=' index. php?page=".( $page-1)."'> 上一页 </a>";
069:    for($i=1;$i< $total_pages; $i++)
070:    {
071:    if ($i==$page)
072:      echo"$i";
073:    else
074:    echo"<a href='index. php?page=$i'>$i</a>";
075:    }
076:      if($page <$total_pages)
077:      echo"< a href= 'index. php?page=".( $page+1)." '> 下一页 </a>";
078:    echo"</p>";
079:    // 释放内存空间
080:    mysqli_free_result($Result);
081:    mysqli_close($link);
082:    ?>
083:      <form name="myForm" method="post" action="transmit.php">
084:        <table border="0" width="800" align="center" cellspacing="0">
085:         <tr bgcolor="#0084CA" align="center">
086:           <td colspan="2">
087:             < font color="#FFFFFF"> 请在此输入新的留言 </font></td>
088:         </tr>
089:         <tr bgcolor="#D9F2FF">
090:           < td width="15%"> 作者 </td>
091:         <td width="85%" ><input name="author"    type="text"    size="50"></td>
092:      </tr>
093:      <tr bgcolor="#84D7FF">
094:         < td width="15%"> 主题 </td>
095:           <td width="85%"><input name="subject" type="text" size="50"></td>
096:      </tr>
097:      <tr bgcolor="#D9F2FF">
098:     < td width="15%"> 内容 </td>
099:   <td width="85%"><textarea name="content" cols="50" rows="5"></textarea></td>
100:      </tr>
101:      <tr>
102:         <td colspan="2" align="center">
103:      <input type=" button" value=" 张贴 " onClick=" check data()">
104:      <input type=" reset" value=" 重输 ">
105:      </td>
106:     </tr>
```

```
107:        </table>
108:    </form>
109:    </body>
110: </html>
```

部分代码的含义。

007：function check_data()，用来定义一个检查函数，当作者字段和内容字段为空时发出提示，在 9 行调用它。

007 ～ 015：客户端 Javascript，用来判断访客是否输入留言。

009 ～ 010：判断作者 (author) 字段是否输入数据。

011 ～ 012：判断内容 (content) 字段是否输入数据。

014：当浏览者输入各个字段数据时，就会执行这行语句，将数据传送回服务器。

023：指定每页显示的几条记录。这里设置为 5 条，如果希望每页显示更多记录，修改此值即可。

025 ～ 028：设置要显示第几页的数据，首先获取网址参数 page，这里使用 isset() 函数判断变量 $_GET["page"] 是否获取了数值，若获取了，则表示有浏览者指定要查看第 page 页的数据，就将变量 page 设置为获取的值，相反地，若没有获取到值，则表示浏览者没有指定要显示第几页数据，则将变量 page 设置为 1，让网页显示第一页数据。

030：建立数据连接。

033 ～ 034：对 info 表执行 " SELECT* FROM info ORDER BY date DESC" 指令。

036：获取查询结果所包含的记录数。

038：计算总页数，此处使用 ceil() 函数，若总页数出现小数点，则无条件进位。

040：计算当前要显示页数据的第一个记录位于查询结果的第几个记录。

042：使用“mysqli_data_seek()”函数将记录指针移至起始记录。

044 ～ 048：使用数组 $bg 存储表格每一列的背景颜色，让每个记录的背景颜色均不相同。由于一页只显示 5 个记录，所以只需要 $bg[0]，$bg[1]，…，$bg[4]，分别代表第 1~5 列的背景颜色（也可以自行变更为喜欢的颜色）。若每页显示 10 个记录，则需要使用 $bg[0]，$bg[1]，…，$bg[9], 依次类推。

051 ～ 062：用来显示记录的内容，在此并不是要显示所有记录，而是要显示某一区间范围的记录。第 052 行是指当读取到记录且 $j<=Records_per_page 时，才会执行 while 循环内的程序代码来显示记录，其中，$j<=$Records_per_page 用来控制每页显示的记录数，此处为 $ Records_per_page=5。

067 ～ 077：用来制作导航条，让浏览者能快速换页。第 067、068 行是指当目前页数大于第一页时，插入“上一页”的超链接，让浏览者直接浏览上一页；第 076、077 行是指当目前页数小于最后一页时，就插入“下一页”的超链接，让浏览者直接浏览下一页；第 069~075 行用来产生所有页码，当前页数的页码为纯文本，不需要有超链接的功能，而非当前页数对应的页码则具有超链接的功能，让浏览者跳至对应的页数。

080：释放查询结果所占用的内存。

081：关闭数据连接。

103：当浏览者单击“张贴”时，并不会马上送出数据，而是先执行“check_data()”函数检查浏览者是否输入了数据。

【实施 6】表单读写程序 transmit.php 的设计。

表单读写程序 transmit.php 负责读取浏览者在< index. php>的表单中所输入的作者、主题、内容及日期，当单击“张贴”按钮时，便通过调用 transmit.php 读取表单数据并存入 info 数据表中，由主程序 index.php 将新留言显示在第一页的最上方，最后再重新定向到< index. php>。

```
<?php
    Require_once("dbtools inc. php");
    $Author=$_POST["author"];
    $subject=$_POST["subject"];
    $Content=$_POST["content"];
    $current time= date("y-m-d H: i: S");
    //建立数据连接
    $link= create connection(
    //执行 SQL 命令，将作者、主题、内容和日期添加到 info 数据表中
    $sql="INSERT INTO info( author, subject, content, date) VALUES('$author ', '$subject', '$content' ,
'$current_time') ";
    Result=execute sql($link,"message", $sql);
    //关闭数据连接
    Mysqli_close($link);
    //将网页重定向到 index. php
    header("location: index. php");
    exit();
    ?>
```

任务小结

本任务通过 PHP 连接 MySQL 数据库完成了一个网站留言板的制作，要实现本章的功能，需要先掌握一些必备知识：

- 安装和配置软件环境，包括 PHP 的安装与配置、Apache 服务器的安装、PHP 的安装与配置、配置 Apache 支持 PHP。
- 掌握网站站点的创建方法。
- 掌握 HTML 语法，在生成网站页面的过程中，会用到 HTML。
- 掌握 PHP 语法，包括在 PHP 中调用 MySQL 的方法，用 PHP 读取表单数据。
- 掌握 MySQL 数据库，如建立数据库、建立数据表、表的查询等。

课堂实训

【实训目的】

1. 掌握 PHP 访问 MySQL 数据库的方法。
2. 掌握在 PHP 中执行 SQL 语句的方法。
3. 掌握关闭 MySQL 连接的方法。

【实训内容】

用 PHP 访问 MySQL 数据库的一般过程如下：

（1）由客户端发起访问 Web 页面的请求。

（2）服务器在收到请求后交 PHP 程序处理。

（3）PHP 解析代码，打开与 MySQL 的连接。

（4）MySQL 执行 SQL 语句后返回结果到 PHP 程序。

（5）PHP 生成 HTML 文件，并经浏览器渲染后向用户展示结果。

1. 基于以上步骤，创建一个 PHP 文件 a.php，写出 a.php 文件使用 mysqli_connect() 函数连接到 MySQL 服务器的语句。在连接语句中，用 $db 表示连接生成的对象，MySQL 服务器地址为 localhost，用户名为 root，密码是 123456，要连接的数据库名为 XSCJ。

```
$db=mysqli_connect('localhost','root','123456','XSCJ');
```

或者：

```
$db=mysqli_connect('localhost','root','123456');
mysqli_select_db($db,'XSCJ');
```

2. 在 PHP 连接到数据库后，写出向 XSCJ 数据库中的课程表 KC 插入一条数据记录 ('115',' 云安全技术 ',' 李波 ',4,64,4) 的语句。其中，用 $inst 表示执行插入数据操作生成的对象。

```
$inst="insert into kc( 课程号 , 课程名 , 授课教师 , 开课学期 , 学时 , 学分 )
values('115',' 云安全技术 ',' 李波 ',4,64,4)";
```

3. 写出在 PHP 中执行 SQL 语句，并将执行结果存入一个布尔类型变量 $result 中以便判断 SQL 语句是否成功执行。

```
$result=mysqli_query($db,$sq);
```

4. 在 PHP 完成了一次对服务器的使用后，需要关闭此连接以确保数据库安全并释放资源，写出在 PHP 中关闭 MySQL 服务器连接的语句。

```
mysqli_close($db);
```

思考与练习

1．安装 phpStudy 集成开发环境。

2．在 Dreamweaver 8 中建立名为“xsgl”的站点。

3．采用 PHP+MySQL，完成学生信息管理系统的设计与实现。

要求：

① 建立一个学生信息表，字段包括学号、姓名、性别、籍贯、专业名、所在学院、联系电话、备注等信息。

② 实现学生信息的添加、查询、修改和删除功能。

参 考 文 献

[1] 陈惠贞，陈俊荣 . PHP&MySQL 跨设备网站开发 [M]. 北京：清华大学出版社，2015.

[2] [美] VASWANIV. MySQL 完全手册 [M]. 徐少青等译 . 北京：电子工业出版社，2005.

[3] 吴津津等 . PHP 与 MySQL 权威指南 [M]. 北京：机械工业出版社，2011.

[4] 武洪萍，马桂婷 . MySQL 数据库原理及应用 [M]. 北京：人民邮电出版社，2014.

[5] [美] JORGENSEN A，LEBLANC P. SQL Server 2012 宝典 [M]. 张慧娟译 . 北京：清华大学出版社，2014.

[6] 王英英 . MySQL8 从入门到精通 [M]. 北京：清华大学出版社，2019.